高职高专"十二五"规划教材

U0276078

电梯技术

第二版

魏孔平　主　编

朱　蓉　副主编

贾　达　主　审

化学工业出版社

·北京·

本书以系统性、实用性、知识性为特点，结合笔者多年从事电梯专业的教学和课题研究的经验，对电梯的机械结构、电气系统、远程监控、梯群控制以及自动扶梯、安装调试、管理、维保、修理进行阐述。在内容上，机械系统以最新最常用的器件和方法；拖动系统介绍四种常用的拖动方式；电气控制原理，从传统的继电器控制入手，循序渐进、由浅入深阐述了 PLC 控制和微机控制电梯的控制原理；安装和维护保养方面采用最新的国家标准和规范；为了跟踪电梯新技术的应用，特别增加了梯群控制、远程监控和故障诊断、变频器、无机房电梯、液压电梯的内容；为提高实用性，本书沿用了惯用的电气元件标注方式，在附录中列出了有关电梯检验和使用管理的最新国家标准和规则；在部分章节，还提供了一些电梯的图纸技术资料。

本书适合作为高职高专和中专的电梯专业、电气控制类专业的教材，也可作为电梯专业技术人员和技术工人的培训教材、电梯从业人员的上岗取证培训教材。对电梯管理人员、电梯从业人员，大中专院校电气控制、机电类专业的师生也有较高的参考价值。

图书在版编目（CIP）数据

电梯技术/魏孔平主编 . —2 版 . —北京：化学工业出版社，2015.5（2022.2 重印）

高职高专"十二五"规划教材

ISBN 978-7-122-23360-8

Ⅰ.①电…　Ⅱ.①魏…　Ⅲ.①电梯-高等职业教育-教材　Ⅳ.①TU857

中国版本图书馆 CIP 数据核字（2015）第 053742 号

责任编辑：高　钰　　　　　　　　　　文字编辑：陈　喆
责任校对：宋　夏　　　　　　　　　　装帧设计：史利平

出版发行：化学工业出版社（北京市东城区青年湖南街 13 号　邮政编码 100011）
印　　装：北京印刷集团有限责任公司
787mm×1092mm　1/16　印张 17　字数 421 千字　2022 年 2 月北京第 2 版第 6 次印刷

购书咨询：010-64518888　　　　　售后服务：010-64518899
网　　址：http://www.cip.com.cn
凡购买本书，如有缺损质量问题，本社销售中心负责调换。

定　　价：48.00 元

Preface　前言

随着经济的迅猛发展以及人们工作条件和生活水平的迅速提高，建筑业发展日益壮大，高层建筑如雨后春笋般地涌现。作为建筑物内提供垂直交通运输的电梯也得到迅速的发展。目前，电梯和汽车一样，已成为人们生活和工作的必需的交通运输设备。

为适应电梯技术的发展及社会对人才的需求，高校的一些专业开设了电梯技术课程，特别是在许多高职高专院校还设置了电梯专业，专门进行有关电梯设计制造、安装、维护保养人才的培养。同时，随着电梯技术的发展、新技术和标准的不断出现，电梯业内及社会专门培训机构也在对从业人员进行培训，陆续开设了与电梯有关的课程，甚至专门设置了电梯专业。适应上述需要，是本书编写的目的。

本书立足于高职高专教育人才培养目标，主动适应社会发展需要，突出应用性、针对性和实用性，内容安排由浅入深、循序渐进，在兼顾系统知识阐述的同时，引入新技术、新标准，尤其是在理论方面以"必需、够用"为原则，理论联系实际，加强实践能力培养，注重工程应用能力和解决现场实际问题能力的提高。

电梯是一种相当复杂的机电综合设备，具有零碎、分散、垂直运行、频繁启制动、安装与调试工作远离制造厂等特点。近几年来，随着新技术的不断引进和国内电梯生产厂家合资化的进行，电梯产品换代迅速，虽然微机控制方式成为主流，但继电器和PLC控制方式依然大量存在。同时，随着智能建筑的出现，网络技术在电梯技术方面得到应用，远程监控与故障诊断技术已成为必然趋势。但是，系统、实用、实时介绍电梯的资料和书籍较少，尤其是教材更为缺乏，这样给电梯技术人才的培养及从业人员的培训，即使之全面掌握和熟悉电梯的安装、维护保养、新技术的使用带来许多困难，从而大大影响电梯的安装质量、维护保养质量及故障恢复效率的提高，制约着电梯业的发展。

基于以上原因，我们结合多年从事电梯专业的教学、从业人员的培训、电梯技术课题研究的经验，以系统性、知识性、实用性为特点，对电梯的机械结构、电气系统、安装调试、维护保养、远程监控服务以及自动扶梯进行阐述。在内容结构安排上，机械系统以最新的器件和方法；拖动系统介绍四种常用的拖动方式；电气控制原理，从传统的继电器控制入手，循序渐进、由浅入深阐述了PLC控制和微机控制电梯的控制原理；安装和维护保养方面采用最新的国家标准；尤其是为跟踪电梯新技术的应用，特别增加了电梯远程监控和故障诊断的内容；为提高实用性，本书沿用了惯用的电气元件标注方式，在附录中列出了有关电梯检验最新国家标准和维护保养规则，在部分章节，还提供了某些电梯的技术资料。

本书的内容已制作成用于多媒体教学的PPT课件，并将免费提供给采用本书作为教材的院校使用。如有需要，请发电子邮件至 cipedu@163.com 获取，或登陆 www.cipedu. com.cn 免费下载。

本书由魏孔平主编，朱蓉任副主编。本书共分十章，其中第一、二章，第五章第三节，第七、九、十章及附录由魏孔平编写，第三、四章，第七章部分内容由朱蓉编写，第五章一、二、四节，第六、八章由赵黎明编写，魏孔平负责全书的统稿。本教材由兰州石化职业技术学院贾达教授主审，甘肃省电梯检验研究院黄军威高级工程师和兰州石化职业技术学院傅继军副教授审阅了全书的初稿，并提出了许多宝贵的意见，在此表示衷心感谢！

本书在编写过程中，得到许多部门和业内人士的支持和帮助，在此表示诚挚的谢意！

由于时间和水平有限，书中不足之处在所难免，恳请读者批评指正。

编者
2015 年 3 月

Contents 目录

▶ 第七章　其他技术在电梯中的应用　132

▶ **附录**　　　　　　　　　　　　　　　　　　　　　　　　　　　225

▶ **参考文献**　　　　　　　　　　　　　　　　　　　　　　　　　257

第一章

电梯的发展、分类、规格参数

第一节 概　述

一、电梯的现状及定义

随着现代化城市高速发展，为建筑物内提供上下交通运输的电梯工业也迅速发展起来。电梯不仅是生产运输的主要设备，更是人们生活和工作中必备的交通工具。和汽车一样、电梯已成为人们频繁使用的交通运输设备。

震惊世界的"9·11"事件使得世界闻名的美国纽约世界贸易中心大楼毁于一旦。这幢宏伟的大厦高410m，共110层，是世界最高的建筑之一。在建筑物满员时，每天输送5万人员上下班和8万来访和旅游的人员，如何每天高速有效地运送13万人，是一个关键的问题，该大厦内配置了208台电梯和49台扶梯。其中第44层和第78层是休息厅，乘客在该处换乘中转。通过电梯的合理配置，乘客在5min可到达大厦的任何位置。

在我国上海浦东新区兴建了数不清的高层建筑，其中地上88层、地下3层、建筑高度420.5m的超高层建筑——金茂大厦内安装有60台电梯和18台扶梯，包含运行速度为8m/s的电梯。

著名的东方明珠电视塔，塔高468m，塔内安装了六台高速乘客电梯和一台双轿厢电梯；还有两台额定载重为2000kg，额定速度7m/s，最高行程286.3m的电梯。

在高层建筑中，电梯的作用在一定程度上比建筑物本身更为重要。设计稍有疏忽，就很容易降低建筑物的使用功能，或造成垂直交通拥挤。因此在现代建筑物中，电梯和扶梯的设计、使用和监控管理有着举足轻重的地位。电梯的安装、使用和控制方式的好坏，直接影响着整个建筑的使用效率。

由上述可知，电梯、自动扶梯和人类的工作与生活有着越来越密切的关系。电梯和自动扶梯已渗透到人们生活、工作的每个角落。目前世界上有数百万台电梯在使用，电梯已是人类必不可少的垂直交通工具。

生活中，人们经常在使用电梯和自动扶梯。而很多人对电梯和自动扶梯没有正确的概念，甚至将电梯和自动扶梯都称为电梯，那究竟什么是电梯？什么是自动扶梯？正确的定义如下。

电梯——服务于规定楼层的固定式升降设备。它具有一个轿厢，运行在至少两列垂直的或倾斜角小于15°的刚性导轨之间。轿厢尺寸与结构形式便于乘客出入或装卸货物。

自动扶梯——带有循环运行梯级，用于向上或向下倾斜输送乘客的固定电力驱动设备。

自动人行道——带有循环运行（板式或带式）走道，用于水平或倾斜角不大于12°输送乘客的固定电力驱动设备。

由此可见，自动扶梯和自动人行道是电梯家族的一个分支或近亲，但不同于电梯。

二、电梯的发展简史

如前所述，电梯在人类生活中占有如此重要的地位。然而，电梯家族并没有悠久的历史，电梯面世至今不过一百多年，而电梯的发展迅速、令人赞叹。

电梯的发展可追溯到公元前 1115～公元前 1079 年之间，我国劳动人民发明的辘轳，被认为是现代电梯的鼻祖。公元前 236 年的古希腊，阿基米德设计出一种人力驱动的卷筒式卷扬机，安装在尼罗宫殿里，共有三台。被认为是现代电梯的雏形。

1857 年，世界上第一部以蒸汽机为动力、配有安全装置的载人升降机诞生，这是世界上第一部备有安全装置的客梯，被安装在纽约市豪华商厦里。

世界第一部以电动机为动力的升降机，是由美国奥的斯（OTIS）升降机公司在 1889 年推出的，也是世界第一部名副其实的电梯，同年，在纽约市的"戴维斯特"安装成功。这部升降机的直流电机与蜗杆传动直接连接，通过卷筒升降电梯轿厢，速度为 0.5m/s，也被称为鼓轮式电梯。

1900 年，美国奥的斯电梯公司的第一台扶梯试制成功，在巴黎的世界博览会上展出。当时扶梯的梯级板是平的，踏板面是用硬木制成的。

1903 年，美国奥的斯公司改进轿厢驱动形式，以曳引轮取代绳鼓，钢丝绳悬挂在曳引轮上，一端连接轿厢，另一端连接对重，曳引轮转动，靠钢丝绳与曳引轮的绳槽之间的摩擦力驱动轿厢运行。这种驱动方式一直沿用至今，被称为曳引式电梯。

此后，电梯就以惊人的速度发展。1915 年，电梯自动平层系统设计成功；1933 年，美国制造出 6m/s 的高速电梯；1949 年，研制出 4～6 台电梯的群控系统；1955 年，出现了真空电子管小型计算机控制的电梯；1962 年，在美国出现了 8.5m/s 的超高速电梯；1967 年，首次将固体晶闸管用于电梯拖动系统，随着电力电子技术的发展，在用晶闸管取代直流发电机——电动机组的同时，研制出了交流调压调速系统，使交流电梯的调速性能得到了明显改善；1976 年，微处理器应用于电梯；1977 年日本三菱电机株式会社开发出了 10m/s 的超高速电梯；1984 年，日本将交流变频调速系统（VVVF）用于 2m/s 以上的高速电梯；1985 年以后，又将其延伸到中、低速交流调速电梯，交流变频调速技术被认为是电梯行业的当代技术；1985 年，日本生产出世界上第一台螺旋式自动扶梯，使其明显减少了占地面积；1993 年，日本生产的 12.5m/s 世界上最高速的交流变频调速电梯已投入运行。

世界著名的哈利法塔，原称迪拜塔，位于阿拉伯联合酋长国的迪拜境内。于 2004 年 9 月 21 日动工，2010 年 1 月 4 日，造价 15 亿美元的哈里法塔建造完工正式启用，哈里法塔高度为 828m，楼层总数 169 层楼。哈里法塔已成为目前世界最高的大楼，包含世界最快电梯，速度达 18m/s，由奥的斯电梯（OTIS）公司生产。已超越原世界最快的电梯，即中国台湾的台北 101（地上 101 层，地下 5 层，16.8m/s）。

三、电梯的发展趋势

1. 电梯品种的变化

电梯品种要随着建筑需求而变化，电梯制造商提供的品种越多，其市场占有量也一定越大。随着超高层建筑的增多，就需要高速、大容量的电梯，由于相应的控制系统复杂，制造技术难度增大，因此目前只有少数几家大型电梯公司能提供这类产品。中高层建筑中需求的电梯数量大，能提供此类产品的厂商也多。近些年住宅电梯开发的热潮已出现，开发多层及小高层大楼配置的廉价、实用可靠的经济型住宅电梯是一个必然趋势。带电梯的多层住宅在全国各地如雨后春笋般拔地而起。随着城市人口老龄化的加剧，亦成为今后几年电梯行业的热门话题。为解决老人及残疾人出行困难问题，最好的途径是在原有住宅中加装电梯。随着经济的发展，私人住宅中的家用别墅电梯将是一个不可忽视的庞大市场。电梯品种的多样化也应体现在对传统电梯的改造和革新上，如无机房电梯就是在电梯驱动装置及其布置方式上具有独特风格的一种产品，它把影响建筑整体造型美观和人们居室日照的楼顶机房去掉了，既节省了建筑空间，又降低了制造成本。虽然目前这种电梯用量较少，但它代表了电梯技术的一种发展趋势。

2. 电梯的智能化

计算机、通信技术的发展，使大楼的信息得以快速传递，从而可实现大厦智能化。智能大厦中的垂直交通工具电梯，显然更应是智能化的。智能化的电梯首先要与智能化大厦的所有自动化信息系统联网，如与消防、保安、楼宇设备控制等系统相互联系，使电梯成为更加安全舒适、高效优质的服务工具。串行通信以其布线简单，信息传输量大等优点，在电梯控制系统中的应用日益增多，由于去掉了微机接口板上的大量输入和输出电路，减少了井道、机房中的布线数量，其可靠性大大提高。随着大楼智能化程度的提高，现场总线技术已开始应用于电梯控制系统与大楼的 BAS（建筑物自动化系统）、FAS（消防自动化系统）和 SAS（安保自动化系统）中。

从电梯运行的控制智能化角度讲，要求电梯有优质的服务质量。控制程序中应采用先进的调度规则，使群控管理有最佳的调度模式。现在的群控算法中已不是单一地依赖以"乘客等候时间最短"为目标，而是采用模糊理论、神经网络、专家系统的方法，将要综合考虑的因素（即专家知识）吸收到群控系统中去。在这些因素中既有影响乘客心理的因素，也有对即将发生的情况作评价决策的因素，是专家系统和电梯当前运行状态组合在一起的多元目标控制。电梯的语音通告和信息显示还可实施周到的服务（如当电梯停站启动前尚未满员时，会广播"还可乘几个人，请挤一下"，这样就能通知尚在举棋不定的层站乘客做出判断），利用遗传算法对客流交通模式及调度规则进行优先信息处理，实现电梯调度规则的进化，以适应环境的变化。"以人为本"设计的电梯控制系统，将会使电梯的服务质量越来越好。

电梯困人故障一直困扰着电梯厂商，20 世纪 80 年代初就有电梯厂商为电梯增加了远程监视系统，即在电梯轿厢内装设摄像和通信系统，使被困轿厢中的乘客可以同大楼的监视人员建立联系。由于这种设施只限于电梯所在大楼，且由保安人员负责，因此一旦发生电梯困人事故，还得通知专业人员来解困。而现在提出的远程监控服务系统在远程监视系统上更进了一步，这种先进装置集通信、故障诊断、微处理机为一体，可以通过互联网将电梯的运行和故障信息传递到远程服务中心（即电梯远程监控维修中心），使维修人员知道电梯发生问题的所在并知道如何去处理。例如，电梯轿厢由于门发生故障而被困于某层，远程维修中心根据故障状况进行判断后，可用遥控方式来打开轿门和层门，在无维修人员到现场的情况下，被困人员就可以离开轿厢。如果有的故障必须由维修人员到现场排除的话，为使被困人员安心，远程服务中心可即刻向轿厢播放安抚语音，解除被困人员的紧张心理。自动扶梯安装远程监控后，除能监视运行状况外，监控维修中心可根据显示的信息做出快速的急停处理，以免发生伤害事故。远程服务对用户的益处是显而易见的，电梯的远程监控，不仅使用户得到了一个部件，而且使用户享受到了一整套的服务。远程维修监控中心始终监控着电梯运行，随时可以得知电梯的运行状态和发生故障的属性，因此维修人员提早知道该电梯需维修的项目，减少了维修服务的成本和时间，这种预保养式的售后服务方式在国外是深得用户信赖的，这也将是我国电梯工业技术发展的一个重要方向。

3. 绿色电梯

日益严重的环境污染问题已迫使人们改变传统的思想观念，绿色产品、绿色技术、绿色产业、绿色企业等"绿色"新概念将成为 21 世纪的主流色调。一个全球性的绿色市场，为企业发展提供了广阔的空间。可以预言：谁最先推出绿色产品抢占绿色营销市场，谁就掌握了竞争的主动权。目前，国外已经开始绿色电梯的研究，研究的重点主要在电梯的制造、配置以及安装与使用过程中的节能和减少环境污染等方面。

电梯能耗占大楼总能耗的 3%～7%，它与大楼的功能、楼层的高度、面积以及客流量有关。减少电梯能耗的措施是多方面的，主要包括原材料的充分利用和再利用、电梯数量和电梯参数的优化配置、选择高效的驱动系统、减少电梯机械系统的惯性和摩擦阻力、合理应用对重或平衡重、选用节能照明、客流和运货的规划、出入口的布置等，这些都需要在电梯设计时预先优化选择和确定。在停站较少的电梯布置中，一个主机驱动两个轿厢双轿箱电梯是一种节能的方案。在电梯的节能降耗上不断应用新技术，如永磁同步电机的应用就是一个很好的实例。而减少能耗的另一途径是电梯运行过程的能耗控制，即利用电梯空载上行、满载下行时电动机处于发电状态的特性，将再生发电的能量反馈给电网，这种节能措施在高速电梯上效果尤为显著。还有一种节能方案是在软件控制中得以实现的，如建立实时控制的交通模式，尽量以较少的运行次数来运载较多的乘客，使电梯的停站次数降至最小。电梯召唤与轿厢指令合一的数层人口乘客登记方案是电梯控制方式的一项革命性技术，使原来层站上乘客未知的目的层变得一目了然，从而使控制系统的派梯效率达到最高。减少运行过程能耗的另一措施是将电梯运行中加、减速度模式设置成变参数，即电梯控制系统中运行的速度、加速度以及加速度变化率曲线既随运行距离变化，也随轿厢负载变化，通过仿真软件模拟，以确定出不同楼层之间的最佳运行曲线。国外有资料表明：同一台电梯，当速度、加速度在 $\pm20\%$ 的预定值内变化时，其能耗将有 30% 的变化。利用电梯机房在楼顶的优势，充分利用太阳能作为电梯的补充能源也将是一个新的课题。

我国香港特别行政区有一个电梯与自动扶梯能耗限制的技术法规，限制的内容包括允许的最大功率、电梯的运行分区、控制系统的选择、电源高次谐波的失真量、总的功率因素等。由此可见，现代建筑物中电梯的能耗已经越来越受到重视。

除应使电梯用的油（如液压油、传动油、润滑油等）的污染降至最低外，另一个问题是电梯的电磁兼容性的研究。由于电梯是唯一在大楼里频繁启动的大容量电气设备，因此它是电磁干扰的元凶。电梯的电器和电子装置产生的电磁辐射将影响大楼的办公设备，如无线电、电视机、计算机、无绳电话等。上海某医院使用变频调速电梯后，电梯的启、制动过程直接影响了医院核磁共振仪的波形就是一个典型的例证。另外，电梯也不应该被环境中的电磁辐射所影响，特别是电梯的安全电路应有可靠的隔离措施。目前，欧盟已制定了电磁抗扰性 CE 标准，如在无线电环境中，频率范围在 30Hz～230MHz 之间，允许的辐射水平是 30dB，路程为 30m（在 3～10m 范围内是 40dB）。而在有线传输环境中，辐射水平与频率和电流有关，例如，电流不大于 25A，频率范围为 0.15～0.50MHz 之间时，允许的最大辐射水平是 79dB。虽然目前我国尚无条件也无统一标准对整个电梯进行电磁兼容性的实验，但是为保护环境和电梯的安全运行，使乘客能享受到绿色电梯提供的服务，这方面的研究也是非常必要的。

第二节 电梯的分类

电梯的分类有多种方式，可按以下几种形式分类。

一、按用途分类

① 乘客电梯（客梯） 为运送乘客而设计的电梯。适用于宾馆、饭店、大型商厦等客流量大的场合。

② 载货电梯（货梯） 为运送货物而设计的，通常有人伴随的电梯。主要适用于工厂、仓库等场合。

③ 客货两用梯 主要用作运送乘客，但也可运送货物的电梯，它与乘客电梯的区别在于轿厢内部的装饰结构不同。

④ 住宅电梯 供住宅楼使用的电梯。

⑤ 杂物梯（服务电梯） 供图书馆、饭店、办公楼运送图书、食品、文件等。

⑥ 病床电梯 为运送病床而设计的电梯。

⑦ 特种电梯 为特殊环境、特殊条件、特殊要求而设计的电梯。如船用电梯、汽车用电梯、观光梯、防爆电梯、防腐电梯等。

二、按速度分类

① 低速电梯 速度 $V \leqslant 1.0 \text{m/s}$ 的电梯。

② 快速电梯 $1.0 \text{m/s} < V < 2.0 \text{m/s}$ 的电梯。

③ 高速电梯 $2.0 \text{m/s} \leqslant V < 6.0 \text{m/s}$ 的电梯。

④ 超高速电梯 速度 $V \geqslant 6.0 \text{m/s}$ 的电梯。

三、按驱动方式分类

① 交流电梯 用交流电机驱动的电梯。

② 直流电梯 用直流电机驱动的电梯。

③ 液压电梯 用液压传动的电梯。

④ 齿轮齿条式电梯 用齿轮齿条传动的电梯。

四、按有无减速器分类

① 有减速器的电梯 常用于梯速为 2.0m/s 以下的电梯。

② 无减速器的电梯 常用于梯速为 2.0m/s 以上的电梯。

五、按曳引机房的位置分类

① 机房位于井道上部的电梯。

② 机房位于井道下部的电梯。

③ 无机房电梯。

六、按控制方式分类

① 轿内手柄开关控制的电梯。

② 轿内按钮控制的电梯。

③ 轿内、外按钮控制的电梯。

④ 轿外按钮控制的电梯。

⑤ 信号控制的电梯。

⑥ 集选控制的电梯。

⑦ 2 台或 3 台并联控制的电梯。

⑧ 梯群控制的电梯。

七、按拖动形式分类

① 交流异步单速电动机拖动的电梯。

② 交流异步双速电动机变极调速拖动的电梯。

③ 交流异步双绕组双速电机调压调速（ACVV）拖动的电梯。

④ 交流异步单速电动机调频调压调速（VVVF）拖动的电梯。

⑤ 直流电机调压调速（DCVV）拖动的电梯。

第三节 电梯的型号及参数规格

一、电梯的型号

所谓型号，即采用一组字母和数字，以简单明了的方式，将电梯的基本规格主要内容表示出来。一般采用的编制方法如下。

类　　　组　　　型

□　　　□　　　□　　　□　　　△/△　　　□□□

产品类别　↑　　拖动方式　↑　　额定载重↑　　控制类型

产品品种　　　改型代号　　　额定速度

其中：□——字母符号；△——数字符号。

例如：TKJ-1000/1.6-JX，其含义是：交流客梯-额定载重 1000kg/额定梯速 1.6m/s-集选控制方式。

TKZ-1000/2.5-JX，其含义是：直流客梯-额定载重 1000kg/额定梯速 2.5m/s-集选控制方式。

THY-1000/0.63-AZ，其含义是：液压货梯-额定载重 1000kg/额定梯速 0.63m/s-按钮控制方式。

此外，近些年国外许多电梯厂家也分享了我国大量的市场，其命名方式也大致相同，如日本日立公司的电梯命名。

例如：YP-15-CO90，其含义是：交流调速-15 人-中分门，额定梯速 90m/min。

F-1000-2S45，其含义是：货-1000kg-两扇旁开，额定梯速 45m/min。

二、电梯的主要参数和常用术语

① 额定载重量（kg），载客人数（人）。指设计规定的电梯载重量（载客人数）或制造厂保证电梯正常安全运行的允许载重量（载客人数）。它是电梯的主要参数。

② 额定速度（m/s）。指设计规定的电梯运行速度或制造厂保证电梯正常安全运行的允

许运行速度。它是电梯的主要参数。

③ 轿厢尺寸（mm）。指轿厢的内部尺寸和外廓尺寸，以宽×深×高来表示。

④ 轿门形式。指电梯门的结构形式。可分为中分式、旁开式、直分式（闸门式）。

⑤ 开门宽度。轿厢门和层门完全开启的净宽。

⑥ 曳引方式。指电梯的轿厢和对重与曳引机的连接方式，常用的有半绕1：1吊索法、半绕2：1吊索法、全绕1：1吊索法。

⑦ 电气控制系统。指电梯控制系统的构成形式，包括控制方式和调速方式。

⑧ 层站数。指电梯可停靠的楼层（站点）总数。

⑨ 提升高度（mm）。从底层端站楼面至顶层端站楼面之间的垂直距离。

⑩ 顶层端站。建筑物中电梯最高停靠站。

⑪ 顶层高度（mm）。由顶层端站地板至井道顶，板下最突出构件之间的垂直距离。

⑫ 底层端站。建筑物中电梯最底停靠站。

⑬ 底坑深度（mm）。由底层端站地板至井道底坑地板之间的垂直距离。

⑭ 井道尺寸（mm）。建筑物为安装电梯预留的井道空间，以宽×深表示。

⑮ 基站。轿厢无投入运行指令时停靠的层站。一般位于大厅或底层端站乘客最多的地方。

⑯ 平层。指轿厢接近停靠站点时，欲使轿厢地坎与层门地坎达到同一水平面的动作。也可理解为电梯正常停靠后轿厢门地坎与层门门地坎相平齐的状态。

⑰ 平层区。轿厢停靠站上方和（或）下方的一段有限区域。在此区域内可以用平层装置来使轿厢运行达到平层要求。

⑱ 平层准确度。轿厢到站停靠后，轿厢地坎上平面与层门地坎上平面之间垂直方向的偏差值。

⑲ 供电系统。为电梯提供电力能源的设备或装置。

⑳ 曳引电动机。为电梯提供动力的专用电动机。

 思考与练习题 ▶▶

1. 什么是电梯、自动扶梯、自动人行道？
2. 电梯有哪几种分类形式？各有哪些种类？
3. 解释 TKJ-1000/1.75-JX 的具体含义。
4. 说出五种常用电梯的术语，并解释其含义。

第二章

电梯的机械系统

　　电梯是机电一体化的大型复杂产品。机械部分相当于人的躯体，电气控制部分相当于人的神经和大脑，机与电的高度结合，使电梯成为现代科技的综合产品。按空间位置可分为四大部分，包括：机房、井道、轿厢、层站。现将电梯分为机械和电气两大系统，分别阐述电梯的基本结构和原理。

　　机械系统由曳引系统，轿厢和对重装置，厅、轿门及开关门系统，导向系统，机械安全保护系统等组成。其中，曳引系统由曳引机、导向轮、曳引钢丝绳、曳引绳头等部件组成。

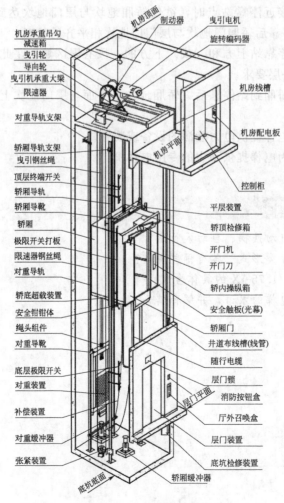

图 2-1　电梯整体结构

轿厢由轿厢架和轿厢体组成，对重装置由对重架和对重铁块组成。厅、轿门及开关门系统由轿门、厅门（层门）、开关门机构、门锁等部件等组成。导向系统由导轨架、导轨、导靴等部件组成。机械安全保护系统主要由缓冲器、限速器、安全钳、制动器、门锁等部件组成。

电气控制系统主要由控制柜、操纵箱、召唤盒、运行显示装置和安装在有关电体部件上的几十种电气元件和各种电线电缆组成。电梯的整体结构如图 2-1 所示。

第一节　曳引系统

曳引系统的功能是输出和传递动力，使电梯上下运行。主要由曳引机、曳引钢丝绳、导向轮、反绳轮等组成。根据曳引传动的形式不同，曳引系统在结构上也有所不同，所需的组件也不同。

一、电梯的驱动

根据电梯使用的不同要求，电梯的驱动可采用曳引驱动、液压驱动、卷筒驱动、齿轮齿条驱动、螺杆驱动等方式，但使用最广泛的是曳引驱动。

曳引驱动是采用曳引轮作为驱动部件，钢丝绳挂在曳引轮上，一端悬吊轿厢，另一端悬吊对重装置，由钢丝绳和曳引轮绳槽之间的摩擦力驱动轿厢和对重上下运行的。这种力被称为曳引力，因此，这种驱动形式的电梯称为曳引电梯，如图 2-2 所示。

电梯曳引钢丝绳的绕绳方式主要取决于曳引机的安装位置、轿厢的额定载重、额定速度等条件。曳引机的位置通常设在井道的上部，故在曳引电梯中通常采用的绕绳方式如图 2-3 所示。

曳引绳挂在曳引轮和导向轮上且曳引绳对曳引轮的最大包角不大于 180°的绕绳方式，称为半绕式。包括轿厢运行速度等于钢丝绳运行速度的半绕 1∶1 吊索法；轿厢运行速度等于钢丝绳运行速度一半的半绕 2∶1 吊索法。曳引绳绕曳引轮和导向轮一周以后才被引向轿厢和对重的绕绳方式称为复绕式或全绕式，一般采用全绕 1∶1 吊索法。有些电梯的曳引机设置在井道底部的旁侧或地下室；也有将曳引机设在井道中间位置的。其绕绳方式较为复杂，也不常用，不再一一介绍。

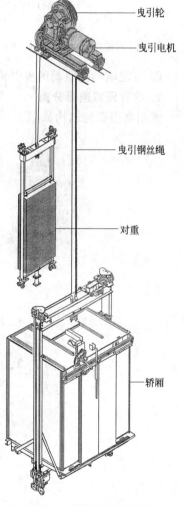

图 2-2　曳引驱动示意图

二、曳引机

曳引机又称主机，是驱动电梯的轿厢和对重装置作上、下运动的动力装置。

（一）曳引机的分类

1. 按驱动电机分类

① 交流电动机驱动的曳引机。

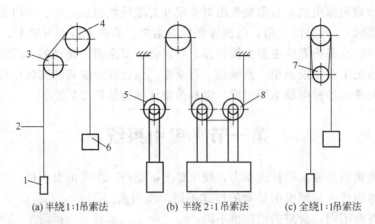

(a) 半绕1:1吊索法　　　(b) 半绕2:1吊索法　　　(c) 全绕1:1吊索法

图 2-3　电梯常用曳引方式

1—对重装置；2—曳引绳；3—导向轮；4—曳引轮；5—对重轮；6—轿厢；7—复绕轮；8—轿顶轮

② 直流电动机驱动的曳引机。

2. 按有无减速器分类

常用曳引机的结构如图 2-4 所示。

图 2-4　曳引机的结构

① 无减速器的曳引机　即无齿轮曳引机，常用在运行速度 $V > 2.0 \mathrm{m/s}$ 的高速电梯上。这种曳引机的曳引轮紧固在曳引电动机轴上，没有机械减速机构，整机结构比较简单。

② 有减速器的曳引机　包括蜗轮蜗杆减速器、行星齿轮减速器、摆线型减速器等多种形式。而蜗轮蜗杆减速器中，蜗杆在蜗轮下方，称下置式曳引机；蜗杆在蜗轮上方，称上置式曳引机。有减速器的曳引机即有齿轮曳引机，广泛应用于运行速度 $V \leqslant 2.0 \mathrm{m/s}$ 的各种电梯上。为减小曳引机运行噪声，提高平稳性，一般采用蜗轮副作减速传动装置。这种曳引机由曳引电动机、蜗杆、蜗轮、制动器、曳引轮、机座等组成。

③ 无机房曳引机　一般采用无齿轮曳引机，取消机房、将曳引机安装在井道空间。可安装在底坑、轿厢或固定在井道顶部的导轨上。具有体积小、重量轻、效率高等特点，节省了机房空间，一般应用在客梯。

（二）曳引电机

曳引电动机是将电能转换为机械能的电气设备。是专为电梯设计和制造的，具有良好的频繁启停、正反转运行和调速性能。根据电梯的实际使用工况，电梯用电动机为断续周期工作制（S5）。

1. 种类

电梯用曳引机分直流和交流两种。直流电动机因其速度稳定，方便控制，具有传动效率高、平稳舒适的优点，常用在运行速度为 6m/s 以上的电梯。

交流电动机分异步和同步两种。异步电动机又分为单速、双速、调速三种类型。异步单速电机适用于杂物梯，异步双速电机适用于货梯，同步调速电机常用于客梯。交流同步电机采用 VVVF 控制系统，可用于小吨位的各种电梯。

2. 电梯用电动机的特性要求

① 能承受沉重而频繁的启动冲击和正反转的需求。

② 要有大的启动转矩，使之能满足轿厢满载加速时的启动力矩要求。启动电流要小，避免由于电梯频繁启制动而过大地影响电网电压，并使电机发热。

③ 具有发电制动的特性，能满足对速度控制的要求，保证电梯安全运行。

④ 应具有良好的机械特性，不因负载变化而引起较大的速度变化。

⑤ 调速电机应具有良好的调速特性，保证电梯速度变化平稳和平层准确度。

3. 电梯额定速度计算

电梯的载荷、运行速度等主要参数取决于曳引机的电机功率和转速，减速器的减速比，曳引轮的直径和绳槽数，以及曳引比等。电梯的运行速度与曳引机的减速比、曳引轮直径、曳引比、曳引电动机的转速之间的关系如下：

$$V = \frac{\pi D n}{60 i_y i_j} \quad (\text{m/s}) \tag{2-1}$$

式中　V——电梯运行速度，m/s；

$\quad D$——曳引轮直径，m；

$\quad i_y$——曳引比，曳引方式；

$\quad i_j$——减速比；

$\quad n$——曳引电动机转速，r/min。

4. 电动机容量估算

曳引电动机容量初选时可按净功率进行计算，即：

$$N = \frac{Q v (1 - K_P)}{102 \eta} \quad (\text{kW}) \tag{2-2}$$

式中　N——曳引电动机容量，kW；

$\quad Q$——额定载重量，kg；

$\quad v$——曳引轮节径线速度，m/s；

$\quad K_P$——电梯平衡系数，一般取 0.4～0.5；

$\quad \eta$——电梯机械传动总效率，包括减速箱、导向轮。

一般来说，选择电机的额定功率总是略大于计算值。因为还需考虑轿厢运行的附加阻力及满载轿厢运行工况等因素，保证轿厢在正常工况下电机温升不超过极限值。

一般电梯的电动机容量按式(2-2)计算选择即可，但对高速高行程的无齿轮电梯和大型汽车梯，由于钢丝绳的绕法复杂，总体惯量大，还需考虑启动转矩的验算。

（三）制动器

电梯最常用的是电磁制动器（俗称抱闸）。电磁制动器是电梯的安全设施，它能防止电梯溜车，使电梯准确制动停靠。电磁制动器的结构多种多样，但原理相同，一般由制动电磁机构、制动臂、带有制动衬垫的制动瓦、手动松闸装置、弹簧等组成，如图2-5所示。

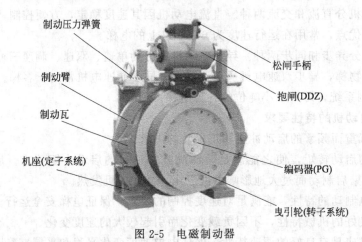

图 2-5 电磁制动器

电磁制动器的工作原理：电磁线圈通电产生电磁吸力，促使铁芯吸合，带动制动臂克服制动弹簧压力而绕支点旋转，带动制动瓦张开，脱离制动轮，制动器松闸。当电磁线圈失电后，在制动弹簧压力作用下，制动瓦紧压制动轮，从而制动器抱闸制动。电梯常用制动器大多数为直流电磁常闭块式制动器。简易电梯上，则大多采用交流电磁块式制动器。制动器多数采用具有两个制动闸瓦的外抱式结构。为了提高制动的可靠性，GB 7588—2003《电梯制造与安装安全规范》规定，电梯制动系统应具有一个机电式制动器（摩擦型），当主电路断电或控制电路断电时，制动器必须动作。切断制动器电流，至少应有两个相互独立的电气装置（如两个独立的继电器或接触器）来实现。正常运行时，制动器应在持续通电下保持松开状态。当电梯停止时，如果其中一个接触器的主触点未打开，最迟到下一次运行方向改变时，应防止电梯再运行；所有参与向制动轮或盘施加制动力的制动器机械部件分成两组装设，以满足当一组部件不起作用时，制动轮仍可获得足够的制动力，使载有额定载荷的轿厢减速。目前大多采用的是具有两个制动瓦的外抱式制动器、盘式制动器。在大型无齿轮曳引机上，也有采用内胀式制动器，禁止使用带式制动器。此外，电梯还可装设其他制动装置（如电气控制中的能耗制动等）。

电梯在停止过程中，电梯运行部件的动能因摩擦制动而转化为制动轮上的热量，若闸瓦表面过热，会降低制动轮与闸瓦之间的摩擦系数，以致降低制动力矩。近些年，电梯变频控制的拖动系统中由于采用零速抱闸制动技术，使机械摩擦制动过程减小到极限状态，正常工作条件下的机械制动力矩约等于静力矩，只有在电梯非正常运行时，才有可能产生发热问题。所以，除平层速度较快或运动部件惯性较大的电梯外，对大多数电梯，不存在制动器过热的问题。

（四）减速器和曳引轮

在中低速电梯中大多采用有齿轮曳引机。减速器是有齿轮曳引机的减速传动部件。目前电梯中使用的减速器有蜗轮蜗杆减速器、行星齿轮减速器、摆线型减速器等。大多数曳引机采用蜗轮蜗杆减速器，曳引电动机通过联轴器与蜗杆连接，蜗轮与曳引轮同装在一根轴上。由于蜗杆与蜗轮或减速齿轮间有齿合关系，因而驱动蜗轮和曳引轮作正反运行。电梯轿厢和对重分别连接在曳引钢丝绳的两端，曳引钢丝绳挂在曳引轮上。曳引轮转动时，通过曳引绳和曳引轮上的曳引绳槽之间的摩擦力（也称为曳引力）驱动轿厢和对重上下运行，如图2-6所示。

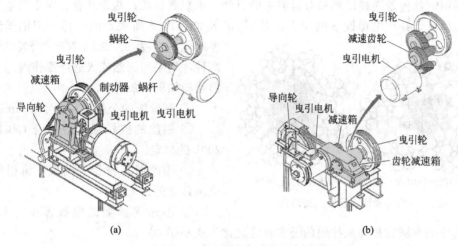

图 2-6　减速器和曳引轮示意图

在曳引轮上加工有如图 2-7 所示的曳引绳槽，曳引钢丝绳分别就位于绳槽内。

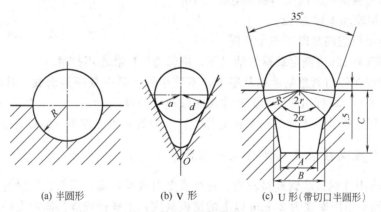

(a) 半圆形　　　　　(b) V 形　　　　(c) U 形（带切口半圆形）

图 2-7　曳引绳槽形状

半圆槽：和钢丝绳绳型基本相同，对钢丝绳的挤压应力较小，有利用延长钢丝绳的使用寿命，但无压力增益，又易打滑。全绕式曳引时采用半圆槽形，半绕式曳引很少采用半圆槽形。半圆槽形在高速直流电梯上时有应用。

V 形槽：又称楔形槽，过去在电梯中采用，以增加摩擦传动能力。槽形角通常为 $25°\sim40°$，正压力有明显增益。V 形槽使钢丝绳受到很大的挤压应力，影响钢丝绳的使用寿命。V 形槽磨损后，有降低摩擦传动能力的现象。现在大多数电梯的曳引轮不采用此种槽形。

在一般杂物梯等轻载、低速电梯上还有使用。

U形槽：又称带切口的半圆槽，或称预制槽。这种槽形由于在半圆槽的底部切制了一条楔形槽，使钢丝绳在沟槽处发生弹性变形，部分楔入沟槽中，使当量摩擦系数大为增加，一般为半圆槽的 1.5～2 倍。U形槽的特点是：在 V 形槽的基础上将底部制成圆弧形，中部有一缺口，有 V 形槽当量摩擦系数大的优点，也有半圆槽可使钢丝绳变形自由、接触面大的优点，U形槽具有稳定的摩擦传动能力，对钢丝绳的挤压应力较小。近年来，电梯曳引轮大多采用此种槽形。

（五）曳引钢丝绳

电梯用钢丝绳是连接轿厢和对重装置的机件，承载着轿厢、对重装置、额定载重等重量总和。为确保人身和电梯设备的安全，采用 GB 8903—2005 所规定的电梯专用钢丝绳。这种钢丝绳分为 6X19S＋NF 和 8X19S＋NF 两种，均采用天然或人造纤维作绳芯。其截面结构如图 2-8 所示。

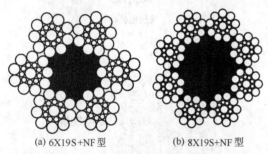

(a) 6X19S+NF 型　　(b) 8X19S+NF 型

图 2-8　电梯专用钢丝绳截面结构

① 钢丝绳的公称直径不小于 8mm。

② 钢丝的抗拉强度应符合 GB 8903—2005 的规定。

③ 钢丝绳不得少于两根，每根钢丝绳应是独立的。

④ 不论钢丝绳的股数多少，曳引轮、滑轮或卷筒的节圆直径与悬挂绳的公称直径之比不应小于 40。

⑤ 悬挂绳的安全系数在任何情况下不应小于下列值。

a. 对于用三根或三根以上钢丝绳的曳引驱动电梯为 12。

b. 对于用两根钢丝绳的曳引驱动电梯为 16。

c. 对于卷筒驱动电梯为 12。

⑥ 钢丝绳曳引应满足以下三个条件。

a. 轿厢装载至 125％ 额定载荷的情况下，应保持平层状态不打滑。

b. 必须保证在任何紧急制动的状态下，不管轿厢内是空载还是满载，其减速度的值不能超过缓冲器（包括减行程的缓冲器）作用时减速度的值。

c. 当对重压在缓冲器上而曳引机按电梯上行方向旋转时，应不可能提升空载轿厢。

（六）曳引绳端接装置（又称绳头组合）

绳头板是曳引绳端接装置连接轿厢、对重或曳引机承重梁、绳头板大梁的过渡机件，如图 2-9 所示。绳头板用厚度为 20mm 以上的钢板制成，用螺栓或焊接固定在轿厢、对重或曳引机承重梁上的。板上有固定曳引绳端接装置的孔，每台电梯的绳头板上钻孔的数量与曳引钢丝绳的根数相等，孔按一定的形式排列着。每台电梯需要两块绳头板，曳引方式为 1∶1 的电梯绳头板分别焊接在轿架和对重架上。曳引钢丝绳的一端通过曳引绳端接装置和绳头板固定在轿顶横梁上，另一端绕过曳引绳轮，通过曳引绳端接装置和绳头板固定在对重架上。曳引方式为 2∶1 的电梯，绳头板分别用螺栓固定在曳引机承重梁和绳头板大梁上。曳引钢丝绳的一端通过曳引绳端接装置和绳头板固定在曳引机的承重梁上，另一端绕过轿顶轮、曳引绳轮和对重轮，通过曳引绳端接装置和绳头板固定在绳头板大梁上。

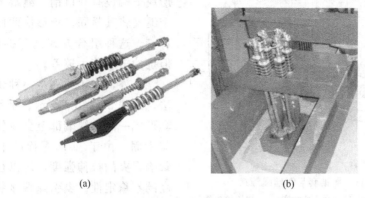

(a)　　　　　　　　(b)

图 2-9　曳引绳端接（绳头组合）装置实物

曳引绳端接装置有 $\phi13mm$ 和 $\phi16mm$（用于曳引的钢丝绳直径）两种类型。如按结构形式又可分为组合式、非组合式、自锁楔式三种，如图 2-10 所示。

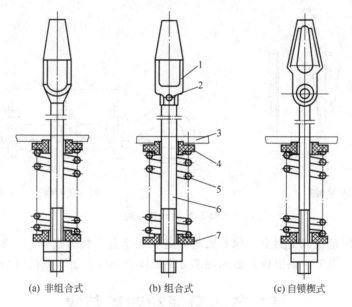

(a) 非组合式　　　(b) 组合式　　　(c) 自锁楔式

图 2-10　曳引绳端接装置

1—锥套；2—铆钉；3—绳头板；4,7—弹簧垫；5—弹簧；6—拉杆

组合式的曳引绳锥套，其锥套和拉杆是两个独立的零件，它们之间用铆钉铆合在一起。非组合式的曳引绳锥套，其锥套和拉杆是锻成一体的。

曳引绳锥套与曳引钢丝绳之间的连接方法及固定钢丝绳端部的方法多种多样，多采用合金固定法，即巴氏合金浇灌法。首先将曳引绳头拆开并洗净钢丝绳上的油污，然后将钢丝折弯倒插，做成类似大蒜头的形状，穿进锥套后再用加热到 330°～360°熔融状态的巴氏合金浇注。或者采用不饱和聚酯或环氧树脂代替巴氏合金（通常用两三种成分混合流体，几分钟内即转化为固体，达到硬化程度后，就能起到巴氏合金的作用），具有清洁、方便、无需加热工具，吸振性好的特点，可提高疲劳载荷下的使用寿命。绳锥套与钢丝绳连接如图 2-11 所示。

自锁楔式由绳套筒和楔形块组成，如图 2-12(a) 所示。钢丝绳绕过楔形块套入套筒，在钢丝绳拉力作用下，依靠楔形块与套筒内孔的斜面配合，自动锁紧。为防止楔形块松脱，楔

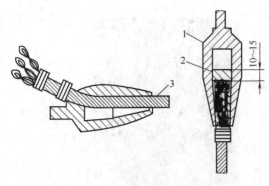

形块下端设有开口销。绳端部至少应使用三个绳夹将其紧固。楔形块两面的斜度通常是1∶5。这种组合方式具有拆卸方便的优点，但抗冲击载荷力较差。

此外，使用绳夹是一种快捷而方便的方法，如图2-12(b)所示。钢丝绳绕过鸡心环套形成一圈，绳端部至少应使用三个绳夹将其紧固。由于U形螺栓的卡法不同将直接影响绳夹的拉伸强度，所以往往存在组合强度的不稳定性。曳引绳端接装置应有利于钢丝绳张力调节，至少有一端的端接是可调

图2-11　绳锥套与钢丝绳连接
1—绳锥套；2—巴氏合金或树脂；3—曳引钢丝绳

的。钢丝绳与端接装置结合处的机械强度至少能承受钢丝绳最小破断载荷的80%。

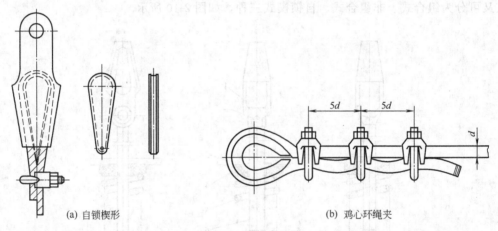

(a) 自锁楔形　　　　　　　　　　(b) 鸡心环绳夹

图2-12　绳锥套连接

曳引机整体固定在承重梁上。承重梁是固定、支撑曳引机的机件。一般由2～3根工字钢或两根槽钢和一根工字钢组成，梁的两端分别稳固在对应井道墙壁的机房地板上。

第二节　轿厢和对重装置

一、轿厢

轿厢是用来运送乘客或货物的电梯组件。轿厢由轿厢架和轿厢体两大部分组成，其结构如图2-13所示。

1. 轿厢架

轿厢架由上梁、立梁、下梁组成，如图2-14所示。上梁和下梁各用两根16～30槽钢制成，也可用8mm厚的钢板压制而成。立梁用槽钢或角钢制成，也可用3～6mm的钢板压制而成。用Q235圆钢制作的四根拉杆一端固定到轿底框架侧面的支架上，另一端固定在轿架上，其作用是支撑轿底四角，平衡轿底的负荷。货梯拉杆比客梯拉杆长，这是因为货梯载重量大，货物进出轿厢造成的偏载较严重。为改善受力条件，货梯拉杆安装在侧立柱上的位置较高。轿架上梁和下梁四角有供安装导靴和安全钳用的平板，上梁中部下方有供安装轿顶轮或绳头装置的安装板，侧立柱留有安装限位开关打板的支架。轿架自重对曳引提升、曳引机

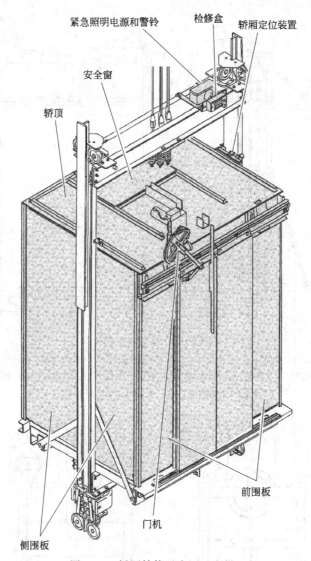

紧急照明电源和警铃　检修盒　轿厢定位装置

安全窗

轿顶

侧围板　　门机　　前围板

图 2-13　轿厢结构示意图（客梯）

主轴受力影响很大，使用单位不能随意改变、增减轿架结构或材料。

2. 轿厢体

轿厢由轿底、轿壁和轿顶组成，如同一个大方盒子。轿底安装到轿架下梁上的底框架之上，轿厢的其他部分再依次安装在轿底上，并用四根拉杆平衡负荷。轿底承受全部载重，而轿壁和轿顶仅起轿内乘客或货物的保护作用，增强安全感。

各类电梯的轿厢虽然基本结构是相同的，但由于用途不同，而在具体结构及功能上都有所不同。例如，客梯轿厢为提高舒适度，一般置于轿底框架减震橡胶块之上，形成活络轿厢。而货梯轿厢则直接固定在轿架上。

二、对重装置

对重是钢丝绳曳引式电梯赖以正常运行必不可少的装置。其作用是为平衡轿厢重量，对重装置位于井道内，通过曳引绳经曳引轮与轿厢连接。在电梯运行过程中，对重装置通过对重导靴在对重导轨上滑行，起平衡轿厢重量的作用，如图 2-15 所示。

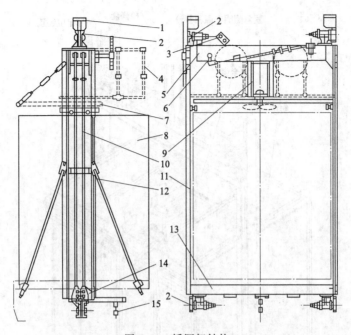

图 2-14 轿厢架结构

1—导轨加油壶；2—导靴；3—轿顶检修盒；4—轿顶安全栏；5—轿架上梁；6—安全钳传动机构；
7—开门机架；8—轿厢；9—风扇架；10—安全钳拉杆；11—轿厢柱；12—轿厢拉杆；
13—轿厢底梁；14—安全钳；15—补偿链

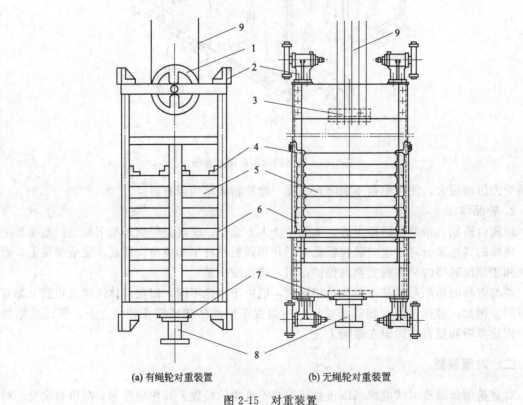

(a) 有绳轮对重装置　　　　　　　(b) 无绳轮对重装置

图 2-15 对重装置

1—对重绳轮；2—对重导靴；3—对重绳头板；4—压板；5—对重块（铁）；6—对重架；
7—对重调整垫；8—缓冲碰头；9—曳引钢丝绳

对重装置由对重架和对重铁块两部分组成。在对重架的顶部安装绳轮或绳头装置，下部用笼式护架保护。对重铁由框架上部放入架内，将对重铁安放好后，最上面一块对重铁用压板固定，防止电梯运行时松动，影响运行平稳性和发出碰击声。绳轮孔嵌入铜套且轴端安装有油杯，挤入黄油润滑。对重铁为铸铁件，开有便于安装的缺口，每块重量视尺寸而异。

1. 对重架的结构

对重架用槽钢和钢板焊接而成。由于使用场合不同，根据不同的曳引方式，对重架结构形式也略有不同。对重分有绳轮对重装置和无绳轮对重装置两种形式，有绳轮对重装置用于绕绳方式为 2∶1 曳引，如图 2-15(a) 所示；无绳轮用于绕绳方式为 1∶1 曳引，如图 2-15(b) 所示。它们的结构基本相同，根据不同的对重导轨，又可分为用于 T 形导轨，采用弹性滑动导靴的对重架，以及用于角钢导轨，采用刚性滑动导靴的对重架两种。

2. 对重铁块

对重铁块用铸铁做成。对重铁块的大小，以便于两个安装或维修人员搬动为宜。一般有 50kg、70kg、100kg、125kg 等几种，分别适用于额定载重量为 500kg、1000kg、2000kg、3000kg 和 5000kg 等几种电梯。对重铁块放入对重架后，需用压板压紧，防止电梯在运行过程中发生窜动而产生噪声。

为了使对重装置能对轿厢起最佳的平衡作用，必须正确计算对重装置的总质量。对重装置的总质量与电梯轿厢本身的净质量和轿厢的额定载重量有关，它们之间的关系常用下式来决定：

$$W_{对} = G_{净} + QK_P \qquad (2-3)$$

式中　$W_{对}$——对重装置的总质量，kg；

　　　$G_{净}$——轿厢净质量，kg；

　　　Q——电梯额定载重量，kg；

　　　K_P——平衡系数，一般取 0.4～0.5。

例：有一部电梯的额定载重量为 1000kg，轿厢净质量为 1200kg，若取平衡系数为 0.5，求对重装置的总质量 $W_{对}$ 为多少（kg）？

解：已知 $G_{净}$＝1200kg，Q＝1000kg，K_P＝0.5，代入式(2-3) 可得：

$$W_{对} = G_{净} + QK_P = 1200 + 1000 \times 0.5 = 1700kg$$

安装人员安装电梯时，根据电梯随机技术文件计算出对重装置的总重量之后，再根据每个对重铁块的重量确定放入对重架的铁块数量。对重装置过轻或过重，都会给电梯的调试工作造成困难，影响电梯的整机性能和使用效果，甚至造成冲顶或蹾底事故。

三、补偿装置、补偿方法

电梯在运行中，轿厢和对重侧的钢丝绳以及轿厢下的随行电缆的长度在不断变化。如提升高度为 60m 的电梯，用 6 根 ϕ13mm 的钢丝绳，总重约 360kg。当轿厢在最底层时，轿厢侧就比对重侧偏重 360kg。为减少电梯曳引机所承受的载荷差，提高电梯的曳引性能，常采用补偿装置。其作用是对电梯运行中重量变化的动态补偿。

1. 补偿装置

补偿装置有补偿链、补偿绳和补偿缆三种。

补偿链以铁链为主体，悬挂在轿厢与对重下面，如图 2-16(b) 所示。为了减小运行中铁链碰撞引起的噪声，在铁链中穿上麻绳。这种装置结构简单，但不适用于高速电梯，一般用在速度小于 1.75m/s 的电梯上。补偿缆是近些年常用的一种以铁链为主体，外层包裹橡胶层的补偿装置，常用于速度大于 1.75m/s 电梯上，如图 2-16(a) 所示。此外，为防止补偿装置在电梯运行时来回摆动导致电梯事故，常用限位装置或张紧装置进行限位或张紧，如图 2-16(c) 所示。

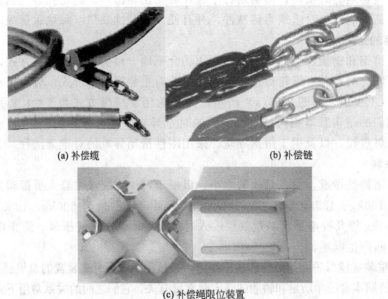

(a) 补偿缆   (b) 补偿链

(c) 补偿绳限位装置

图 2-16　补偿装置

2. 补偿方法

常用补偿方法有 3 种：单侧补偿法、双侧补偿法、对称补偿法，如图 2-17 所示。

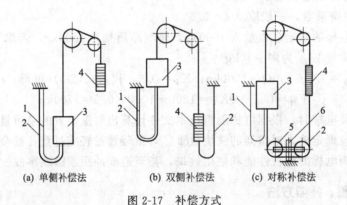

(a) 单侧补偿法   (b) 双侧补偿法   (c) 对称补偿法

图 2-17　补偿方式

1—随行电缆；2—补偿绳（链或缆）；3—轿厢；4—对重；5—张紧轮；6—导轨

目前常用的补偿方法是对称补偿法。补偿装置的单位长度的重量必须严格计算，其单位长度的重量应与曳引钢丝绳（多股）单位长度重量相同。否则补偿装置起不到应有的补偿作用。

第三节　轿门、厅门与开关门系统

一、轿门、厅门

1. 门的一般结构

电梯的门包括轿厢上安装的轿门和各层站的厅门两种。电梯的门由门扇、门吊板、门滑轮、门滑块、门地坎、门导轨等组成，如图 2-18 所示。

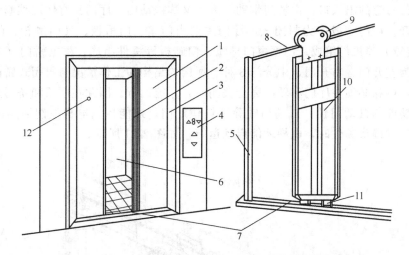

图 2-18　电梯的门结构

1—厅门；2—轿门；3—门套；4—召唤盒；5—门立柱；6—轿厢；7—门地坎（门滑槽）；
8—厅门导轨；9—门滑轮；10—门扇；11—门滑块；12—紧急开锁装置

　　轿门由门滑轮悬挂在轿门导轨上，下部通过门滑块与轿门地坎上的门滑槽配合；厅门由门滑轮悬挂在厅门导轨架上，下部通过门滑块与厅门地坎上的门滑槽配合，如图 2-19 所示。

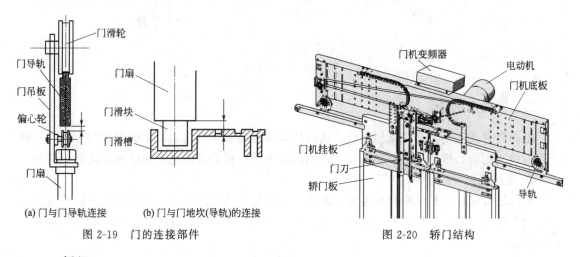

图 2-19　门的连接部件　　　　　　　　　图 2-20　轿门结构

2. 轿门

　　轿门封住轿厢的出入口，一般由装在轿厢顶上的自动开门机构带动，因此又称为主动门。只有在一些简易电梯上，轿门由人力开、关。装有自动开门机的电梯门，称自动门。

　　轿门按结构形式可分为封闭式轿门和栅栏式轿门两种。如按开门方向分，栅栏式轿门可分为左开门和右开门两种。封闭式轿门可分为左开门、右开门、中分门三种。除个别货梯轿门采用栅栏门外，病床梯和客梯的轿门均采用封闭式轿门。电梯必须在厅门和轿门完全关闭时，才能运行。因此在轿门上装有电气联锁功能的电气门锁。

　　为保证进出人员的安全，防止电梯在关门时将人夹住，电梯的轿门上常设有关门安全装置，其形式有安全触板、光幕保护装置、超声波监控装置和电磁感应保护装置。在电梯作关门运动的门扇只要受到人或物的阻挡，便能自动退回，如图 2-20 所示。

3. 厅门

厅门封住井道的出入口，由轿门带动，因此又称被动门。厅门只有使用维修专用钥匙才能在厅外打开。厅门一般多为封闭式，厅门主要由门扇、门吊板、吊门滑轮、门自闭装置（重锤关门装置）等机件组成。门框由门导轨、门踏板等机件组成。根据轿门（主动门）形式同样可分为左开门、右开门、中分门 3 种。厅门的结构和工作情况与封闭式轿门相仿。为了使用安全，电梯必须在厅门和轿门完全关闭时，才能运行。因此在厅门和轿门上都装有具有电气联锁功能的自动门锁。自动门锁除了锁住厅门，还能控制电梯控制回路的接通和断开，只有在门被确认锁住时，电梯才能启动运行，如图 2-21 所示。

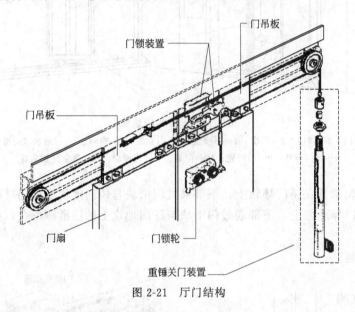

图 2-21　厅门结构

二、开关门机构

电梯门开关的动力来源是门电机，通过传动机构驱动轿门运动，再通过轿门上的门刀和厅门门锁的配合，带动厅门一起运动。常用的开关门电机有直流电机和单相交流电机两种。

1. 直流门机

传统的直流门电机采用切换电路电阻的方式控制开关门速度，是由安装在曲柄轮或门头上的行程开关（常用 5 个，开门方向 2 个、关门方向 3 个）来实现电阻切换的，其结构如图 2-22 所示。

2. 交流门机

交流门机是近些年发展起来的变频调速门机，一般利用光电编码器测量开关门的速度及门的位置，加之采用光幕代替安全触板，门机结构大为简化，常采用图 2-23 所示的门机传动机构。为了将轿门的运动传递给厅门，轿门上设有系合装置。最常见的系合装置即为门刀。门刀通过与门锁的配合，使轿门能够带动厅门运动。当系合装置采用单个门刀时，在电梯的厅门上，还装有厅门联动机构。这是由于轿门上的门刀只能直接带动一扇装有自动门锁的厅门，当厅门由两扇以上的门组成时，门扇之间就必须有联动机构。为了提高电梯的工作效率，电梯的门常被设计成具有提前开门功能，即电梯尚未完全停止，门已开始打开。此时为了安全，需在轿箱底部安装护脚板，防止乘客的脚插入井道。为了美化厅门口，电梯的门系统还常包括装饰性的厅门门套。

(a) 杠杆式中分式直流门机构

(b) 单臂传动式直流门机构

图 2-22　直流门机构

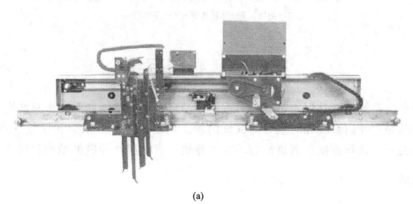

(a)

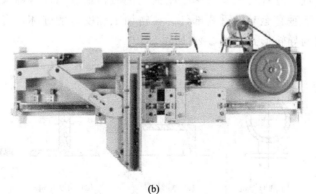

(b)

图 2-23　变频控制开关机构

三、门锁装置

电梯层门的开关是通过安装在轿门上的门刀来实现的，每个层门上都安装有一把与门刀相配合的门锁，一般位于厅门内侧，在门关闭后，将门厅门锁紧，同时接通门电联锁电路。门的电联锁电路接通后，电梯方可运行。除维修人员利用专用钥匙外，从厅外不能打开厅门的机电联锁装置。因此，门锁是电梯的安全装置。

门锁装置分为用于手动开关门的拉杆门锁和用于自动开关门的自动门锁两类。而现代电梯中常用自动门锁，其结构多种多样，但都大同小异，常见的结构如图 2-24 所示。

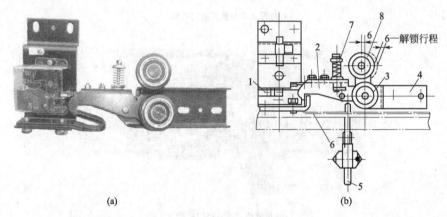

（a）　　　　　　　　　　　　　（b）

图 2-24　厅门门锁

1—电联锁触点开关；2—锁钩；3—门锁滚轮；4—底座；5—紧急开锁推杆；

6—钩挡；7—压紧弹簧；8—开锁门轮

第四节　导向系统

电梯的导向系统功能是限制轿厢和对重的活动自由度，使轿厢和对重只能沿着导轨作升降运动。包括轿厢导向系统和对重导向系统两种。均由导轨、导轨架和导靴三种机件组成。根据电梯的类别、运行速度、载重量的不同，导轨、导轨架和导靴的结构和尺寸不尽相同。

一、导轨

电梯的轿厢和对重装置各自至少有两根刚性的钢质轨道导向。是确保电梯的轿厢和对重装置在预定位置作上下垂直运动的重要部件。导轨加工和安装的好坏，直接影响着电梯运行效果和舒适感。常用的导轨形式如图 2-25 所示。

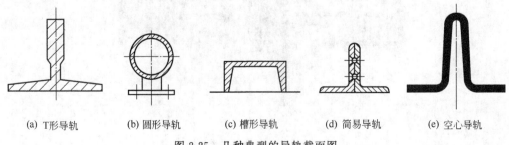

（a）T 形导轨　　　（b）圆形导轨　　　（c）槽形导轨　　　（d）简易导轨　　　（e）空心导轨

图 2-25　几种典型的导轨截面图

电梯中大量使用的是 T 形导轨，这种导轨通用性强，具有良好的抗弯性能及可加工性，如图 2-25(a) 所示。根据电梯的运行速度、载重量的不同，截面尺寸有一定的差异。

图 2-25(b)～(d) 所示的导轨常用于速度低于 0.63m/s 的简易电梯、杂物梯等。图 2-25(e) 所示的是冷轧成形的空心导轨，可用作对重导轨。

二、导轨的连接与固定

1. 导轨连接

导轨每段长度一般为 3～5m，导轨的两端部中心分别有榫和榫槽，导轨端翼缘底面有一加工平面，用于导轨连接板的连接安装，每根导轨至少用 4 个螺栓与连接板固定，如图 2-26所示。

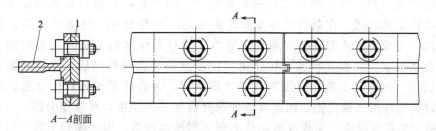

图 2-26 导轨连接
1—导轨；2—导轨连接板

安装时，导轨的一端支承在底坑中，当提升高度大于 100m 时，导轨下端与底坑地面留有一定的间隙，以防轨道热胀冷缩。每隔一定的距离安装一个导轨支架，一般导轨支架的间距不大于 2.5m。每根导轨至少用两个导轨支架固定。

2. 导轨支架与导轨的固定

导轨通过压导板固定在导轨支架上。导轨支架固定在井道壁上，固定方式有埋入式、焊接式、预埋螺栓或涨管螺栓固定式、对穿螺栓式等四种。固定导轨的支架，除有一定的强度外，还应设计持有一定调节裕量，以弥补电梯井道建筑误差给导轨安装带来的影响。目前常用的导轨支架及其固定导轨的方法如图 2-27 所示。

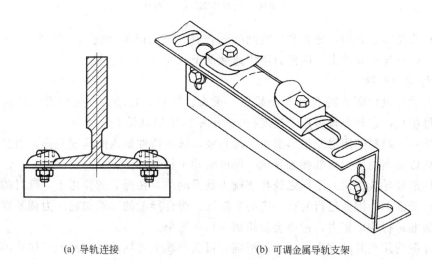

(a) 导轨连接   (b) 可调金属导轨支架

图 2-27 导轨支架

三、导靴

轿厢导靴安装在轿厢上梁和轿底的安全钳座下面，对重导靴安装在对重架的上部和底部，一般每组四个。是对轿厢或对重起限位和导向作用，保证轿厢和对重沿导轨上下运行的装置。导靴的主要类型有滑动导靴和滚动导靴两种。

（一）滑动导靴

滑动导靴包括刚性滑动导靴和弹性滑动导靴两种，用于 2.0m/s 以下的电梯。

1. 刚性滑动导靴

刚性滑动导靴如图 2-28 所示，主要由靴衬和靴座组成。靴座要有足够的强度和刚度，并要有较好的减振性，因此靴座常用灰铸铁制造；由于板材焊接结构制造简单，因此也常用板材焊接结构形式。在杂物电梯及低速电梯的对重导靴中，还可见到用角钢制造靴衬按其结构可分成单体式和复合式两种。单体式靴衬其整体由一种减摩材料制成，常用的材料是石墨尼龙。复合式靴衬，衬体由强度较高的轻质材料制成，工作面覆盖一层减摩材料，这样不仅减轻了质量，还节省了优质材料。复合式靴衬的衬体常用玻璃纤维制造；覆盖材料则常用二硫化钼。固定滑动导靴具有较好的刚度，承载能力强，一般用于低速梯或低速大吨位电梯中。为提高滑动性能需加润滑油润滑，因此导靴上有一放置油盒的支架。

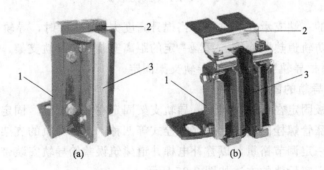

图 2-28 刚性滑动导靴
1—靴座；2—油杯支架；3—靴衬

由于靴头是固定死的，导靴和导轨间的配合有一定的间隙，使用时间越长，间隙越大，轿厢运动时会有晃动和冲击，因此只用于速度低于 0.63m/s 的电梯。

2. 弹性滑动导靴

弹性滑动导靴如图 2-29 所示，由靴座、靴头、靴衬、靴轴、压缩弹簧或橡胶、调节套或调节螺母组成。这种导靴多用于速度在 2.0m/s 以下的电梯上。

摩擦件——靴衬选用尼龙槽形滑块，将其放入靴头铸件架内而构成整体。通过压簧的弹性力，滑块以适当的压力全部接触导轨，保证轿厢平稳运行。

与刚性滑动导靴相比，不同之处在于靴头是浮动的，在弹簧的作用下，靴衬的底部始终压贴在导轨端面上，因此运行时有一定的吸振性。弹性导靴的弹簧初始压力调整要适度，过大会增加轿厢运行的摩擦力，过小会使轿厢运行不平稳。

滑动导靴均须在其摩擦面上加注润滑剂，可在导轨上定期添加润滑剂（如黄油）或采用润滑油盒自动润滑。

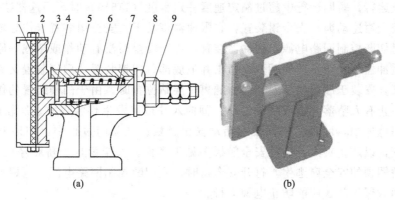

图 2-29　弹性滑动导靴

1—靴衬；2—座盖；3—靴头；4—销；5—压簧；6—靴座；7—靴轴；8—六角扁螺母；9—调节套筒

（二）滚动导靴

滚动导靴如图 2-30 所示，由导轨正面和两个侧面相接触的三个滚轮组成。轮缘为橡胶质。这种导靴可以减少导靴和导轨之间的摩擦阻力，节省动力，减少振动和噪声，有较好的舒适度。一般用于高速梯（可用于任何速度的电梯）。滚轮对导轨不应歪斜，在整个轮缘宽度上与导轨工作面应均匀接触。当轿厢运行时，三个滚轮应同时滚动，以保持轿厢平稳。滚轮导靴的滚轮常用硬质橡胶或聚氨酯材料制成。为了提高滚轮与导轨的摩擦力，在轮圈上制出花纹。滚轮对导轨的初压力的大小通过调节弹簧的被压缩量加以调节（弹簧两端的螺母），其意义与滑动导靴相同。滚轮导靴不允许在导轨工作面上加润滑油。

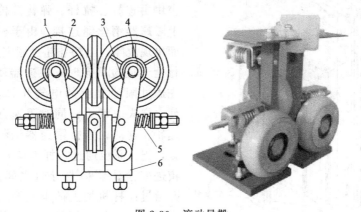

图 2-30　滚动导靴

1—胶轮；2—螺栓轴；3—轮臂；4—轴承；5—弹簧；6—底座

第五节　机械安全保护系统

电梯的安全保护系统包括机械安全保护系统和电气安全保护系统。电梯的机械安全系统除已述及的制动器、厅门、轿门、安全触板、厅门门锁外，还有越程保护装置、限速器、安全钳、缓冲器、超载保护装置、轿顶安全栅栏、轿顶安全窗、底坑防护栏等。

电梯运行到顶层或底层端站，由于控制系统问题不能正常停止运行时，越程保护装置能保证电梯停止运行；轿厢运行中超过额定速度一定程度（115％）时，限速器装置开始动作，夹住限速器安全钳连动绳。安全钳装置，在限速器带动下，安全钳装置卡住导轨，保持轿厢不下落，同时切断控制回路电源。缓冲器装置，由于安全钳没有动作或超载等原因，轿厢发生下滑时，缓冲器装置防止轿厢猛烈地撞击井道底部。门锁装置，门锁装置又称厅门机械连锁或电门联锁，安装于厅门门扇上。当轿厢离开层站位置时，由于门锁装置的作用，厅门不能打开，以防止有人坠落井道或将头、手、脚伸入井道，发生伤害事故。厅轿门安全触板，在自动开关门电梯中，厅轿门侧面装有活动安全触板。在关门过程中，如果人触及安全触板，门即打开，以防止夹人，这种安全触板多见于客梯。安全窗，当轿厢停在两层中间时，乘客可通过轿厢顶的安全窗逃生，打开安全窗时，应切断控制回路电源，电梯不能运行。电梯超载时，超载保护装置应能防止电梯运行。

其中，较为复杂且较重要的有限速器、安全钳、缓冲器等几种安全装置。下面将对这几种部件作一简介。

一、限速器和安全钳

限速器和安全钳组合在一起称为限速装置，限速器安装在电梯机房内曳引机的一侧，限速器的绳轮垂直于井道中轿厢的侧面。绳轮上的钢丝绳下放到井道，与轿厢上横梁安全钳连杆相连接，再通过井道底坑的涨绳轮，返回到限速器绳轮上。这样，电梯限速器的绳轮就随轿厢运动而转动。安全钳安装在轿厢架的底梁上，底梁两端各装一副，其位置在导靴之上，随着轿厢沿导轨运动。安全钳楔块由连杆、拉杆、弹簧等传动机构与轿厢上限速器钢丝绳连接。由于机械或电气原因而出现故障，当轿厢超过额定速度的115％运行处于危险状态时，限速器就发生动作。首先通过限速器上的电气开关切断运行电路，使电梯失去动力；同时限速器的卡块卡住速轮。这时，连接限速器钢丝绳的拉杆被上提，连杆系统通过拉杆带动安全钳楔块动作，楔进安全钳钳体与导轨之间，使轿厢急停，并通过连杆机构上的电气开关切断控制电路电源，完全停止轿厢运动，其动作原理如图2-31所示。

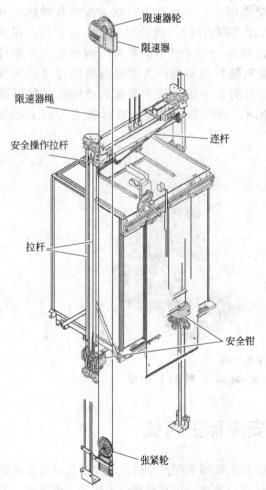

图2-31　限速器和安全钳的动作原理图

限速器轮
限速器
限速器绳
安全操作拉杆
连杆
拉杆
安全钳
张紧轮

（一）限速器

限速器按其动作原理可分为摆锤式限速器和离心式限速器两类，如图2-32所示。

摆锤式限速器是利用绳轮上的凸轮在旋转过程中与摆锤一端的滚轮接触，摆锤的摆动幅度与绳轮的转速有关，当摆锤的摆动幅度超过某一预定值时，摆锤的棘爪进入绳轮的止

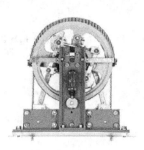

(a) 摆锤式限速器　　　(b) 离心式限速器　　　(c) 双向离心式限速器

图 2-32　限速器示意图

停爪内，从而使限速器停止运转，通过限速器钢丝绳和安全钳将电梯卡在轨道上使电梯停止运行。限速器上的超速安全开关在止停棘爪动作之前被触动，断开控制电路中的安全回路，使电梯停止运行，如电梯还不能停止时，才使机械止停机构动作。

离心式结构的限速器又可分为垂直轴转动型和水平轴转动型两种。电梯运行时，轿厢通过钢丝绳带动限速器绳轮转动。速度越快，限速器内的甩锤离心力越大，当速度超过额定速度的115％时，甩锤的突出部位触动机械卡紧装置，断开控制电路中的安全回路，使电梯停止运行；如电梯还不能停止、继续超速运行时，才把钢丝绳卡住，使钢丝绳停止移动，从而带动安全钳机构将轿厢卡在轨道上，如图 2-33 所示。

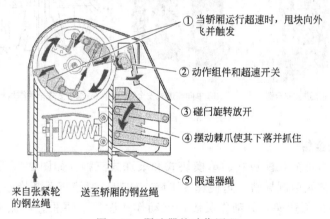

① 当轿厢运行超速时，甩块向外飞并触发

② 动作组件和超速开关

③ 碰闩旋转放开

④ 摆动棘爪使其下落并抓住

⑤ 限速器绳

来自张紧轮的钢丝绳　　送至轿厢的钢丝绳

图 2-33　限速器的动作原理

（二）安全钳

安全钳的结构，可分为渐进式安全钳（又称滑移动作安全钳）和瞬时动作安全钳两种。轿厢应装有在上下行超速时都能动作的安全钳，在运行速度达到额定速度的115％时，轿厢限速器动作，甚至在悬挂张紧装置的钢丝绳断裂的情况下，安全钳能够夹紧导轨而使装有额定载荷的轿厢制停并保持静止状态，如图 2-34 所示。根据各类安全钳的使用条件，按电梯额定速度选用轿厢安全钳。

1. 渐进式安全钳

渐进式安全钳如图 2-35 所示。固定楔块后面有缓冲弹簧，能使楔块逐步对导轨加压，使轿厢运行速度自快到慢直至停止，避免轿厢急停，引起剧烈振动。这种安全钳一般用于高速梯、快速梯。其缺点是动作速度慢，制动速度慢。我国电梯产品以往采用的滑移动作安全

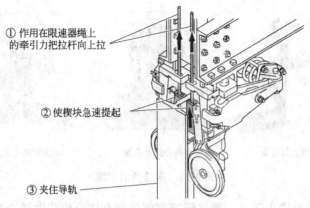

① 作用在限速器绳上的牵引力把拉杆向上拉

② 使楔块急速提起

③ 夹住导轨

图 2-34　安全钳动作示意图

钳，其结构虽然比瞬时动作安全钳要复杂些，但也大体相仿。这种安全钳的传动机构和拉杆部分与瞬时动作安全钳相同，但是安全钳动作时，夹导轨的楔块及有关部分则差别较大。对于滑移动作安全钳，由于可以通过制停距离控制减速度，因此可适用于各种速度的电梯。

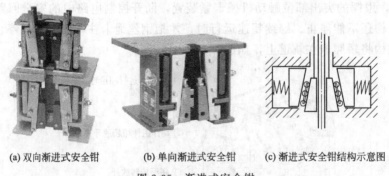

(a) 双向渐进式安全钳　　　(b) 单向渐进式安全钳　　　(c) 渐进式安全钳结构示意图

图 2-35　渐进式安全钳

2. 瞬时动作安全钳

瞬时动作安全钳可分双楔块式、单楔块式和滚珠式三种，如图 2-36 所示。由于安全钢丝绳的提拉，促使楔块掣制导轨，迫使速度下降，轿厢急速停止下降趋势。这种安全钳一般用于 0.63m/s 以下的低速梯，其动作灵敏，但动作速度快，轿厢急停振动大。这种安全钳从限速器卡住钢丝绳起，到提起安全钳拉杆，使安全钳的楔块卡住导轨为止，轿厢走的距离比较短，一般只有几厘米至十几厘米。

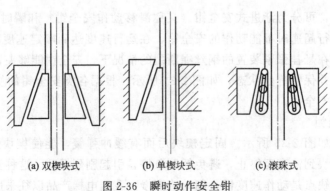

(a) 双楔块式　　　　　　(b) 单楔块式　　　　　　(c) 滚珠式

图 2-36　瞬时动作安全钳

3. 上行超速保护装置

为保证电梯的运行安全，GB 7588—2003《电梯制造与安装安全规范》规定，曳引电梯应装设轿厢上行超速保护装置。超速保护装置必须在电梯上行或下行超速时都能起作用，上行超速保护与下行超速保护一样，包括速度监测装置和减速制停装置。速度监测装置可采用上行限速器或双向限速器。现代电梯解决减速装置的办法有以下四种。

① 轿厢上行安全钳。

② 对重下行安全钳。

③ 夹绳器。

④ 作用在曳引轮或曳引轮轴上的制停装置。

由图 2-37 所示的夹绳器和图 2-38 所示的限速器和夹绳器的动作示意图可知，当电梯选用夹绳器作为上行超速保护装置且轿厢上行超过额定速度的 115％ 运行、处于危险状态时，上行（或双向）限速器就发生动作。首先通过限速器上的电气开关切断运行电路，使电梯失去动力；同时使得夹绳器电磁机构失电，由于弹簧的作用使夹持器夹持曳引钢丝绳，电梯制动。

(a)   (b)

图 2-37　夹绳器

当采用作用在曳引轮或曳引轮轴上的制停装置时，会使得曳引机的制动装置动作，使电梯停止运行。

二、缓冲器

缓冲器是电梯最后一道安全保护装置。当电梯失控、撞向底坑时，巨大的冲击将造成严重后果。要化险为夷，就必须吸收和消耗电梯的能量，使其以安全减速停止在底坑。缓冲器同样对电梯的冲顶起保护作用。当轿厢冲向楼顶时，对重缓冲器使轿厢避免冲击楼顶。当缓冲器动作时，要触动安装在缓冲器上的不可自动复位的电开关，一旦缓冲器被触动，必须由维护人员手动复位电开关后，电梯方可运行。

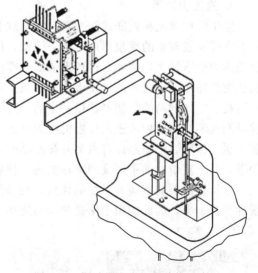

图 2-38　限速器和夹绳器动作示意图

电梯的缓冲器按结构分，有弹簧缓冲器和油压缓冲器两种，如图 2-39 所示。

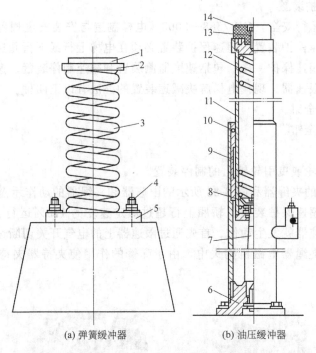

(a) 弹簧缓冲器　　　　　　(b) 油压缓冲器

图 2-39　缓冲器结构

1—缓冲橡皮；2—缓冲头；3—缓冲弹簧；4—地脚螺栓；5—缓冲弹簧座；6—液压缸座；7—油孔立柱；
8—挡油圈；9—液压缸；10—密封盖；11—柱塞；12—复位弹簧；13—通气孔螺栓；14—橡皮缓冲垫

1. 弹簧缓冲器

弹簧缓冲器在受到冲击后，以自身的变形，将电梯的功能转化为弹性变势能，使电梯得到缓冲。弹簧缓冲器的这种工作原理，属于蓄能式缓冲方法，因此又被称为蓄能式缓冲器。弹簧缓冲器的工作特点是，缓冲结束后存在回弹现象，该缓冲器适用于低速电梯。

2. 油压缓冲器

油压缓冲器又称耗能式缓冲器。在油缸腔内充满液压油，当轿厢或对重撞击缓冲器时，柱塞在轿厢或对重的重量作用下向下运动，压缩油缸内的油，将电梯的功能传递给油液，油缸腔内的油压增大，使油通过环形节流孔喷向柱塞腔。在油液通过环形节流孔时，由于流动面积突然缩小，形成涡流，使液体内的质点相互撞击、摩擦，将功能转化为热量散发掉，从而消耗了电梯的功能，使电梯以一定的减速度停止下来。主柱呈锥形，节流孔由于柱塞向下移动而逐渐减小，使油进入柱塞的阻力加大，下降速度降低，逐渐减小并吸收冲击，从而起到了缓冲作用。当轿厢或对重离开缓冲器时，施加于柱塞上的力消失，柱塞在复位弹簧的作用下，向上复位，油重新流回液压缸内。柱塞回复到原始位置。

油压缓冲器具有缓冲平稳的优点，在条件相同的情况下，油压缓冲器所需的行程比弹簧缓冲器少一半，因此能用于快速梯和高速梯。

思考与练习题 ▶▶

1. 电梯的驱动方式有哪几种方式？最常用的是哪一种？
2. 电梯轿厢是由哪些结构组成的？

3. 对重和补偿装置在电梯中起什么作用？如何起作用？
4. 电梯的门包括哪些机构？如何实现开关门动作？
5. 导向系统由哪些机构组成？在电梯中起什么作用？
6. 限速器和安全钳是如何配合实现电梯超速保护的？
7. 缓冲器起什么作用？有哪些种类？如何使用？

第三章

电梯的电力拖动系统

第一节 概 述

电梯由机械部分和电气部分组成，机械部分仅构成了电梯的主体骨架结构，但缺少拖动系统和电气控制，电梯还不能正常运行和操纵。若要使电梯能够在操纵控制下按照预期自动运行，还必须加入拖动系统和运行控制系统。这些任务由电梯的电气部分来完成，电气部分的原理组成如图 3-1 所示。

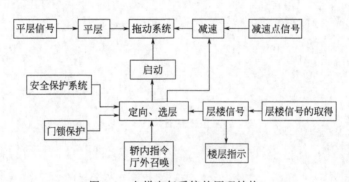

图 3-1 电梯电气系统的原理结构

由图 3-1 可以看出，拖动系统是电气部分的核心。因为电梯的运行是由拖动系统完成的，从电梯的运行情况也可看出拖动在电梯系统中的重要性。目前的曳引式电梯，轿厢和对重由曳引钢丝绳连接，曳引电动机的驱动曳引轮，曳引轮带动曳引钢丝绳使轿厢和对重沿各自的导轨在井道中作上下相对运动，轿厢上升，对重下降，轿厢下降，对重上升。电梯的上下、启动、加速、匀速运行、减速、平层停车等动作，完全由拖动系统完成。电梯每进行一次启动、停车，电梯的拖动系统就会按照图 3-2 所示速度曲线进行启动、加速、匀速运行、减速、平层停车的周期性的驱动任务。由此可见，电梯运行的速度、舒适感、平层精度由拖动系统决定。

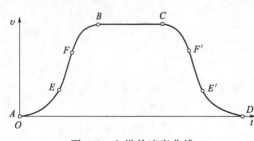

图 3-2 电梯的速度曲线

那么，电梯所处的楼层位置；电梯什么时候上升，什么时候下降；电梯到某一层是停还是不停；电梯如何将轿内指令和厅外召唤操控信号进行处理；电梯门的开关控制；电梯运行的电气安全保护等。这些控制功能都是由电气系统的中除拖动以外的逻辑控制部分来完成的，该部分又称为电梯的电气控制系统，它负责电梯的运行、控制以及安全保护等。可见，电梯的电气部分是由电力拖动系统和电气控制系统组成的。本章讲述电梯的电力拖动系统。

电梯的电力拖动系统为电梯提供动力，实施电梯的速度控制，完成电梯运行的速度曲线。它由曳引电动机、供电系统、速度反馈装置和电动机调速装置组成。

第二节　电梯常见拖动方式及电梯的速度曲线

一、电梯常见拖动方式及其特点

电梯的电力拖动系统对电梯的启动加速、稳速运行、减速制动起着核心控制作用。拖动系统的优劣直接影响电梯的启动、加减速度、制动、平层精度、乘坐的舒适性等指标。早期的电梯原动机都是直流电动机，所以 19 世纪中叶之前，直流拖动是当时电梯唯一的电力拖动方式，19 世纪末期，三相交流电机的应用得到发展，同时又发明了实用的交流感应电动机，从 20 世纪初开始，交流电力拖动在电梯上得到了应用。

目前用于电梯的电力拖动系统主要有：

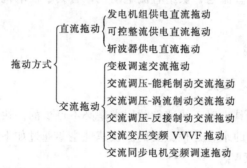

由电机学可知，三相异步电动机的转速 n 为：

$$n=\frac{120f}{p}(1-s)\ (\mathrm{r/min}) \tag{3-1}$$

式中　f——电源频率；

　　　p——电机绕组极数；

　　　s——转差率。

从式(3-1) 可以看出，交流电机有以下几种调速方法。

① 改变电机极对数 p，可以改变电机转速。这是交流双速梯采用的调速方法。

② 通过调整定子绕组电压大小来改变转差率 s，以达到调速目的。这是交流调压调速梯采用的调速方法。

③ 改变定子电源频率 f 也可达到调速目的，但 f 最大不能超过电机额定频率。

1. 交流变极调速系统

为了使电梯能准确地在层站楼面平层，要求电梯在停车前的速度越低越好，这就要求，交流电动机不仅只有一种转速，而要有两种或三种转速。变速的最简单方法是改变电动机定子绕组的极对数。因为交流异步电动机的转速是与其极对数成反比的。改变电机的极对数就可改变电动机的同步转速。这种系统大多采用开环方式控制，线路简单，价格低，但乘坐舒适感差，一般只应用于额定速度不大于 1m/s 的电梯。

2. 交流变压调速系统

随着电子技术的发展，交流调速理论和交流传动技术得到了较快的发展，特别是 20 世纪 70 年代初，大规模集成电路和计算机技术的发展，使交流调压调速驱动系统在电梯中得到了广泛的应用。这种系统采用可控硅闭环调速，其制动减速可采用涡流制动、能耗制动、反接制动等方式，使乘坐舒适感、平层精确度明显优于交流变极调速驱动系统，主要用于速度为 2.5m/s 以下的电梯。

3. 变压变频调速系统

自 1984 年日本三菱电机公司第一台变压变频控制的电梯问世以来，这种系统驱动的电梯其额定速度已越来越高，而利用矢量变换控制的变压变频系统的电梯的额定速度可达 18m/s 或更高。而且它的调速性能都已达到或超过直流电动机的水平，具有节能、效率高、驱动控制设备体积小和重量轻等优点。

4. 直流拖动系统

直流电动机具有调速性能好、调速范围大的特点。电梯上常用的有两种直流拖动系统：一是发电机组构成的可控硅励磁的发电机-电动机系统；二是可控硅直接供电的可控硅-电动机系统。前者是通过调节发电机的励磁来改变发电机的输出电压，后者是用三相可控硅整流器，把交流电变成可控的直流电，供给直流电动机，省去了发电机组，因此降低了造价，不仅节能，结构也紧凑。

二、电梯的速度曲线

（一）对电梯的快速性要求

电梯作为一种交通工具，对于快速性的要求是必不可少的。快速可以节省时间，这对于处在快节奏的现代社会中的乘客是很重要的。快速性主要通过如下方法得到。

1. 提高电梯额定速度 V_N

电梯的额定速度提高，运行时间缩短，达到为乘客节省时间的目的。现代电梯运行速度不断提高，目前超高速电梯额定速度已达 18m/s。在提高电梯额定速度的同时，应加强安全性、可靠性的措施，因此梯速提高，造价也随之提高。

2. 集中布置多台电梯

通过电梯台数的增加来节省乘客候梯时间。这种方法不是直接提高梯速，但是为乘客节省时间的效果是相同的。当然电梯台数的增加不是无限制的，通常认为，在乘客高峰期间，使乘客的平均候梯时间少于 30s 即可。

3. 尽可能减少电梯启、停过程中的加、减速时间

电梯是一个频繁启动、制动的设备。它的加、减速所用时间往往占运行时间很大的比重，电梯单层运行时，几乎全处在加、减速运行中，如果加、减速阶段所用时间缩短，便可以为乘客节省时间，达到快速性要求。因此电梯在启、制动阶段不能太慢，那样将降低效率，浪费乘客的宝贵时间。GB/T 10058—2009《电梯技术条件》中就规定了电梯加、减速度的最小值："快速电梯平均加、减速度不小于 0.5m/s²，高速电梯平均加、减速度不小于 0.7m/s²。"这是对电梯快速性的要求。

上述三种方法中，前两种需要增加设备投资，第三种方法通常不需要增加设备投资，因此在电梯设计时，应尽量减少启、制动时间。但是启、制动时间缩短，意味着加、减速度的增大，而加、减速度的过分增大和不合理的变化将造成乘客的不适感。因此，对电梯又提出了舒适性的要求。

（二）对电梯的舒适性要求

1. 由加速度引起的不适

人在加速上升或减速下降时，加速度引起的惯性力叠加到重力之上，使人产生超重感，各器官承受更大的重力；而在加速下降或减速上升时，加速度产生的惯性力抵消了部分重力，使人产生失重感，感到内脏不适，头晕目眩。

考虑到人体生理上对加、减速度的承受能力，GB/T 10058—2009《电梯技术条件》中规定："电梯的启制动应平稳、迅速，加、减速度最大值不大于 1.5m/s^2。"

2. 由加速度变化率引起的不适

实验证明，人体不但对加速度敏感，对加加速度（或称加速度变化率）也很敏感。我们用 a 来表示加速度，用 ρ 来表示加加速度，则当加加速度 ρ 较大时，人的大脑感到晕眩、痛苦，其影响比加速度的影响还严重。我们也称加加速度为生理系数，在电梯行业一般限制生理系数 ρ 每秒不超过 1.3m/s^3。

（三）电梯的速度曲线

当轿厢静止或匀速升降时，轿厢的加速度、加加速度都是零，乘客不会感到不适；而在轿厢由静止启动并加速到以额定速度匀速运动的过程中，或由额定速度匀速运动状态制动到静止状态的减速过程中，既要考虑快速性的要求，又要兼顾舒适感的要求。也就是说，在加、减速过程中，既不能过猛，也不能过慢；过猛时，快速性好了，舒适性变差；过慢时，舒适性变好，快速性却变差。因此，有必要设计电梯运行的速度曲线，让轿厢按照这样的速度曲线运行，既能满足快速性的要求，又能满足舒适感的要求，合理地解决快速性与舒适性的矛盾。图 3-2 中曲线就是这样的速度曲线。其中 *AEFB* 段是由静止启动到匀速运行的加速段速度曲线；*BC* 段是匀速运行段，其梯速为额定梯速；$CF'E'D$ 段是由匀速运行制动到静止的减速段速度曲线，通常是一条与启动段对称的曲线。

加速段速度曲线 *AEFB* 段的 *AE* 段是一条抛物线，*EF* 段是一条在 *E* 点与抛物线 *AE* 相切的直线，而 *FB* 段则是一条反抛物线，它与 *AE* 段抛物线以 *EF* 段直线的中点相对称。设计电梯的速度曲线，主要就是设计启动加速段 *AEFB* 段曲线，而 $CF'E'D$ 曲线与 *AEFB* 段镜像对称，很容易由 *AEFB* 段的数据推出，*BC* 段为恒速段，其速度为额定速度，无需计算。

图 3-3 为两种实际应用的速度曲线，其中图 3-3(a) 是由双速电动机拖动的双速电梯的速度曲线，由于采用开环控制，为了提高平层准确度，在停梯前有一个低速爬行阶段。这种速度曲线停车所用时间较长，舒适感较差，一般用于低速货梯中。也有个别闭环（或半闭

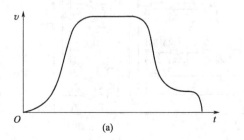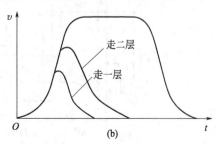

图 3-3　实际应用的两种速度曲线

环）控制电梯采用这种曲线，在减速阶段增加了一个低速运行段。而图 3-3（b）是梯速较高的调速电梯的速度曲线，由于额定速度较高，在单层运行时，梯速尚未加速到额定速度便要减速停车了，这时的速度曲线没有恒速运行段。在高速电梯中，在运行距离较短（例如单层、二层、三层等）的情况下，都有尚未达到额定速度便要减速停车的问题，因此这种电梯的速度曲线中有单层运行、双层运行、三层以上运行等多种速度曲线，其控制规律也就更为复杂些。

第三节　交流变极调速及其实现

一、交流变极调速原理

由式（3-1）可知，改变电机绕组极数就可以改变电动机转速。电梯用交流电动机有单速、双速及三速之分。单速仅用于速度较低的杂物梯；双速的极数一般为 4 极和 16 极或 6 极和 24 极，少数也有 4 极和 24 极或 6 极和 36 极。国内的三速电机的极数一般为 6/8/24 极，它比双速梯多一个 8 极（同步转速为 750r/min），这一绕组主要用于电梯在制动减速时的附加制动绕组，使减速开始的瞬间具有较好的舒适感，有了 8 极绕组就可以不要在减速时串入附加的电阻或电抗器。另一种三速交流电动机的极对数为 6/4/18 极，6 极绕组作为启动绕组以限制启动电流，使启动电流小于 2.5 倍额定电流，待电动机转速达到 650r/min 时自动切换到 4 极绕组，4 极绕组作为正常稳速运行用，18 极绕组作为制动减速和平层停车用。

电机极数少的绕组称为快速绕组，极数多的称为慢速绕组。变极调速是一种有级调速，调速范围不大，因为过大地增加电机的极数，就会显著地增大电机的外形尺寸。

二、交流变极调速控制电路

图 3-4 是交流双速电梯的主拖动系统的结构原理。从图 3-4 中可以看出，三相交流感应电动机定子内具有两个不同极对数的绕组（分别为 6 极和 24 极）。快速绕组（6 极）作为启动和稳定运行的速度，而慢速绕组作为制动减速和慢速平层停车用。启动过程中，为了限制

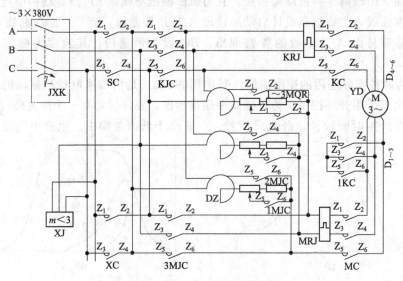

图 3-4　交流双速电梯的主拖动原理

启动电流，以减小对电网电压波动的影响，一般按时间原则，串电阻、电抗一级加速或二级加速；减速制动是在慢速绕组中按时间原则进行二级或三级再生发电制动减速，以慢速绕组（24 极）进行低速稳定运行直至平层停车。

图 3-5 为交流电动机机械特性，以此图来说明电梯启动、恒速运行、减速制动的整个过程。

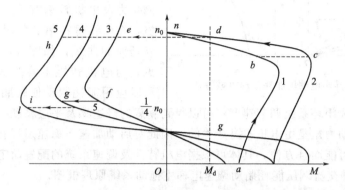

图 3-5　交流电动机机械特性

1—串电抗 X_H 特性；2—6 极自然特性；3—串电抗、电阻特性；4—串电抗

X_L、R_L 特性；5—24 极自然特性；M_d—恒负载转矩

电梯串电抗后以特性曲线 1 启动，启动转矩为 M_a，转速上升到 b 时，短接电抗器 X_H、R_H，转到自然特性 2，由于转速不能突变，过渡到 c 点，转矩有增量 $\Delta M = M_c - M_b$，然后加速到 d 以恒速运行。减速制动时 KC 断开 MC 和 1MJC 吸合从快速绕组切换至慢速绕组上，为减少电流冲击，串入电抗 X_L、电阻 R_L，电动机按运行特性曲线 3 的 e 点开始减速，制动转矩大大降低，一直到 f 点时，2MJC 吸合，短接电阻 R_L，电动机串电抗 X_L 以特性 4 运行，速度下降到 i，3MJC 吸合短接全部电阻、电抗，电动机以特性 5 运行，直到 MC 释放，电动机失电，停止运行。

增加电阻或电抗，可减小启、制动电流，提高电梯舒适感，但会使启动转矩或制动转矩减小，使加、减速时间延长。一般应调节启动转矩为额定转矩的 2 倍左右，慢速为 1.5～1.8 倍。

第四节　交流调压调速及其实现

由电机学中交流电机机械特性可知，改变交流电动机的定子电压，可以改变其机械特性。对于恒转矩负载，改变交流电动机的定子电压，可以改变电动机的转速，实现交流异步电动机的调压调速。交流电梯调压调速系统就是基于该原理实现的。

但无论何种控制的调压调速系统，其制动过程总是加以控制的，电梯的减速制动是电梯运行控制的重要环节，因此，交流调压调速电梯也常以制动方式来划分。目前，应用较多的制动方式有能耗制动、涡流制动和反接制动。

一、能耗制动交流调压调速

这种系统采用可控硅调压调速再加直流能耗制动组成。通常失电后对慢速绕组中的两相绕组通以直流电流，在定子内形成一个固定的磁场。当转子由于惯性而仍在旋转时，其导体

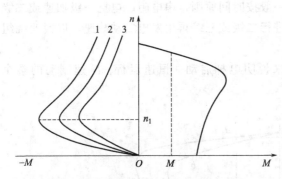

图 3-6　交流异步电动机能耗制动机械特性

切割磁力线，在转子中产生感应电势及转子电流，这一感应电流产生的磁场对定子磁场而言是静止的。由于定子总磁通和转子中的电流相互作用的结果，即与定子电流相应产生了制动力矩，其大小与定子的磁化力及电机转速有关。这种状态下的机械特性曲线是在第Ⅱ象限通过坐标原点向外延伸的曲线，如图 3-6 所示。从曲线可见，当电机转矩下降为零，转速也为零，所以应用能耗制动使轿厢能准确停车，再加上用可控硅构成闭环系统调节速度，可以得到满意的舒适感及平层精度。

由于能耗制动力矩是由电机本身产生的，因此对启动加速、稳速运行和制动减速实现全闭环的控制不但可能而且方便，具体可根据电机特性及调速系统的配置而定。

图 3-7 是一种交流调压能耗制动调速电梯主拖动系统原理框图。

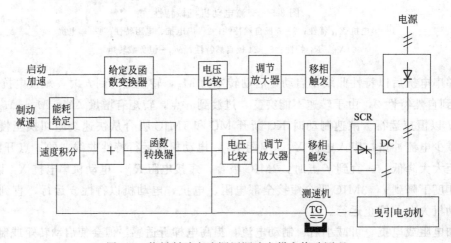

图 3-7　能耗制动交流调压调速电梯主拖动原理

这种系统对电动机的制造要求较高，电动机在运行过程中一直处于转矩不平衡状态，从而导致电动机运行噪声增大以及电机会发生过热现象。

二、涡流制动器交流调压调速

涡流制动器通常由电枢和定子两部分组成。电枢和异步电动机的转子相似，其结构可以是笼型，也可以是简单的实心转子。定子绕组是由直流电流励磁。涡流制动器在电梯中使用时，或与电梯的主电机共为一体，或与电动机分离，但两者的转子是同轴相连的。因而它具有可调节制动转矩的特性。当电梯运行中需要减速时，则断开主电机电源，而给同轴的涡流制动器的定子绕组输入直流电源以产生一个直角坐标磁场。由于此时涡流制动器转子仍以电动机的转速旋转，并切割定子产生磁力线，这样在转子中产生并分布与定子磁场相关的涡流电流，而这个涡流电流所产生的磁力线与定子的磁力线相互作用，产生一个与其转向相反的涡流制动转矩。按照给定的规律输给涡流制动器定子绕组直流电流，就可控制涡流制动器转矩的大小，从而也就控制了电梯的制动减速过程。

图 3-8 是一种利用涡流制动器控制的交流调速系统的原理框图。该系统开环分级启动，开环稳定运行至减速位置时，由井道内每层的永磁体与轿厢顶上的双稳态开关相互作用而发出减速信号，一方面使曳引电动机撤出三相电源，另一方面给予电动机同轴的涡流制动器绕组输入可控的直流电流，使其产生相应的制动力矩，从而令电梯按距离制动减速直接停靠，准确停层于所需的层站。

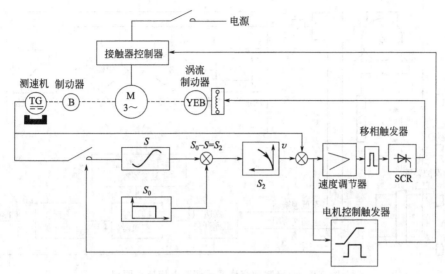

图 3-8 交流调速涡流制动电梯主拖动原理

按距离制动减速是这样控制的。根据电梯不同的额定速度，有一个事先设定的减速距离 S_0，则电梯瞬时距楼层平面处的距离 S 应是 $S = S_0 - \int v \mathrm{d}t$，而实际需要的是速度量，即 $v = \sqrt{2as}$，式中，a 为设定的平均减速度值。将这一瞬时速度量作为涡流制动器的给定量。随着距离 S 的减少，其制动强度也相应减少，直到准确停车为止。制动减速过程不仅随距离的减少而减弱，而且这一过程是转速反馈的闭环系统控制过程，从而可大大提高控制的质量和精度，使电梯的停层准确保证在 ±7mm 之内。

这种系统结构简单、可靠性高。由于控制是通过控制涡流制动器内的电流来实现的，故被控对象只是一个电流。这样的控制不仅容易做到，而且其稳定性好。另外在制动减速时电机撤出电网，借涡流制动器把系统所具有的动能消耗在涡流制动器转子的发热上。因此电梯系统从电网获得的能量大大低于其他系统，一般可减少 20％左右。但由于是开环启动的，因此启动的舒适感不是很理想，其额定速度也只能限制在 2m/s 以下。

三、反接制动交流调压调速

反接制动也是电梯的一种制动调速方法。电梯在减速时，把定子绕组中的任意两相交叉改变其相序，使定子磁场的旋转方向改变。而转子的转向仍未改变，即电机转子逆磁场旋转方向运转，产生制动力矩，使转速逐渐降低，此时电机以反相序运转于第Ⅱ象限。当转速下降到零时，需立即切断电机电源，抱闸制动，否则电机就反转启动。

图 3-9 是一种反接制动的交调电梯的拖动系统原理框图。该系统的电机仍可用交流双速感应电动机，启动加速至稳速以及制动减速均是闭环调压调速，且高低速分别控制。但在制动减速时，将低速绕组接成与高速绕组相序相反的状态，使之产生制动转矩，亦

即反接制动，与此同时，高速绕组的转矩也在逐渐减弱，从而使电梯按距离制动并减速直接停靠。

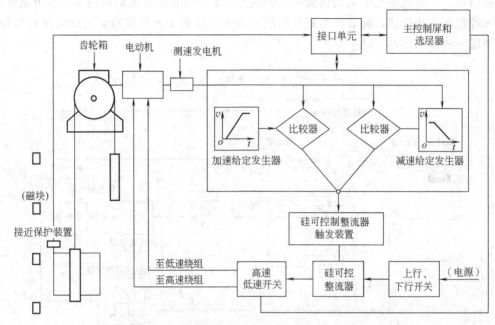

图 3-9　反接制动交流调压调速电梯拖动原理

　　这种系统是全闭环调压调速系统，运行性能良好。由于采用反接制动方式使电梯减速，因此对电梯系统的惯性矩要求不高，不像前述的涡流制动或能耗制动系统那样，要求电梯有一定数量级的惯性矩（一般在电动机轴端加装适当的飞轮），这样使得机械传动系统结构简单、轻巧。另外在制动减速时，高速绕组不断开，而仅在低速绕组上施加反相序电压（即反接制动），因此该系统的动能全部消耗在电动机转子的发热上，能量消耗较前述几个系统都大，故电机必须要有强迫风冷装置。这也是该系统的主要缺点。

　　反接制动的交流调速电梯虽有能耗大的不足之处，但其运行性能良好，故仍较多地应用于额定速度不大于 2m/s 的电梯上。

第五节　调频调压调速及其实现

　　由式(3-1)可知，交流异步电动机的转速是施加于定子绕组上的交流电源频率的函数，均匀且连续地改变定子绕组的供电频率，可平滑地改变电机的同步转速。但是根据电机和电梯为恒转矩负载的要求，在变频调速时需保持电机的最大转矩不变，维持磁通恒定，这就要求定子绕组供电电压也要作相应的调节。因此，电动机的供电电源的驱动系统应能同时改变电压和频率；即对电动机供电的变频器要求有调压和调频两种功能。使用这种变频器的电梯常称为 VVVF 电梯。

一、低、中速 VVVF 电梯拖动系统

　　VVVF 电梯的驱动部分是其核心，也是与定子调压控制方式的主要区别之处。

　　图 3-10 是一个中、低速电梯拖动系统的结构原理图。其 VVVF 驱动控制部分由三个单

元组成：第一单元是根据来自速度控制部分的转矩指令信号，对应该供给电动机的电流进行运算，产生出电流指令运算信号；第二单元是将经数/模转换后的电流指令和实际流向电动机的电流进行比较，从而控制主回路转换器的 PWM 控制器；第三单元是将来自 PWM 控制部分的指令电流供给电动机的主回路控制部分。主回路由下列部分构成：①将三相交流电变换成直流的整流器部分；②平滑该直流电压的电解电容器；③将直流转变成交流的大功率逆变器部分。当电梯减速时以及电梯在较重的负荷下（如空载上行或重载下行）运行时，电机将有再生电能返回逆变器，然后用电阻将其消耗，这就是电阻耗能式再生电处理装置。高速电梯的 VVVF 装置大多具有再生电返回装置，因为其再生能量大，若用电阻消耗能量的办法来处理，势必使再生电处理装置变得很庞大。

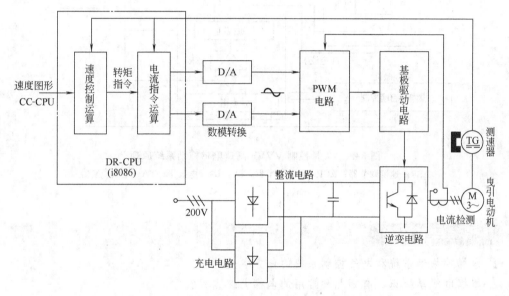

图 3-10　中、低速 VVVF 电梯拖动系统原理

基极驱动电路的作用是：放大由正弦波 PWM 控制电路来的脉冲列信号，再输送至逆变器的大功率晶体管的基极，使其导通。另外，还具有在减速再生控制时，将主回路大电容的电压和充电回路输出电压与基极驱动电路比较后，经信号放大，来驱动再生回路中大功率晶体管的导通以及主回路部分的安全回路检测功能。

二、矢量变换控制的高速 VVVF 电梯拖动系统

VVVF 的调速系统性能优良，但对于高速电梯系统仍不能满足动态要求。尤其是电梯负载运行过程中受到外来因素扰动时（例如运行中遇到导轨的接头台阶，安全钳动作后的导轨工作表面拉伤、变形，门刀碰撞门锁滚轮而引起瞬间冲击等），可能导致交流电动机中电磁转矩的变化，从而影响电梯的运行性能。但使用带有矢量变换控制的变频变压调速系统后，能使高速（甚至超高速）电梯充分满足系统的动态调节要求。

图 3-11 是日立公司把逆变器装置及矢量控制系统应用于 9m/s 以上的高速电梯拖动系统的原理图。实际使用的逆变器能控制满量程电机的转矩脉动量，包括 1Hz 或 1Hz 以下的频率范围，使电梯乘坐舒适，平层精度好。为减小电机的电磁噪声，大功率变换器还须用高频载波器控制。

矢量变换 VVVF 拖动系统大多需采用多微机处理系统。

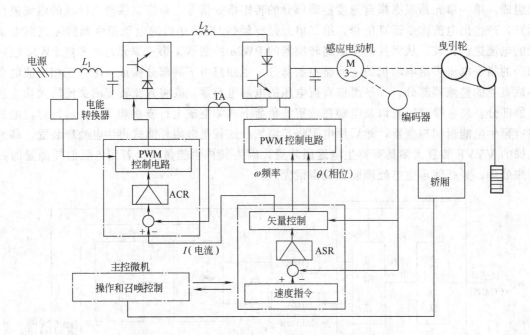

图 3-11　矢量控制 VVVF 高速电梯拖动系统原理

ASR—速度调节器；ACR—电流调节器；L_1，L_2—电抗器；TA—电流转换器

 思考与练习题 ▶▶

1. 电梯的拖动系统和电气控制系统的任务各是什么？

2. 根据电机学知识，有哪几种常用的电梯调速方式？

3. 简述电梯交流变极调速是如何实现电梯速度调整的？

4. 调压调速有哪几种？

5. VVVF 调速是如何实现速度调整的？有哪几种方式？

第四章

电梯的电气控制系统

第一节 概　　述

一、电气控制系统概述

根据用途的不同，电梯可以有不同的载荷、不同的速度及不同的拖动与控制方式。即使相同用途的电梯，也可采用不同的操纵控制方式。但不论使用何种控制方式，电梯总是按轿厢内指令、层站厅外召唤信号要求，向上（向下）启动、运行、减速、制动、平层停站等运行，一次又一次地完成运行速度曲线。因此电梯的控制主要是指对电梯曳引电动机的启动、减速、停止、运行方向、选层停车、层楼显示、层站召唤、轿厢内指令、安全保护等信号进行处理和管理以及对开关门电动机控制。如图 3-1 所示，这些处理和管理功能是由组成电梯电气控制系统的不同控制功能环节完成的。

从电梯产生到 20 世纪 70 年代之前，控制系统均采用继电器逻辑线路，这种硬布线的逻辑控制方式具有原理简单、直观的特点，但是通用性差，若层楼数或控制方式不同，原理图、接线图等必须重新绘制，而且逻辑系统是由许多个触点组成，接线复杂、故障率高。随着工业控制技术的发展，它逐渐被可靠性高、通用性强的可编程序控制器（PLC）及微型计算机所代替。

由微机实现电梯控制的逻辑功能，比继电器控制有较大的灵活性，不同的控制方式可用相同的硬件，只是软件作一些改变。只要把操作按钮、限位开关、光电开关、无触点行程开关等电气元件作为输入信号输入微机控制系统，而把制动器、接触器等功率输出元件接到输出端，就完成了全部接线任务。一般情况下，功能、层数变化无需增减继电器和大量的线路。

二、电气控制系统的主要器件

电气控制系统主要由操纵箱、指层器、召唤盒、平层装置、检修开关、层楼检测器、安全保护器件、曳引电动机、电磁制动器及开关门电器等组成。它们分布在电梯的控制机房、井道和轿厢当中。

1. 操纵箱

操纵箱安装在电梯轿厢内靠门的轿壁上，外面仅露出操纵箱盘面，盘面上装有根据本电梯需要而设置的运行功能按钮和开关，如图 4-1 所示。现仅将普通客梯操纵盘上应具有的按钮和开关作简要介绍。

（1）运行方式开关　选择正常运行与检修运行的开关、有司机与无司机操纵方式的开

图 4-1 操纵箱

关，以及用于紧急情况下控制电梯运行与停止的开关（也称急停开关），为防止非电梯司机的随意操作，一般安装在操纵箱下面的暗盒内。

（2）指令按钮 操纵盘上装有与电梯停站层数相对应的指令按钮，按钮内装有指示灯。当按下欲去楼层的按钮后，该指令被登记，相应的指示灯亮；当电梯到达预选的层楼时，相应的指令被消除，指示灯也就熄灭；未到达的预选层楼指令按钮内的指示灯仍然亮，直到指令响应之后方熄灭。

（3）方向按钮 也称方向启动按钮，电梯在有司机状态下，该按钮的作用是确定运行方向及启动运行。当司机按下欲去楼层的指令按钮后，再按下所要去的方向（向上或向下）按钮，电梯轿厢就会关门并启动，驶向欲去的楼层。在检修状态下，按下方向按钮时，可实现检修慢速上下运行。

（4）开关门按钮 其作用是控制电梯轿门的开闭（厅门随之开闭）。

（5）检修运行开关 也称慢速运行开关，是供电梯检修运行时使用。

（6）警铃按钮 当电梯在运行中突然发生故障停车，电梯司机或乘客被锁在电梯时可以按下该按钮，通知维修人员及时援救轿厢内的电梯司机及乘客。

（7）直驶按钮（或开关） 在有司机状态下，按下这个按钮，电梯只按照轿内指令停层，而不响应外召唤信号。当满载时，通过轿厢超载装置，可自动地将电梯转入直驶状态，也只响应轿厢内指令信号。

（8）风扇开关 控制轿厢通风设备的开关。

（9）召唤蜂鸣器 电梯在有司机状态下，当有人按下厅外召唤按钮，操纵盘上的蜂鸣器发出声音，提醒司机及时关门应答。

（10）召唤楼层和召唤方向指示灯 在指令按钮旁边或在操纵盘上方，装有召唤楼层和召唤方向指示灯。当有人按下厅外召唤按钮，控制系统使相应召唤楼层和召唤方向指示灯亮，提示轿内司机。当电梯轿厢应答到位时，指示灯熄灭。

（11）照明开关 用于控制轿厢内照明设施。其电源不受电梯电源控制，一般具有应急功能，当电梯故障或检修停电时，轿厢内仍有正常照明。

2. 指层器（层楼指示器）

电梯层楼指示器用于指示电梯目前所在的位置及运行方向。通常电梯层楼指示器有电梯上下运行方向指示灯、层楼位置指示灯以及到站钟等，如图4-2所示。

（1）层楼指示器的种类 层楼指示器一般采用信号灯、数码管或液晶显示屏。

① 信号灯。在层楼指示器上装有和电梯运行层楼相对应的信号灯，每个信号灯外都有数字表示。当电梯轿厢运行进入某层，该层的层楼指示灯就亮，离开某层后，则该层的层楼指示灯就灭，指示轿厢目前所在的位置。同理，根据电梯选定方向，通常用"▲"表示上行，用"▼"表示下行。

② 数码管或液晶显示屏。数码管层楼指示器，一般在微机与PLC控制的电梯上使用，层楼指示器上有译码器和驱动电路，显示轿厢位置。数码管的外形显示及原理示意图如图4-3所示。若电梯运行楼层超过9层时，则每

图 4-2 指层器
与召唤盒

层指示用的数码管需要两个，可显示－9～99 不同的层楼数。同理，上下方向指示一般为上、下行三角形发光二极管指示。有时为提醒乘客和厅外候梯人员电梯已到本层，电梯配有喇叭（俗称到站钟、语音报站），以声响来传达信息。现代计算机控制的电梯中的层楼指示采用液晶显示屏越来越多，显示原理与数码管相似。

（2）层楼信息获得方法

① 通过机械选层器取得。在电梯带有机械选层器时，指层信息是通过选层器触点接通层楼指示灯来实现的。选层器中跟随电梯上下移动的动触点，在不同的位置接通不同的层楼灯，其信号是连续的，一个层灯熄灭，其相邻的层灯随即点亮。

② 通过装在井道中的感应器获得。感应器有磁感应和光电感应等，其原理是电梯运行时，安装在轿厢上的隔磁（光）板插入某层的感应器时，感应器触点动作，发出一个开关信号，指示相应的楼层。其特点是电梯运行在两层楼之间时，没有指层信号。若想改成连续信号，可采用通过继电器辅助电路等办法来解决。

③ 通过微机选层器取得。在微机或 PLC 控制的电梯中，通过对旋转编码器或光电开关的脉冲计数，可以准确计算出电梯的运行距离，结合层楼高度数据，就可获得电梯所在的位置信号。

3. 召唤盒

召唤盒是给厅外乘用人员提供召唤电梯的装置。在下端站只装一个上行召唤按钮，上端站只装一个下行召唤按钮，其余的层站根据电梯功能，有装上呼和下呼两个按钮（全集选），也有仅装一个下召唤按钮（下集选），各按钮内均装有指示灯。当按向上或向下按钮时，控制系统就会将该信号记忆，相应的指示灯立即点亮。当电梯到达某一层站响应了该层召唤后，指示灯就灭，如图 4-2 所示。

另外，在基站（一般为下端站）的召唤按钮盒内，通常没有一个钥匙开关，是用来锁电梯的开关。

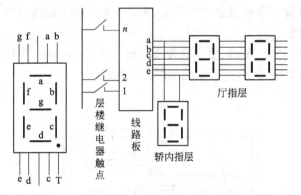

图 4-3　数码管的外形显示及原理示意图

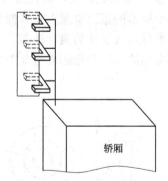

图 4-4　隔磁板与干簧管感应器平层装置

4. 检修开关盒

通常在电梯机房控制柜、轿厢顶，设有电梯检修开关盒，盒内一般有检修开关、急停按钮，开关门按钮以及慢上、慢下按钮。轿顶检修开关盒还装有电源插座、照明灯及其开关等。

5. 平层装置

为保证电梯轿厢在各层停靠时准确平层，通常在轿顶设置有平层装置。

（1）种类与结构　平层装置有多种类型，包括干簧管感应器、圆形永久磁铁与双稳态开关、接近开关、光电开关等。

① 干簧管感应器平层装置。如图4-4所示，轿厢顶部装有两个或三个感应器（两个的为上、下平层感应器，三个的中间一个开门区感应器），隔磁板（或遮光板）装在轿厢导轨支架上。隔磁板由铁板按规定尺寸和形状制成。干簧管感应器是由U形永磁钢、干簧管、盒体组成，如图4-5所示。其工作原理是：由U形永磁钢产生磁场对干簧感应器产生作用；使干簧管内的触点动作，即动合（常开）触点闭合，动断（常闭）触点断开，当隔磁板插入U形永磁钢与干簧管中间空隙时，永磁钢磁路被隔磁板短路，使干簧管失磁，其触点恢复原来的状态，即动合（常开）触点断开，动断（常闭）触点闭合。当隔磁板离开感应器后，磁场又重新形成，干簧管内的触点又动作，达到控制继电器发出指令的目的。

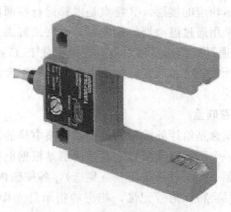

图4-5 干簧管感应器结构示意图　　　　图4-6 光电感应器结构示意图

② 光电感应器（图4-6）。其原理是利用遮光板隔断光线达到光电开关的开关动作。同样能起到发出指令的目的。

③ 圆形永久磁铁与双稳态开关平层装置。在轿顶装有双稳态磁性开关，在井道内对应于每个层站的适当位置上装有圆形永久磁铁。

圆形永久磁铁的磁性较强，有N、S两个极，外直径一般为20mm，厚为10mm，中间有固定用的孔，双稳态磁性开关的结构如图4-7所示，其原理如图4-8所示。

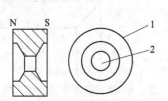

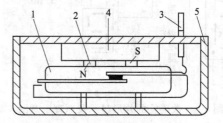

图4-7 双稳态磁开关结构　　　　　　图4-8 双稳态磁开关原理

1—外径；2—固定孔　　　　　　　1—干簧管；2—维持状态磁铁；3—引出线；

　　　　　　　　　　　　　　　　4—定位弹簧体；5—壳体

双稳态磁性开关的工作原理为：簧管上设置两个极性相反磁性较小的磁铁

（图4-8中2），它使干簧管中的触点维持现有状态，只有受到外界同极性磁场作用时，触点吸合，受到异极性磁场作用时，触点断开。例如，干簧管在未受外界磁场影响时，触点处于断开状态，当电梯轿厢运行时，双稳态磁性开关与固定在井道导轨上磁体支架上的一个

S 极的圆形永久磁铁相遇（图 4-7 中由左向右），在通过双稳态磁性开关中 N 极小磁铁时，由于两个相遇磁场相反，磁力削减，这时干簧管触点仍为断开状态，当通过 S 极小磁铁时，由于磁场方向相同，干簧管触点受磁力影响而闭合（磁力增强所致）。当这个 S 极的圆形永久磁铁离开双稳态磁性开关后，双稳态磁性开关内的触点仍闭合，当外界的 S 极圆形永久磁铁由右向左与双稳态磁性开关相遇，通过 S 极小磁铁时，由于磁场方向相同，则保持干簧管吸合，通过 N 极小磁铁时，其磁场方向相反，磁力降低，使干簧管触点断开，达到双稳态功能的要求。

（2）平层装置动作原理 以隔磁板与干簧管感应器平层装置为例，其动作原理简述如下。

① 只具有平层功能的平层器。当电梯轿厢上行，接近预选的层站时，电梯运行速度由快速（额定梯速）变为慢速后继续运行，装在轿厢顶上的下平层感应器先进入隔磁板，此时电梯仍继续慢速上行；当上平层感应器进入隔磁板后，上平层感应器内干簧管触点位置转换，上、下平层感应器的触点均断开，证明电梯已平层，控制系统接收停车信号停止运行，制动器抱闸停车。下行时只是平层感应器动作顺序改变，动作相同。

② 具有提前开门功能的平层器。它与只具有平层功能的平层器相比，多一个提前开门功能。当轿厢慢速向上运行，下平层感应器首先进入隔磁板，轿厢继续慢速向上运行；接着开门区感应器进入隔磁板，使干簧管触点位置转换，提前使开门继电器吸合，轿门、厅门提前打开；这时轿厢仍然继续慢速上行，当隔磁板也插入上平层感应器，使其干簧管触点位置转换，控制系统接收停车信号停止运行，轿厢停在预选层站。

③ 具有自动再平层功能的平层器。当电梯轿厢上行，接近预选的层站时，电梯由快速变成慢速运行，当下平层感应器进入隔磁板后，使本已慢速运行的电梯进一步减速；当中间开门区感应器进入隔磁板时，电路就准备延时断电，当上平层感应器进入隔磁板时，电梯停止，此时已完全平好层。若电梯因某种原因超过平层位置时，上平层感应器离开隔磁板，将使相应的继电器动作，电梯反向平层，最后获得较好的平层精度。

6. 选层器

它模拟电梯轿厢运行状态，及时向控制系统发出所需要的信号。其主要功能是：根据登记的内指令与外召唤信号和轿厢的位置关系，确定运行方向；当电梯将要到达所需停站的楼层时，给曳引电动机减速信号，使其换速；当平层停车后，消去已应答的指令信号并指示轿厢位置。

选层器种类较多，通常分为三大类，即机械选层器、继电器选层器和微机选层器。其中机械选层器与继电器选层器将随着继电器控制电梯逐步被淘汰而淘汰。

① 继电器选层器。是一种由电气动作完成的选层器，通常由双稳态磁性开关、圆形永久磁铁、选层器方向记忆继电器、选层器步进限位器、记忆继电器、选层继电器、选层器的端站校正装置等组成。

井道信息是由装在轿厢导轨上各层支架上的圆形永磁铁和装在轿厢顶上一组双稳态磁性开关来完成。各层选层信号是由机房内控制屏上的层楼继电器来执行。

其工作原理是：轿厢在井道内的位置信号，由双稳态磁性开关与圆形永久磁铁之间位置决定，用这一信号控制继电器选层器。选层器在双稳态磁性开关离开相应的楼层后，双稳态磁性开关与圆形永久磁铁相通，使双稳态磁性开关中的触点动作，一个位置、一个位置地递进，继电器选层器动作超前于轿厢，并使控制系统有足够的时间，决定停车的距离。

② 微机选层器。它由专门的选层信息传送装置与接收装置组成，并经微机处理与运算，来完成选层任务。目前微机选层器有以下几种。

a. 格雷码编码选层器。轿厢所在的位置信号，由轿厢导轨支架上的圆形永久磁铁吸合轿厢顶上的双稳态磁性开关，用格雷码编码来表示。格雷码是一种特殊形式的编码名称。格雷码编码微机选层器主要由格雷码二进制转换电路、轿厢位置信息电路、扫描器、步进逻辑电路、并行装入逻辑电路、选层器的输出电路等组成。

当轿厢停止时，直接提供当时轿厢位置；在轿厢运行时，提供即将要到达的层楼位置。因微机采用二进制处理数据，所以由井道传来的格雷码编码信息，必须先经格雷码二进制转换电路，转换成微机应用的二进制后才可执行。

扫描器为一个步进式开关装置。在微机每执行一个程序循环中，扫描器对所有层站的上召唤和下召唤以及轿厢内选层信号各扫描一次。例如：先由首层逐层向上扫到最高层，而后再由最高层逐层向下扫描，确定已登记的呼梯信号和轿厢位置，并形成一组脉冲。当电梯处于某一位置时，由选层器给出一个相应信号，同时，扫描器不断地扫描，发出扫描信号，两种信号在比较器中进行比较，其结果由微机发出最终信号。

在电梯处于停止状态，只要电路一开始工作，必须把电梯的现在位置告诉微机系统，电梯一旦运行起来，该电路就停止工作，完成这个任务的电路叫并行装入逻辑电路。

电梯在运行时，选层器应步进到它的前一层楼。如果电梯向上行，则步进为加1方式；反之，如果电梯向下运行，则步进为减1方式。因为轿厢每次停层，用并行装入逻辑电路装入当时轿厢位置信号，轿厢开始运行，就应按选定方向步进。实现这个过程的电路称为步进逻辑电路。

选层器输出信号直接送到微机中，由微机对电梯进行选层等控制。

b. 光电码盘微机选层器。在曳引电动机的轴端上安装一个与曳引电动机一起转动的光电码盘。光电码盘在同一圆周上，有着许多均匀分布的小孔。圆盘的一侧是发光器，另一侧为光接收器，其结构如图4-9所示。当曳引机旋转时，光电码盘也跟着旋转，这时发光器发光；每当圆盘上的小孔经过发光器时光线穿过，使接收器接收到光脉冲信号，并将它转变为电脉冲信号输入微机；微机根据该脉冲数及对应时间，可以计算出电梯运行距离和速度。当有了脉冲计数和层楼数据后，配合登记的召唤信号、指令信号，微机就可对电梯进行选向、选层、指层、消号、减速等控制。

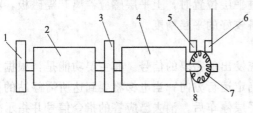

图 4-9　光电码盘示意图

1—飞轮；2—曳引电动机；3—制动器；4—减速器；
5—发光器；6—接收器；7—光电码盘；
8—减速器蜗杆

有些电梯采用一种脉冲编码器装置来测距，当曳引电动机旋转时，脉冲编码器随之旋转，输出脉冲数正比于电梯的运行距离。

除光电码盘式外，也有采用测速发电机与微机组合的微机选层器。光电码盘方式脉冲计数较准确，低速时不会丢失脉冲，而测速发电机方式在低速时，输出幅值较低，脉冲会丢失。

虽然微机选层器先进、可靠，但在电梯运行中，若发生曳引绳打滑或其他原因，也会引起误差。所以，通常在井道中顶层和基站设置校正装置（高层电梯在中间层也设有校正装置）。例如在电梯到达基站校正点时，将脉冲计数值清零，或是置一固定数值。另外，一般在轿顶上还设置平层感应器，以保证电梯的平层准确度。电梯平层时，可将计数器置该层脉冲数，以免多层运行时的误差积累。

7. 越程保护装置

为防止电梯由于控制方面的故障，使轿厢超越顶层或底层端站继续运行，必须设置越程保护装置以防止发生越程产生的严重后果和损失。

越程保护装置一般由设置在井道内上、下端站附近的强迫减速开关、限位开关、极限开关组成。这些开关或碰轮都安装在导轨支架上，由安装在其上的打板（撞弓）触动而动作。其中强迫减速开关、限位开关均为电气开关，尤其是限位开关和极限开关，必须符合电气安全触点要求，如图 4-10 所示。

强迫减速开关是防止越程的第一道保护。一般设在端站正常换速开关之后。当开关被撞动时，电梯强迫减速运行。在高速电梯中可设几个强迫减速开关，分别用于短程和长行程的强迫减速。

限位开关是第二道保护。当轿厢在端站未能停车而触动限位开关时，立即切断相应的方向控制电路（上限位切断上方向、下限位切断下方向）使电梯停止运行。

极限开关是越程的第三道保护。若限位开关触动后未能使电梯停止运行，则触动极限开关。极限开关切断电源，使驱动主机和制动器失电，电梯停止运行。对于交流双速和变频控制的电梯极限开关，应能使驱动主机和制动器失电而迅速停止运行。对于单速或双速电梯，应能切断主电路或主接触器线圈电路。极限开关动作后应能防止上、下两个方向的运行，且必须有检修人员人工恢复才能正常运行，电梯不能自动恢复运行。极限开关的安装位置应尽量接近端站，而且必须在对重或轿厢接触缓冲器被压缩之前动作，并在缓冲器压缩行程期间保持极限开关的保护作用。

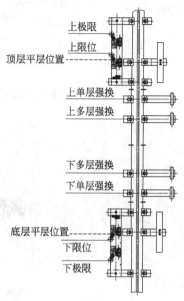

图 4-10　电梯越程保护开关示意图

8. 超载保护装置

根据 GB 7588—2003《电梯制造与安装安全规范》第 14.2.5 条规定："在轿厢超载时，电梯上的一个装置应防止电梯正常启动及再平层。所谓超载是指超过额定载荷的 10%，并至少为 75kg。在超载情况下：a. 轿内应有音响和（或）发光信号通知使用人员；b. 动力驱动自动门应保持在完全打开位置；c. 手动门应保持在未锁状态；d. 根据 7.7.2.1 和 7.7.3.1 进行的预备操作应全部取消。"超载保护装置形式不同，装设位置也不同，常见的超载装置有以下几种形式，如图 4-11 所示。

（1）活动轿厢　这种超载保护装置应用非常广泛，价格低，安全可靠，但更换维修较烦琐。通常采用橡胶垫作为称重元件，将这些橡胶元件固定在轿厢底盘与轿厢架固定底盘之间。当轿厢超载时，轿厢底盘受到载重的压力向下运动使胶垫变形，触动微动开关，切断电梯相应的控制功能。一般设置有两个微动开关：一个微动开关在电梯达到 80% 负载时动作，电梯确认为满载运行，电梯只响应轿厢内的呼叫，直到驶至呼叫站点；另一个微动开关在电梯达到 110% 载重量时发生动作，电梯确认为超载，电梯停止运行，保持开门，并给出警示信号。微动开关通过螺栓固定在活动轿厢底盘上，调节螺栓就可以调节载重

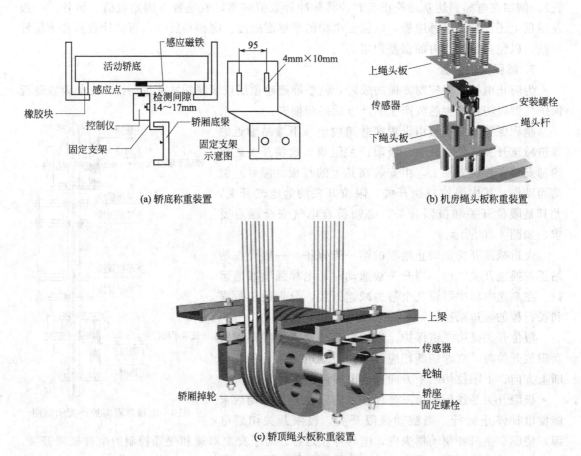

图 4-11　常用超载保护装置

量的控制范围。

　　(2) 活动轿厢地板　这是装在轿厢上的超载装置，活动地板四周与轿壁之间的保持一定间隙，轿厢地板支撑在称重装置上，随着轿厢地板承受载荷的不同，地板会微微地上下移动。当电梯超载时，活动轿厢地板会下陷，将开关接通，给出电梯的控制信号。

　　(3) 轿顶称量装置　这种装置是以压缩弹簧组作为称重元件，在轿厢架上梁的绳头组合处设以超载装置的杠杆，当电梯承受不同载荷时，绳头组合会带动超载装置的杠杆发生上下摆动。当轿厢超载时，杠杆的摆动会触动微动开关，给电梯相应的控制信号。

　　(4) 机房称量装置　当轿底和轿顶都不方便安装超载装置时，电梯采用 2∶1 绕法时，我们可以将超载装置装设在机房中。它的结构和原理与轿顶称量装置类似，将它安装在机房的绳头板上，利用机房绳头板随着电梯载荷的不同产生的上下摆动，带动称量装置杠杆的上下摆动。

　　(5) 电阻应变式称量装置　随着电梯技术的不断发展，特别是电梯群控技术的发展，客观上要求电梯的控制系统精确地了解每台电梯的载荷量，才能使电梯的调度运行达到最佳状态。因此传统的开关量载荷信号已经不再适用于群控技术，现在很多电梯采用电阻应变式称量装置。

9. 相序保护装置

　　根据国家标准 GB 7588—2003 中规定，对于供电电源的错相、缺相及低电压都应有防护措施。相序继电器在所有电梯控制系统中是不可缺少的环节。当电梯供电系统出现相序错误及缺相时电梯不能运行。电梯的向上与向下运行是通过改变电动机供电电压的相序实现的，当相序发生错误时，会使上与下运行反向。在控制系统中必须采用相序保护，否则造成人身和设备的事故。

10. 电气控制柜

电梯电路中的绝大部分电气、电子元器件集中装在电气控制柜中，其主要作用是完成对电梯电力拖动系统的控制，从而实现对电梯功能的控制。其结构如图 4-12 所示。

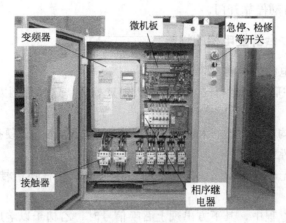

图 4-12　控制柜

电气控制柜通常安装在电梯的机房里，控制柜的数量因电梯型号而定。一部电梯一般用一个电气控制柜，有的用两个或三个电气控制柜。

另外，在轿厢顶上还有门电动机及其调速装置。其他电路配线专用的电气装置和接线板，这些元器件和电路，通常装在规定的接线盒内。

第二节　电梯常用的控制方式及其性能

一、单梯集选控制方式及其性能

① 有/无专职司机控制。

② 自动开关门。

③ 到达预定停靠的中间层站时，提前自动将额定快速运行切换为慢速运行，平层时自动停靠开门。

④ 到达两端站时，提前自动强迫电梯由额定快速运行切换为慢速运行，平层时自动停靠开门。

⑤ 厅外有召唤装置，而且有召唤时能进行：a. 厅外有记忆指示灯信号；b. 轿内有音响信号和召唤人员所在层站位置及要求前往方向记忆指示灯信号。

⑥ 厅外有电梯运行方向和所在位置指示灯信号。

⑦ 自动平层。

⑧ 召唤响应后，自动消除轿内外召唤和指示灯信号。

在有司机状态下，司机可按乘客要求作多个指令登记，然后通过点按关门按钮关门启动电梯，在预定停靠层站停靠自动开门，乘客出入轿厢后，仍通过点按关门按钮关门启动电梯，直到完成运行方向的最后一个内外指令任务止。若相反方向有内、外指令信号时电梯自动换向，司机点按关门按钮后关门启动运行。电梯运行前方出现顺向召唤信号时，电梯到达有顺向召唤指令信号的层站能提前自动将快速运行切换为慢速运行，平层时自动停靠开门。在特殊情况下，司机可通过操纵箱的直驶按钮，实现直驶。在无司机状态下，只需点按轿内操纵箱上的指令按钮（多指令登记），电梯便能自动关门、启动、加速、额定满速运行，到预定停靠层站时提前自动将额定快速运行切换为慢速运行，平层时自动停靠开门。电梯运行前方出现顺向召唤信号时，电梯到达有顺向召唤指令信号的层站能提前自动将快速运行切换为慢速运行，平层时自动停靠开门。

二、两台并联和多台群控电梯的性能

1. 两台并联运行电梯的性能

甲乙两台电梯作并联控制运行时，单机多为集选控制，这种控制方式的电梯作并联运行时，性能如下。

① 甲乙两台电梯均在正常运行和自动（无司机）运行状态下，便投入并联运行状态。

② 在并联状态下性能如下。

a. 甲乙两台电梯先后返回基站关门待命时，一旦出现外召唤信号，先返回基站的甲梯予以响应。

b. 甲梯向上行驶过程中，其下方出现上召唤信号时，乙梯予以响应。

c. 甲梯在基站待命时，乙梯返回基站过程中顺向外召唤信号予以响应，上行外召唤信号和乙梯上方的外召唤信号甲梯予以响应。

d. 上述情况外的外召信号是否响应，由设计人员根据层站数和时间原则确认。

2. 群控电梯的性能

群控电梯的运行工作状态类似公共汽车，除具有并联电梯的性能外，还具有根据客流量大小调节发梯时间，调度电梯的运行，确保乘客合理等待乘梯时间的性能。

以上介绍了几种不同控制方式的性能。在选用控制方式时，除基本控制功能外，还可根据需要增加特殊的控制功能。特别是微机应用于电梯控制后，人工智能已应用于电梯的控制和管理，控制功能已大大扩展，极大地提高了电梯的网络化、信息化和智能化水平。如电梯的防骚扰服务功能，当轿厢内的停层指令有时会被无效地登记，此时在没有乘客出入的楼层也会停下来，造成运行混乱，输送效率低。为了防止这一点，控制系统中可增设这样的判定：若轿内负载低于75kg，但轿厢内登记了4个或4个以上的指令信号，则取消所有的轿内登记信号（防捣乱功能）。轿厢内的负载信号可从称重传感器的信号中获取。又如电梯在地震时的运行控制，一旦大楼里设置的地震传感器的加速度值超过设定值时，地震控制运行程序开始执行。为了尽可能确保乘客安全，防止损坏设备，电梯尽快地停靠在最近层站（或避难层），使乘客撤离等。

第三节 交流双速、集选继电器控制电梯电气控制系统

尽管电梯电气控制系统的实现有多种形式，目前主要有继电器控制、PLC控制和微机控制，但它们的控制机理基本上是类同的。虽然继电器电气控制系统由于通用性差、接线复杂、故障率高而逐渐被可靠性高、通用性强的PLC与微型计算机所代替。但作为最早应用于电梯的电气控制方式，具有原理简单、直观的特点，而且，电梯最基本的控制原理最初也

是由继电器控制线路完成的，所以，几乎所有讲述电梯控制原理的书籍都是从继电器控制入手。因此，本节借助于交流双速、集选继电器控制电梯电气控制系统介绍电梯控制的基本原理。

无论何种控制形式的电梯，其控制系统均可分割成若干个控制环节。为了便于分析电梯的控制过程，以图 3-1 所示的电梯电气控制系统的原理组成，按层楼信号处理、指令召唤信号处理、选项功能、选层功能、开关门功能、安全回路、运行控制功能等控制环节来叙述其工作原理。

一、交流双速拖动主回路

交流双速继电器控制电梯拖动主电路如图 4-13 所示。

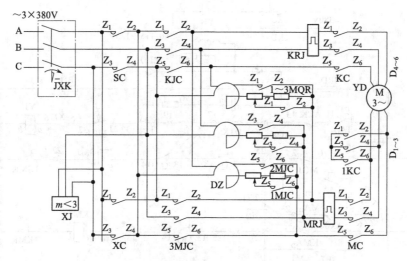

图 4-13　交流双速继电器控制电梯拖动主电路

YD 为交流双速曳引电动机，其额定快速运行速度为 1000r/min，额定慢速运行速度为 250r/min。通过这两种速度，分别拖动电梯作快、慢速运行。

在国产电梯产品中，交流双速曳引电动机有两种不同结构形式。一种电动机的快、慢速定子绕组是两个独立绕组。给快速绕组接入三相 380V 交流电源时，电动机以 1000r/min 同步转速作快速运行。给慢速绕组接入三相 380V 的交流电源时，电动机以 250r/min 同步转速作慢速运行。另一种电动机的快、慢速定子绕组是同一个绕组，依靠控制系统改变绕组接法，实现一个绕组具有两个不同速度的目的。当绕组为 YY 连接时，电动机的同步转速为 1000r/min。当绕组为 Y 连接时，电动机的同步转速为 250r/min。采用这种电动机作为曳引电动机的电梯，快速运行时，通过快速运行接触器 KC 给电动机引出线 D_4、D_5、D_6 输入三相 380V 的交流电源，通过快速运行接触器 1KC 把电动机引出线 D_1、D_2、D_3 短接起来，绕组成为 YY 连接。电梯由快速运行切换为慢速运行时，KC 和 1KC 复位，与 KC 和 1KC 有电气联锁关系的慢速接触器 MC 吸合。由于 KC 和 1KC 复位，电动机引出线 D_4、D_5、D_6 失电，D_1、D_2、D_3 短接状态被解除。由于 MC 吸合，三相 380V 交流电源从 D_1、D_2、D_3 输入电动机定子绕组，绕组成为 Y 连接，电动机进入慢速运行。

SC 为上行接触器，XC 为下行接触器，通过改变相序实现 YD 的正反转，实现电梯的上升与下降。

KC 为快车接触器，KJC 为快加速接触器，KC 用于接通 YD 的快速绕组；为了减小启动电流，在 YD 启动时需接入电抗 DZ，当启动完成后将电抗 DZ 短接，KJC 为 DZ 短接接触器。

MC 为慢车接触器，用于接通 YD 的慢速绕组；1MJC、2MJC、3MJC 慢减速接触器，当 YD 进行能耗制动减速时，为了限制制动电流，随着转速的下降，由 1MJC、2MJC、3MJC 逐级将电抗 DZ 从主回路中切除。

XJ 为相序继电器，用于缺相保护；KRJ、MRJ 为电动机热保护继电器，用于实现 YD 的过载保护。

二、自动开关门电机回路与安全回路

图 4-14 为交流双速继电器控制电梯的自动开关门电机回路与安全回路。

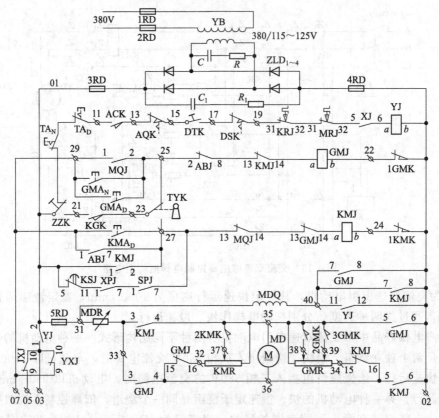

图 4-14　自动开关门电机回路与安全回路

1. 安全回路

YJ 为电压继电器，用于安全保护。电梯的安全保护大多数都是由机械和电气安全装置相互配合构成的，YJ 的线圈回路中有轿内急停按钮 TA_N、轿顶检修急停按钮 TA_D、安全窗开关 ACK、安全钳开关 AQK、底坑开关急停 DTK、限速器断绳开关 DSK、快速热保护继电器 KRJ、慢速热保护继电器 MRJ、相序继电器 XJ 等构成，当某一安全开关动作时，YJ 失电，切断控制电源 03 号线，确保电梯运行的安全。

2. 自动开关门电机回路

自动门机安装于轿厢顶上，它在带动轿门开闭的同时，通过机械联动机构带动厅门同步开闭。为使电梯门在启闭过程中达到快、稳的要求，必须对自动门机进行速度调节，一般情

况，开门有一级减速，关门有两级减速。本控制系统采用小型直流伺服电动机进行门机拖动。直流电动机调速方法简单，通过开关门减速开关调节门电动机的电枢电压，可实现调速，进而实现开关门减速。

门电机的开关门及开关门减速过程如下：当关门继电器 GMJ 吸合，励磁直流电源正极经熔断器 5RD，首先供给直流伺服电动机的励磁绕组 MDQ，同时经可调电阻 MDR、GMJ，关门电阻 GMR，两级减速开关 2GMK 与 3GMK 触点将直流电压加在门电机电枢绕组上。门电机正转，执行关门动作；当门关至约门宽的 2/3 时，限位开关 2GMK 动作，使关门电阻 GMR 被短接一部分，从而使电动机电枢电压降低，门电动机 MD 转速下降，关门速度减慢。当门继续关至尚有 100～150mm 时，限位开关 3GMK 动作，使关门电阻 GMR 进一步被短接一部分，从而使电动机电枢电压进一步降低，门电动机 MD 转速再降，关门速度变得更慢，从而确保关门安全。开门及开门减速过程相似，区别在于：一是开门继电器 KMJ 改变门电动机 MD 电枢电压极性，执行的是开门动作；二是开门只有一级减速，所以只有一个减速开关 2KMK。

（1）开门控制 ①上班开门。电梯在基站，基站开关 KGK 闭合，司机通过转动基站厅外钥匙开关 TYK，使 KMJ 吸合，执行开门动作。②按钮开门。通过轿内开门按钮 KMA_N 或轿顶开门按钮 KMA_D 使 KMJ 吸合，执行开门动作。③平层停站自动开门。平层停站自动开门由停站时间继电器 KSJ，上下平层继电器 SPJ、XPJ 使 KMJ 吸合，执行开门动作。④本层开门与安全触板开门。本层开门以及安全触板开门由安全触板继电器 ABJ 使 KMJ 吸合，执行开门动作。

（2）关门控制 ①下班关门。电梯到基站，基站开关 KGK 闭合，司机通过转动基站厅外钥匙开关 TYK，使 GMJ 吸合，执行关门动作。②按钮开门。通过轿内关门按钮 GMA_N 或轿顶关门按钮 GMA_D 使 GMJ 吸合，执行关门动作。③停站自动关门。停站时间到，一般为 4～6s，由停站时间继电器 KSJ 使 KMJ 吸合，执行开门动作。

三、层楼继电器回路

要对电梯进行控制，首要的问题就是反映电梯实际所在的位置（楼层）。层楼继电器回路就是完成这一功能的。有了层楼信号，一方面可以指示电梯所在的位置（指层），另一方面为下一步的选向、选层及指令和召唤的消除提供可靠信息。每一层对应一个层楼继电器，电梯在哪一层，对应楼的层楼继电器就会动作。交流双速继电器控制电梯采用干簧管检测的继电器层楼电路，如图 4-15 所示。

5 层站电梯，需要 5 个层楼继电器，它们分别为 1HFJ、2HFJ、3HFJ、4HFJ、5HFJ。继电器层楼电路的原理为：在电梯井道中的每一层设置两个干簧管感应器，一个在上（供下降时检测电梯的到来），另一个在下（供上升时检测电梯的到来），当然，在上下端站仅设置一个。在电梯轿厢上设置有隔磁板，当电梯上升（下降）将要到达该层时，轿厢上设置的隔磁板插入下（上）干簧管感应器中，干簧管感应器动作，使该层的停站换速继电器 iTHJ 动作，由 iTHJ 使其对应的该层的层楼继电器 iHFJ 动作并保持，当电梯上升或下降到另一层时，这一层的干簧管感应器使 THJ 动作，层楼继电器 HFJ 动作并保持，同时将前一个层楼继电器 HFJ 释放。通过该原理，当电梯到达某层时，使该层的层楼继电器 HFJ 动作并保持，这样通过层楼继电器 HFJ 可获得电梯的位置信号。

四、指令记忆与消除回路

操纵盘上装的有与层数数字相符的按钮是指令按钮，按钮内装有指示灯。乘客进入

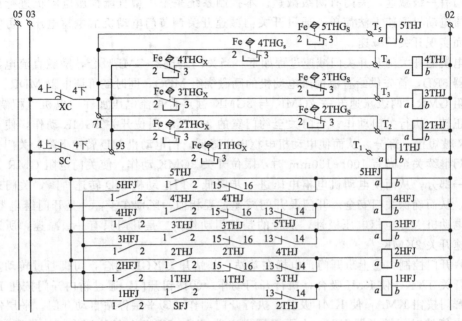

图 4-15 继电器层楼电路

电梯按下某指令按钮，该指令被登记，相应的指示灯亮；当电梯到达预选的层楼时，相应的指令被消除，指示灯也就熄灭；未到达的预选层楼指令按钮内的指示灯仍然亮，直到指令响应之后方熄灭。指令的这些登记与消除功能由指令电路完成，继电器指令电路如图 4-16 所示。

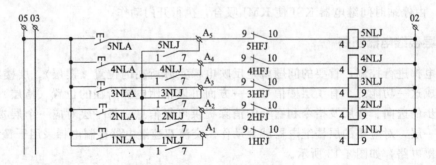

图 4-16 继电器指令电路

从图 4-16 中可知，继电器指令电路实际上是继电器控制线路的启动自保持典型线路。$1NLA \sim 5NLA$ 为指令按钮，$1HFJ \sim 5HFJ$ 为层楼继电器，$1NLJ \sim 5NLJ$ 为指令继电器。当某指令按钮 iNLA 按下时，其对应的指令继电器 iNLJ 就吸合并自保持，这样完成指令的记忆登记；当电梯到达该层时，对应的层楼继电器 iHFJ 动作，由层楼继电器 iHFJ 的常闭接点将该指令继电器 iNLJ 释放，完成指令的消除。

五、召唤记忆与消除回路

召唤是厅外乘用人员向电梯发出的呼唤信号。在下端站只装一个上行召唤按钮，上端站只装一个下行召唤按钮，其余一般装有上呼和下呼两个按钮，各按钮内均装有指示灯。当按向上或向下按钮时，控制系统就会将该信号记忆，相应的指示灯立即点亮。当电梯到达某一层站时，响应了该层召唤后，指示灯就熄灭。继电器召唤电路如图 4-17 所示。

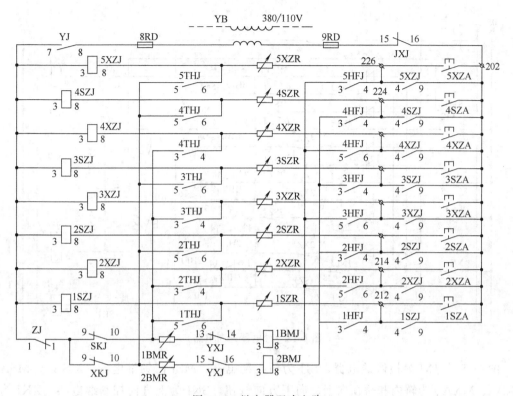

图 4-17　继电器召唤电路

图 4-17 中 1SZA～4SZA 为 1～4 层上召按钮，1SZJ～4SZJ 为 1～4 层上召继电器，2XZA～5XZA 为 2～5 层下召按钮，2XZJ～5XZJ 层为 2～5 层下召继电器，ZJ 为直驶继电器，SKJ 为上方向继电器，XKJ 为下方向继电器，1BMJ、2BMJ 为本层开门继电器。

从作用上看，召唤电路与指令电路的作用是相同的，但从电路形式和结构看，召唤电路比指令电路要复杂得多，这是因为，每层厅外各有两个召唤信号（向上和向下），一般情况下，电梯采用顺向截车选层方式，所以召唤的消除也是有方向的，既电梯到达某层，响应与运行方向相同的召唤，消除与运行方向相同的召唤，而与运行方向相反的召唤则保留，不消除。所以，在召唤继电器释放回路中加入了方向继电器 SKJ 和 XKJ。另外，还有很重要的一点，若电梯直驶运行，应保留没有响应的召唤，不管是同向还是反向，所以，在召唤继电器释放回路中也加入了直驶继电器 ZJ，以增加消除条件。

另外，召唤电路还有本层开门功能。所谓本层开门，是指当电梯停在某层，门处于关闭状态，当本层有人按下召唤按钮时，电梯便会自动开门。本层开门是由本层开门继电器 1BMJ、2BMJ 驱动开门继电器 KMJ 实现自动开门的。

六、选向回路

选向回路的作用，是根据目前电梯的位置和指令、召唤的情况，决定电梯的运行方向是向上还是向下。继电器选向电路，首先由层楼继电器形成选向链，然后将每层的指令和召唤对应接入。根据指令、召唤的位置与电梯实际位置相比较，若前者在上（位置的上下），电梯则选择向上，相反则选择向下。继电器选向电路如图 4-18 所示。

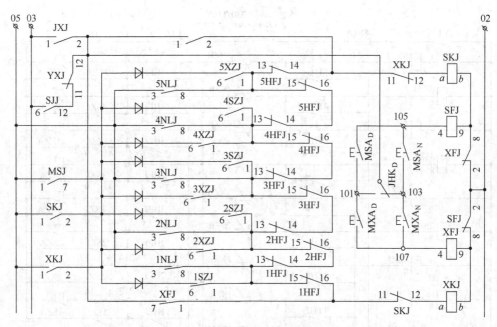

图 4-18 继电器选向电路

图 4-18 中 JXJ 为检修继电器，SJJ 为司机继电器，MSJ 门锁继电器，MSA_D、MSA_N、MXA_D、MXA_N 为轿内和轿顶向上、向下方向按钮，SKJ 为上方向控制继电器，XKJ 为下方向控制继电器，SFJ 为上方向继电器，XFJ 为下方向继电器。

另外，一般情况，指令选向优先，所有指令直接接在 05 号控制电源上，而召唤通过 MSJ 门锁继电器接在 05 号控制电源上，所以，只有电梯门关闭后召唤才参与选向。还有，集选控制电梯，在司机和检修运行模式下，电梯司机可干预电梯的运行方向的选择，此功能是通过电路中 SJJ 司机继电器（JXJ 检修继电器）和轿内及轿顶的向上、向下方向按钮 MSA_D、MSA_N、MXA_D、MXA_N，首先使 SFJ 为上方向继电器或 XFJ 为下方向继电器动作，然后通过 SFJ 或 XFJ 使 SKJ 为上方向控制继电器或 XKJ 为下方向控制继电器动作，实现强迫选向。

七、选层回路

电梯运行中，为什么在有些楼层会自动停靠，而在有些楼层不停靠，即电梯的选层。选层功能由选层电路实现。选层意味着要减速（换速）准备平层停车。选层原理：电梯的选层分指令选层和召唤选层两种情况。即因某层有召唤或有该层的指令使电梯在该层是否停车，其中指令选层为绝对的（指令选层优先），即若电梯运行正常，指令一定能使电梯在该层减速停车。召唤选层是有条件的，一是召唤选层必须满足同向，即与电梯的运行方向一致时选层，所谓"顺向截车"。二是直驶时可将召唤屏蔽，即电梯直驶时，即使同向的召唤也不能使电梯减速停车。根据以上情况，继电器选层回路如图 4-19 所示。

图 4-19 中的 TJ 为停站继电器，当电梯在某层选层时，TJ 吸合动作；TFJ 为停站辅助继电器。

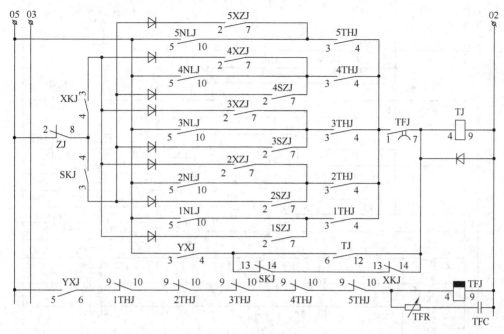

图 4-19　继电器选层电路

根据选层原理，在所有上召唤选层回路中串入上控制方向继电器 SKJ 的接点，在所有下召唤选层回路中串入下控制方向继电器 XKJ 的接点，实现顺向选向；所有选层回路通过直驶继电器 ZJ 的接点接入 05 号控制电源，实现直驶运行时不选向不换速停站。

八、运行控制回路

运行控制线路是电梯电气控制系统的核心。电梯是由曳引电机拖动（主回路），主回路的工作受运行线路的控制，以形成电梯的速度曲线，决定电梯何时启动加速，何时运行，何时减速，何时平层停车。继电器控制电梯的运行控制线路如图 4-20、图 4-21 所示。

图 4-20、图 4-21 中，MSJ 为门锁继电器，当轿门和所有厅门可靠关闭后吸合；JXJ 为检修继电器；MQJ 为关门启动继电器；TSJ 为停站时间继电器，控制停站时间，一般整定为 4～6s；KSJ、KJC 分别为快车时间继电器和快加速接触器，控制电梯启动时，延时切除电机主回路中串接的电抗；YXJ 为运行继电器，电梯在运行状态吸合，电梯停车释放；1MSJ、2MSJ、3MSJ 与 1MJC、2MJC、3MJC 为减速时逐级切除制动电抗的时间控制继电器和减速接触器；SPG、XPG、SPJ、XPJ 为上下平层感应器和上下平层继电器；SC、XC 为上、下运行接触器；KC、MC 为快、慢车接触器；ZJ1、ZJ2 为松闸继电器 1、2；ZLJ 为松闸继电器粘连监控继电器；BZJK 为抱闸监控开关。

1. 启动

电梯的启动，MQJ 为先导，方向是首要条件，门锁（厅门轿门是否关好）等安全因素也是必要条件。当电梯关门（手动或自动）时，MQJ 吸合；此时选向回路根据电梯的实际位置以及指令和召唤的分布，已确定好方向（SKJ 或者 XKJ 已动作吸合）；这时如果松闸继电器 1、2 都未粘连、安全回路正常，则 ZLJ 和 YJ 吸合，运行控制线路 2 得电；如果厅门轿门是关好的，MSJ 吸合；KC 吸合；通过 ZJ1、ZJ2 使电磁抱闸 ZCQ 得电，曳引主轴制动

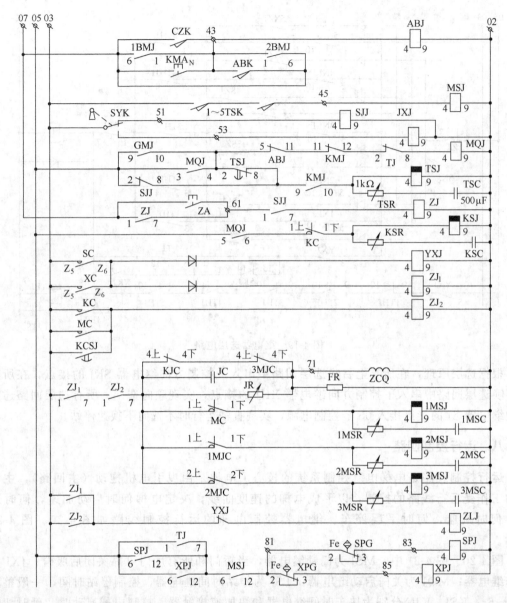

图 4-20 运行控制线路 1

缓解，打开抱闸；如果抱闸确实打开，则 BZJK 接通，通过 SC、XC 的启动回路，使 SC 或 XC 吸合，之后自保持（SC 吸合电梯上升，XC 吸合电梯下降）；YXJ 吸合；电梯接通快速绕组开始启动。

2. 加速、额定速度运行

电梯开始启动时，由于 KJC 没有吸合，快速绕组中串入电抗，目的是限制启动电流；当启动延时到，KJC 吸合，切除电抗，电梯全速运行。

3. 停站减速

当电梯到达某层，若符合选层要求，意味着将在该层停车，达到换速点就应减速，为平层停车做准备。此时选层电路使停站继电器 TJ 动作吸合。当站继电器 TJ 动作吸合后，MQJ 释放；随即快车接触器 KC 释放，快车接触器 MC 吸合，这样电梯由快速转为慢速，

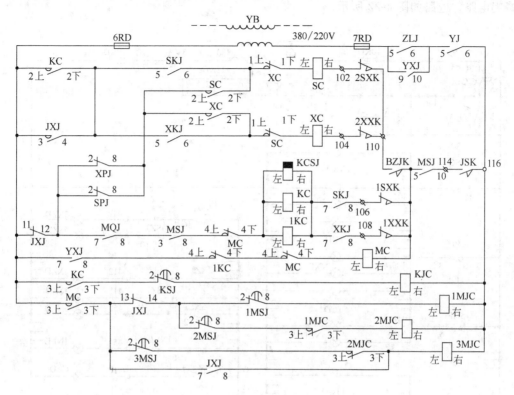

图 4-21　运行控制线路 2

为平层停车做准备。但是，此时电梯并没有停车，因为上或下运行接触器，仍由平层自保持回路处于吸合状态，只是开始减速。之后，由 1MSJ、2MSJ、3MSJ 与 1MJC、2MJC、3MJC 通过时间控制原则进行三级慢减速；随着时间的进行，电梯在极低的速度下维持运行，准备平层停车。

4. 平层停车

当电梯减速运行到轿门门槛与厅门门槛基本平齐时，说明到了平层点，此时，安装于轿顶的上下平层感应器 SPG、XPG 使上下平层继电器 SPJ、XPJ 动作，由于 SPJ、XPJ 的动作，将 SC 和 XC 的自保持回路也切断，SC 或 XC 释放；YXJ 释放；ZCQ 失电；MC 释放；将主回路曳引电机电源断开，并实施电磁抱闸，电梯平层停车。注意：当上、下平层感应器全部动作后，表示到平层点。

另外，在电梯井道中还设置有两级上下终端限位开关 1SXK、1XXK 和 2SXK、2XXK，对电梯实施上下终端限位保护。1SXK、1XXK 为上下终端强迫减速限位开关，当电梯故障到达上下端站没有减速时，电梯就会继续上升或下降，碰到 1SXK 或 1XXK 动作时，强迫将快车接触器 KC 释放，慢车接触器 MC 吸合，强迫减速；2SXK、2XXK 为上下终端极限开关，当上下终端强迫减速限位开关 1SXK、1XXK 失灵，电梯继续上升或下降时，2SXK 或 2XXK 就会动作，使 SC 或 XC 失电，迫使电梯停车，防止电梯冲顶或蹾底造成事故。

九、指示电路

指示电路包括层楼指示、指令指示、召唤指示、运行方向指示、超载指示以及召唤与超载蜂鸣电路，电路如图 4-22 所示。

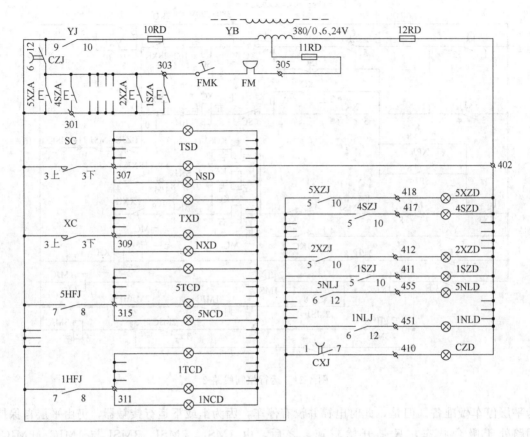

图 4-22 指示电路

CZJ 为超载继电器，FM 为蜂鸣器，TSD 为各层厅上运行方向指示灯（每层一只，5 层共 5 只），NSD 为轿内上运行方向指示灯，TXD 为各层厅下运行方向指示灯（每层一只，5 层共 5 只），NXD 为轿内下运行方向指示灯，1TCD～5TCD 为 1～5 层厅外层楼指示灯，NCD 为轿内层楼指示灯，CZD 为超载指示灯，1NLD～5NLD 为内指令指示灯，1SZD～4SZD 为 1～4 层厅外上召唤指示灯，2XZD～5XZD 为 2～5 层厅外下召唤指示灯。

由于系统为继电器控制形式，所以，系统的层楼信号的指示均采用指示灯方式。FM、1NLD～5NLD 内指令指示灯安装在轿厢的控制箱内，由各指令继电器驱动，如果指令登记，对应指令继电器吸合，则指令指示灯点亮；层楼指示灯和运行方向指示灯在轿内和各层站均有安装，以便轿内和各层站的乘客得知电梯的位置和运行方向，方向接触器吸合，驱动运行方向指示灯，层楼继电器吸合，驱动对应的层楼指示灯点亮，层楼指示灯点表面上的数字便显示出来；召唤指示灯依据位置安装在各层站，由各召唤继电器驱动，对应召唤继电器吸合，召唤指示灯点亮，与此同时，召唤继电器驱动蜂鸣器发出声响，提示司机某层厅外有召唤，准备关门接客；当系统超载，超载继电器吸合，超载指示灯点亮，蜂鸣器响，提示超载。

图 4-23～图 4-27 是一部继电器集选控制交流双速拖动五层五站电梯完整的电气控制系统。

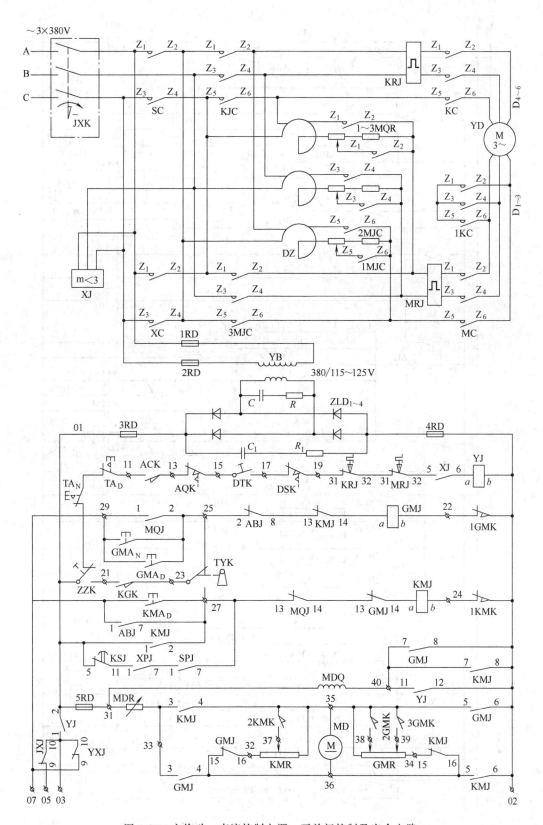

图 4-23　主拖动、直流控制电源、开关门控制及安全电路

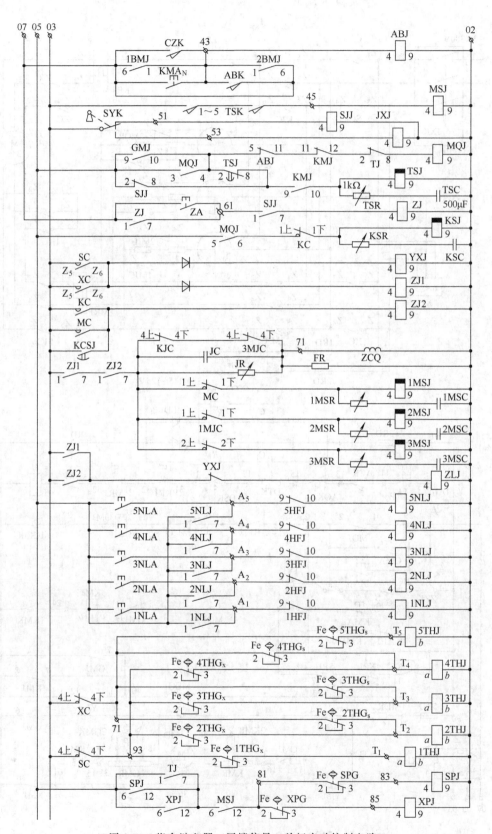

图 4-24 指令继电器、层楼信号、关门启动控制电路

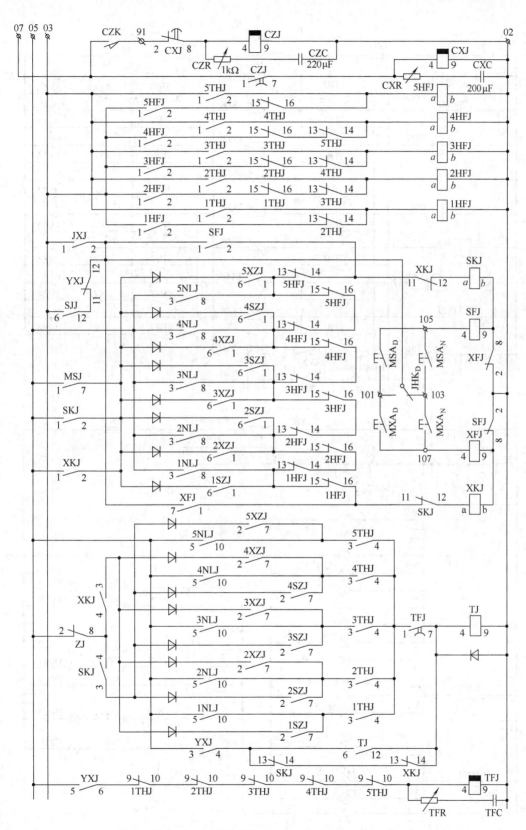

图 4-25 层楼继电器、选向、选层控制电路

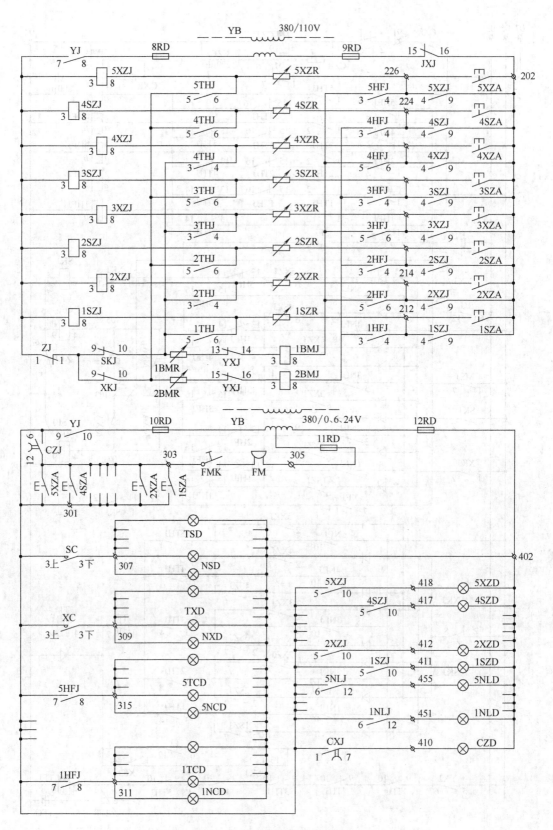

图 4-26 召唤继电器、指示电路

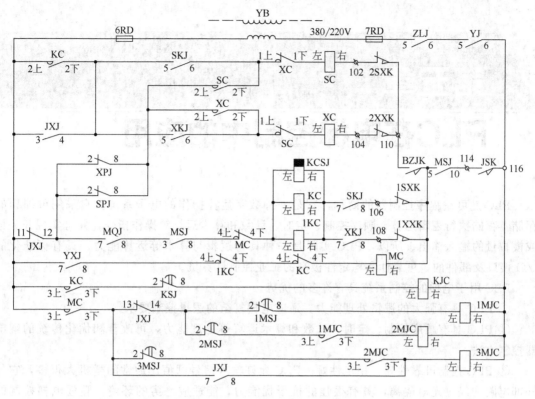

图 4-27　运行与检修控制电路

 思考与练习题 ▶▶

1. 电梯的电气控制系统的作用是什么？
2. 说明电梯常用的控制方式及性能有哪些？
3. 什么是平层？电梯获取平层信号有哪些方法？
4. 电梯安全回路包含哪些安全开关？
5. 电梯是如何实现方向选择的？
6. 说明电梯选层功能中停梯的必要条件有哪些？
7. 交流变极调速电路是如何实现速度调整的？

第五章

PLC在电梯控制中的应用

PLC是可编程序控制器的简称，它是一种数字运算操作的电子系统。它采用可编程的存储器存储执行逻辑运算、顺序控制、定时、计数和算术运算等操作指令，并可实现开关量或模拟量的输入输出。所以，PLC实际是一种具有逻辑与算术等运算能力，具有标准化的I/O接口及部件的，可靠性和稳定性极高的工业控制计算机。

PLC用于电梯的控制系统具有许多的优势。

① PLC具有强大的逻辑处理能力，适应电梯复杂的逻辑控制要求。

② PLC具有顺序控制、定时、计数和算术运算等处理能力，可改善和优化传统的继电器控制方法。

③ PLC控制可靠性高，稳定性好。PLC允许输入信号阈值比通常的微机大得多，它与外部电路均经过光电隔离，具有很强的抗干扰能力，能适应恶劣的环境，胜任电梯控制的要求。

④ 维护检修方便。PLC具有完善的监视诊断功能，工作状态、通信状态、I/O状态和异常状态等均有显示，维护检修非常方便。另外，电梯的各个控制环节的故障可以用代码表示，大大提高维修准确性和效率。若采用智能型I/O模块后，还可以把外部故障检测和判断功能从CPU中分离，从而提高了外部故障的检测效率。

⑤ 编程简单，扩展方便。目前PC机普遍采用继电器控制形式的"梯形图"编程方式，极易为电气、自控技术人员所接受。设计人员可根据实际需要，选用不同类型和不同数量的I/O模块，方便灵活组建系统，最大限度地降低系统成本。

正是由于以上特点，PLC深受电梯技术人员的喜爱和关注，从20世纪70年代开始，PLC风靡我国电梯界，它不但用于电梯控制系统的设计，也大量用于电梯控制系统的改造，即使在微机控制电梯已成为主流的今天，PLC电梯控制系统仍能显现其特有的优势。

目前，PLC的厂家和型号非常多，用于电梯控制系统的PLC的机型主要有：日本三菱的F1系列、FX$_2$系列及FX$_{2N}$系列，日本欧姆龙的C系列、CQM1系列，德国的西门子系列，日本的富士系列等。

第一节　PLC电梯控制系统的组成

PLC电梯控制系统的组成如图5-1所示。

一、可编程序控制器（PLC）

PLC采用8位或16位微处理器为核心；配置有可编程序存储器对指令存储；具备逻

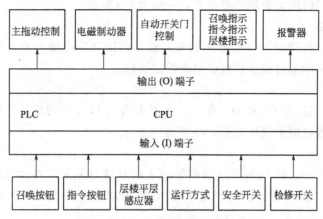

图 5-1　PLC 电梯控制系统的组成

辑、顺序、计数、计时、算术运算、数据比较、数据传送等功能。工作原理采用循环扫描方式，对输入信号（来自按钮、传感器和行程开关等输入部件）不断地进行采样，根据检测到的信号状态，通过根据控制系统的要求设计和存储的程序随即作出反应，并将这些反应以输出信号的形式，由输出部件输出，输出信号控制系统的外部负载，如继电器、电动机、指示灯和报警器等，产生相应的动作。通过以上过程完成对电梯的控制。

二、输入、输出部分

输入输出部分涵盖了控制系统与电梯各个部位及与部件有联系的所有信号，将电梯中发出指令或检测信号的按钮、开关、传感器（如基站总电源钥匙开关、轿内指令选层按钮、厅门呼梯按钮、安全钳开关、超速开关、安全触板开关、限位开关、厅轿门联锁开关、安全窗开关、换速感应器、平层感应器、门区感应器等）作为 PLC 的输入。同时在系统中设有有/无司机操纵的转换开关及检修慢车开关，以实现有/无司机转换和检修状态下的要求。这些信号通过 PLC 的输入端子进入 PLC 内部，作为控制系统分析判断的第一手资料。

将控制系统经过分析判断后产生的输出信号（控制命令）送到相应的执行部件，如拖动控制（包括速度、方向和电磁制动器）、轿内和厅外层楼指示灯、指令和召唤指示、运行方向指示、门机的开关门、开关门减速控制、报警器等。

三、PLC 电梯控制过程简述

1. 有司机操纵

上班时，司机接通基站总电源钥匙开关，打开电梯门进入轿厢，将有/无司机操纵转换开关拨至有司机位置，通过开关门按钮控制关门（这时电梯自动开关门程序不起作用）。当 PLC 接收到乘客发出的请求信号及安全保护信号后，PLC 将对内存进行顺序扫描，选择相应的控制程序，通过输出端发出信号，控制接触器动作，使电梯正常启动、加速运行。当电梯运行接近停靠的层楼时，到 PLC 接收到感应器发出的减速信号后，自动断开快车，接通慢车，控制电梯进入换速、平层、停车。待电梯停靠层站后，司机通过按钮控制打开电梯门，以完成接客、送客的任务。

2. 无司机操纵

在无司机操纵的情况下，电梯的开关门、启动、加速、换速、平层及停车均通过 PLC

自动控制。电梯开门时间可根据需要设置，一般为 4～6s。

3. 检修慢车状态

在需要检修时，可通过检修慢车开关来控制。当接通检修慢车开关时，PLC 检修控制程序起作用，司机只能通过按钮操纵使电梯慢速运行。

4. 停电保持

电梯在正常运行过程中，若突然停电，PLC 将保存停电时的现场数据，在电源重新接通时，将自动恢复停电时的现场数据，控制电梯运行。

5. 应急处理

电梯在运行过程中，PLC 将不断地对各输入信号进行采集，对运行状态进行监控，一旦发现有异常信号（如安全保护装置动作等），将采取相应的安全保护措施，以防止事故发生。

四、系统的设计步骤

1. 确定电梯的控制方式、拖动调速方式和运行方式

控制方式有按钮控制、信号控制、集选控制、两台电梯的并联运行和多台电梯的群控运行等，不同控制方式的性能指标参见第四章；拖动调速方式有交流调速（包括交流变极调速、交流调压调速、交流变频调速 VVVF 等）、直流调速和同步电动机调速等，不同拖动调速方式的特点与性能指标参见第三章。

运行方式是指有/无司机控制方式。

根据控制要求，合理选择电梯的控制方式、拖动调速方式和运行方式。

2. 选择 PLC 的机型和 I/O 点的点数

根据控制的需要及电梯的层站数，在保留一定余留点数的前提下，合理选择 PLC 的机型和 I/O 点的点数。

3. 分配 I/O 点，设计控制系统的 I/O 接线图

根据系统 I/O 的需要，对系统所有输入信号和输出信号进行 I/O 分配。之后，依据 I/O 分配绘制控制系统的 I/O 接线图。

4. 设计梯形图并编制程序

根据确定的控制方式、拖动调速方式和已分配的 I/O 点，依据电梯系统的控制要求和系统组成，分模块设计控制系统梯形图。设计梯形图时，不但要注意电梯控制要求的实现，同时还特别注意控制中的安全联锁保护，与此同时，还应考虑 PLC 除逻辑控制功能外的其他功能的应用，尤其是功能指令的应用，极大限度发挥 PLC 工业控制计算机的功能，提升电梯控制系统的技术水平。

5. 系统调试

依据系统的 I/O 接线图，连接好系统，并将程序输入 PLC，按照系统调试的要求，对控制系统进行调试，直到符合要求为止。

第二节　五层五站交流变频调速集选电梯 PLC 控制系统

图 5-2 所示的是用 OMRON 公司的 C60P 可编程控制器控制一台五层五站电梯的 PLC 外部接线图（输入、输出端子分配图）。图 5-3 是安川 616G$_5$ 变频器的接线图。

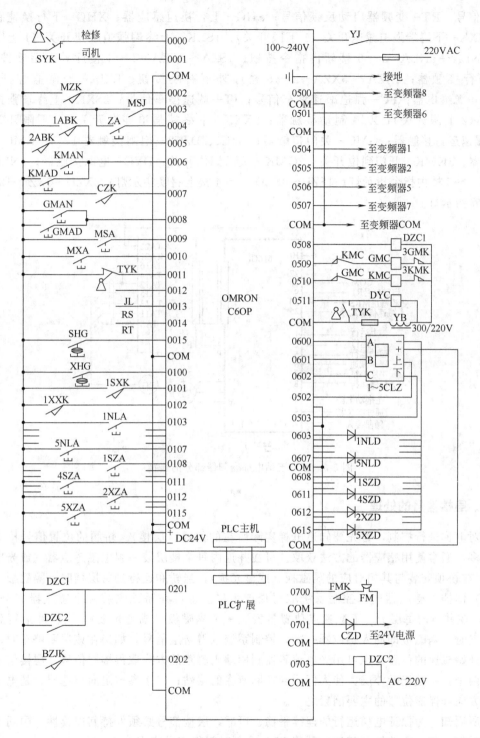

图 5-2　五层五站电梯外部连接原理

有关字母的含义如下：

SYK—司机钥匙开关；MZK—满载开关；MSJ—门锁继电器；ZA—直驶按钮；1ABK、2ABK—安全触板开关（或光幕开关）；KMA—开门按钮；GMA—关门按钮；MSA—慢上行按钮；MXA—慢下行按钮；TYK—厅外钥匙开关；JL—减速为零信号；RS—变频器正常时反馈信号；RT—变频器启动反馈信号；SHG—上行换速感应器；XHG—下行换速感应器；1XXK—下终端强迫减速开关（1下限开关）；1SXK—上终端强迫减速开关（1上限开关）；1NLA～5NLA—1～5楼轿内指令按钮；1SZA～4SZA—1～4楼厅外上召唤按钮；XC—下行接触器；2XZA～5XZA—2～5楼厅外下召唤按钮；BZJK—抱闸监控开关；YJ——电源继电器；FC—强迫减速停车信号；JT—减速停车信号；2SXK—上终端强迫停车开关（2上限开关）；ZC—制动接触器；2XXK—下终端强迫停车开关（2下限开关）；MC—慢速运行接触器；GMC—关门接触器；DZC1、DZC2—抱闸接触器1、2；KMC—开门接触器；3KMK—开门到位开关；3GMK—关门到位开关；DYC—电源接触器；1NLD～5NLD—1～5楼内指令指示灯；1SZD～4SZD—1～4楼上召唤指示灯；2XZD～5XZD—2～5楼下召唤指示灯。

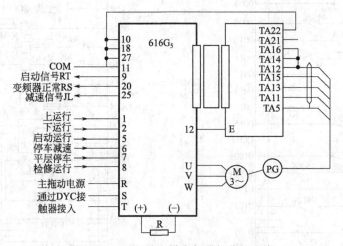

图 5-3　五层五站电梯变频器部分的连接

一、层楼信号的处理

要对电梯进行控制，首先要知道电梯实际所在的位置（层楼）。轿厢的位置信号检测的方法很多，通常使用感应器的方法获取。可在井道内每个楼层装一组电磁感应器（或光电感应器），在轿顶安装与其相对应的隔磁板（或遮光板），当轿厢运行到每层楼时，隔磁板（或遮光板）即插入感应器内，控制系统取得楼层信号。也可在轿顶安装两个感应器（SHG、XHG），在井道内每层上、下减速点位置各安装一个隔磁板（或遮光板），当轿厢运行到每层减速点时，隔磁板即插入感应器一次，控制系统取得楼层信号，如果在该层要停车时，该点就是开始减速的位置。也可用光电编码器利用编码测距的方式取得楼层信号。层楼信号的作用有两个：一是指示楼层，使人们看到轿厢所在的层站；二是参与定向与选层，是电梯判断运行方向和停靠位置的主要因素之一。

众所周知，为保证电梯运行的连续平稳、可靠，层楼信号必须保持其连续性，中间不能有断开时间。与继电器控制相比，利用PLC控制时就很容易实现。

PLC在电梯层楼信号的取得和连续较常用的方法是在轿顶安装两个感应器，在井道内每层上、下方向减速点位置安装隔磁板（遮光板），在取得减速点信号的同时取得楼层信号，可大量减少井道内感应器的数量。实现思想就是利用PLC算术运算、比较功能等。用PLC的一个存储单元存储层楼信号，当电梯上升一层，存储单元自动加一，电梯下降一层，存储单元自动减一。然后分别于1、2、3、4、5、…比较，等于几表示电梯在几层，以此方法获得楼层信号，驱动相应的 PLC 内部的楼层继电器。将 PLC 内部层楼继电器的动作转换成 BCD 码，通过 PLC 的输出端子或通信口输出给数码显示管（或点阵显示）。

图 5-4 使用 OMRON 公司的 C 系列可编程控制器中的 C60P 可编程控制器，取得电梯层楼信号。当 0102 有输入时，电梯在底层端站；0101 有输入时，电梯在顶层端站。通过 MOVE 传送指令将立即数 0001（或 0005）送入 HR0 表示电梯在 1（或 5）楼，也就是对电梯层楼在上、下端站进行强迫校准。0504 为输出的上行状态，0505 为输出的下行状态，使用功能指令 ADD 和 SUB 使电梯上行（下行）一层时，将 HR0 内的数加（减）1。此时，内部寄存器 HR0 内存储的就是楼层信号。1813 为内部特殊继电器（常闭），PLC 处于 RUN 状态时，该条件始终成立。即可通过 CMP 将 HR0 内的数分别与 1～5 比较，HR0 内的数等于几，就输出与其对应的内部继电器 1001～1005，在将其转换成 BCD 码的形式驱动输出到 0600、0601 和 0602 用以指示楼层。

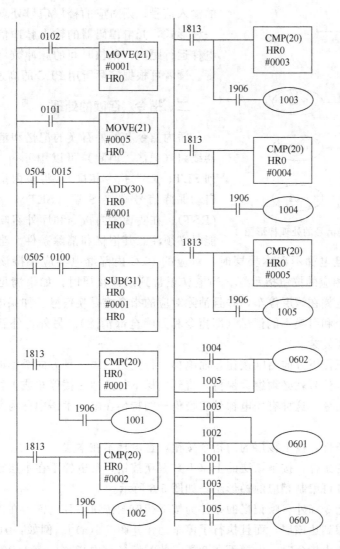

图 5-4　电梯层楼信号的处理梯形图 1

如果对 C 系列 PLC 功能指令熟悉的话，也可采用如图 5-5 所示的方法，其程序更为简单。梯形图中利用 PLC 内部特殊的 CNTR 可逆计数器完成上升一层加 1、下降一层减 1，

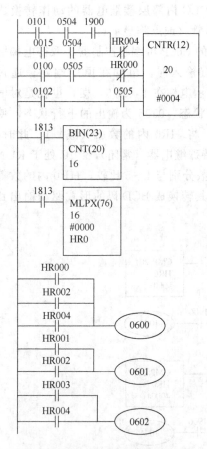

图 5-5 电梯层楼信号的处理梯形图 2

利用增计数功能将 0101（1 上限开关）、0504（上运行）、1900（0.1s 时钟脉冲）和 HR004（电梯在 5 楼）完成顶层端站的强迫校准（即当上行时，1 上限开关被触动，电梯在顶层，由 1900 不断发出脉冲信号使计数器不断加 1，直到电梯在 5 楼为止）。底层端站强迫校准使用 CNTR 的复位端。这使得 CNT（20）的计数为楼层数。然后通过 BIN 指令进行进制转换和 MLPX 指令驱动相应的 HR000～HR004 内部寄存器，代表电梯在 1～5 楼。然后转换为 BCD 码的形式输出到 0600、0601、0602，用以指示电梯所在楼层。

如果电梯的楼层信号取得方式是利用光电编码器的输入信号。则对应的楼层信号处理的梯形图又是另一种形式，光电编码器的输入脉冲信号的数量可表示电梯运行距离，单位时间的脉冲数可代表电梯运行速度。读者可根据实际所用 PLC 的高速计数功能实现。

二、指令、召唤的处理

轿内指令和厅外召唤的记忆和消除功能如同继电器线路（记忆、消除）可以用 keep 指令（与 FX2 系列 SET、RST 指令相同）。将轿内指令、厅外召唤的启动保持信号端接 S 端（SET），消除信号接 R 端（RST）。在实现轿内指令和厅外召唤的记忆和消除功能时必须注意其记忆和消除条件。当按下一个指令按钮或召唤按钮而且电梯不在本楼层时，对应的 PLC 内部继电器应保持该信号，而且通过 PLC 的输出点亮相应的按钮指示灯。当电梯正常到达该楼层时，如果满足该指令或召唤信号的停车条件，电梯在该层停车，并且消除对应的指令或召唤信号。如果电梯处于检修或故障时，所有的指令和召唤不能记忆（即指令和召唤全部消除）。另外，外召唤的记忆和消除条件相对内指令要复杂。

如有人按下三楼下方向召唤按钮，而电梯上行到达三楼，且方向继续向上，此时电梯在三楼不停，该召唤信号就必须继续保持，直到电梯下行到达三楼停车或上行到达而且三楼以上无任何召唤和指令。这种有关电梯外召唤信号的特性在电梯术语中称为顺向截梯和最远端反向截梯功能。

指令记忆的条件：按下该层的内指令按钮，且电梯不在本层。

外召唤记忆的条件：按下该层的上（下）召唤按钮，且电梯不在本层或反方向运行。

根据上述条件可编制相应的梯形图，如图 5-6 所示。

所以电梯内指令和外召唤记忆的条件为按下相应的按钮，且电梯不在该层，内指令信号的消除条件为电梯到达该层，而且执行了停车动作［图 5-6(a)］。例如：0104、HR001 的含义为，当出现 2 楼内指令时，电梯不在 2 楼，此时记忆该内指令；而 HR001、0501 和 1104 的含义为，当电梯到达 2 楼，而且执行了停车动作，或者电梯处于检修或故障状态时，将所有内指令信号消除。

外召唤记忆的条件为，按下相应的按钮，且电梯不在该层；外召唤信号消号的条件为电

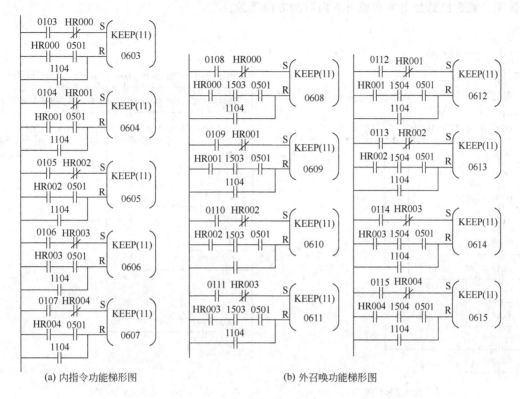

(a) 内指令功能梯形图　　　　(b) 外召唤功能梯形图

图 5-6　内指令和外召唤功能的梯形图

HR000～HR004—电梯在 1～5 层；1104—检修或故障；0501—停车继电器；
1503—满足电梯上召响应的条件；1504—满足电梯下召响应的条件

梯到达本层，满足该召唤的顺向截梯或最远端反向截梯的条件且执行停车动作［如图 5-6 (b)］。例如，HR003、1503、0501 和 1104 支路的含义为，电梯到达 4 楼，满足上召唤相应的条件，而且电梯已执行停车动作，或者在电梯处于检修或故障状态时，应消除 4 楼的上召唤信号。

另外，为消除信号干扰，可将指令、召唤输入后，进行微分上升沿触发（DIFU 指令）处理。

如果在外召唤信号的记忆与消除功能中加入可记忆的条件——反向运行，请读者自行考虑如何添加该功能。

三、选向功能的处理

有了电梯的实际位置信号以及对电梯发出的指令和召唤，就可以对电梯的运行方向进行控制。首先出现的指令信号或首先出现而且具备参与选向召唤信号，我们称为有效选向信号。在 PLC 中对选向功能的控制原则是：有效的选向信号（指令、召唤）与电梯的实际位置比较，有效的选向信号（指令或召唤）在电梯所在层楼之上，则选择上方向运行；反之，则选择下方向运行。

由于 PLC 的逻辑功能与继电器线路的不同，在 PLC 中将继电器线路的选向链分解为上方向选向链和下方向选向链。选向功能的梯形图如图 5-7 所示。门锁锁闭或已选择上方向（或下方向）后，厅外召唤为有效选向信号。或者说，厅外召唤能参与选向的条件是：在门锁锁闭，或者已选择上方向或下方向后的方向延续。

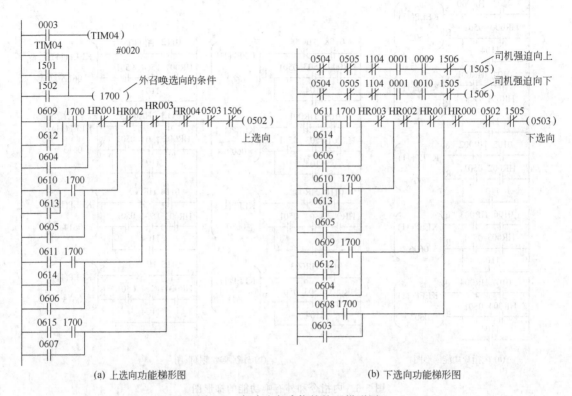

(a) 上选向功能梯形图　　　　　　　(b) 下选向功能梯形图

图 5-7　自动选向功能的处理梯形图

实施方法类似于继电器电路的选向链，实际决定电梯运行方向有以下三种情况。

① 自动选向。电梯自动选择运行方向。

② 强迫选向。若电梯在司机方式工作时，在电梯启动运行前，可通过操纵向上的"慢上"按钮和"慢下"按钮，来干预电梯的运行方向，即强迫选向。

③ 检修选项。若电梯处于检修状态时，同样可利用轿顶或轿厢内"慢上按钮"和"慢下按钮"，使电梯以检修速度上、下行。

图 5-7 中内部继电器 1700 为厅外召唤信号选向的条件。在选向链中，上方向选择的条件可以归纳为：某一楼层出现选向信号时，电梯所处的位置不在该楼层之上（包括该楼层），故内部继电器 0502 为上方向继电器。同样，选择下方向的条件是某一楼层出现选向信号时，电梯所处的位置不在该楼层之下（包括该楼层），故内部继电器 0503 为下方向继电器。为保证电梯运行的可靠性（电梯只能有一个运行方向），上方向和下方向必须互锁（即 0502 和 0503 互锁），0502 和 0503 通过输出端输出运行方向给指层器。同时考虑到司机状态的强迫上、下行功能，在上、下方向输出，在自动选向功能中增加 1505 和 1506 用以司机强迫选择电梯运行方向。如果电梯处于检修或故障状态时，电梯不能自动选向，只能使用电梯的"慢上"按钮和"慢下"按钮使电梯慢速（检修速度）上、下行。所以电梯运行方向的选择必须进行进一步综合，将检修和故障状态下的运行方向增加在选向功能内。

检修或故障情况下，只能通过"慢上"按钮和"慢下"按钮来实现慢上行和慢下行功能。上述两种功能都必须综合到电梯运行方向内。综合功能的梯形图如图 5-8 所示。图 5-8 中 TIM05、0009（或 0010）、1104 支路的含义就是：在检修或故障状态（1104）下，当门锁锁闭（TIM05）后，如果按下"慢上"或"慢下"按钮，电梯以点动方式（没有 0504 或

0505 的自锁）上（下）运行。另外，图 5-8 中的 1515 内部继电器为电梯运行意外故障状态，此时电梯不能正常运行。1310 为松闸接触器粘连状态，一旦发生松闸接触器粘连，电梯将不能运行。0202 为制动器监控内部继电器，如果制动器未打开，电梯将不能运行。1512 内部继电器为平层状态的继电器，当电梯进入选定楼层，而且到达平层位置时，电梯应使上（下）方向断开，停车制动。

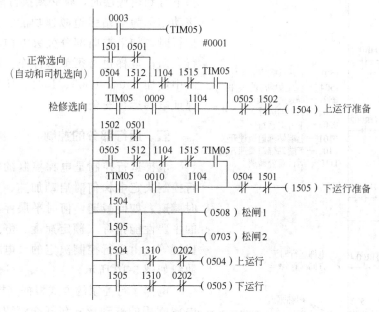

图 5-8　运行方向输出的综合

四、选层功能的实现

在电梯运行过程中，电梯该在第几层停车，什么位置开始减速，什么位置停车，关键的问题在于对选层功能的处理。在已经得到电梯所处的楼层信号和指令、召唤信号后，就可以判断要停车的楼层。楼层信号是通过上行换速感应器和下行换速感应器取得的，当电梯上行进入某楼层时，电梯轿厢上安装的上行换速感应器首先通过井道内该层上行减速点位置安装的隔磁板或遮光板，这表明电梯上行进入该层。同时若电梯在该层停车，该点就是电梯开始减速的位置。同样，电梯下行进入某楼层时，电梯轿厢上安装的下行换速感应器首先通过井道内该层下行减速点位置安装的隔磁板或遮光板。这表明电梯下行进入该层。同时若电梯在该层停车，该点就是电梯开始减速的位置。电梯在该层是否停车，就看有没有轿内指令或是否符合停车条件的厅外召唤。该停车条件是在非检修和故障、非直驶状态下到达后非反向。我们称为外召唤信号的响应条件。选层功能的梯形图如图 5-9 所示。

选层的条件如下。

① 自动选层。在召唤或指令的作用下，电梯自动选择要停的楼层。

② 端站强迫减速停车。

③ 运行时失去方向。

当电梯在某楼层有指令或召唤且满足召唤相应的条件（图 5-9 中 1503 和 1504 是上、下召唤相应的条件）且电梯到达该楼层减速点时，电梯作减速停车动作（0501）。而电梯到达顶层和底层时，肯定满足外召唤响应条件，所以图 5-9 中除一楼（底层）和五楼（顶层）的

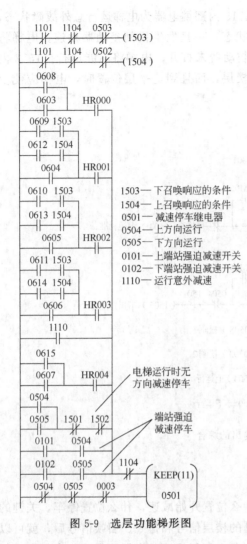

图 5-9　选层功能梯形图

1503—下召唤响应的条件
1504—上召唤响应的条件
0501—减速停车继电器
0504—上方向运行
0505—下方向运行
0101—上端站强迫减速开关
0102—下端站强迫减速开关
1110—运行意外减速

电梯运行时无方向减速停车

端站强迫减速停车

外召唤省去其响应条件。除正常的选层功能外，为保证电梯运行安全，当电梯到达两端站时，不论有没有指令和召唤，电梯必须执行减速停车动作。所以在梯形图中增加 0101、0504 和 0102、0505 两条支路，电梯上行到达顶层和电梯下行到达底层时，都必须执行减速停车动作，该动作称为端站强迫减速功能。另外，在电梯运行时，如果选向部分失去方向，即电梯无运行方向，电梯也必须就近停车。因此，在梯形图中增加 0504、0505、1501、1502 支路，用以保证电梯运行安全。

五、运行部分的控制

电梯运行控制是电梯控制的核心。电梯运行控制决定电梯何时启动加速、如何加速、何时减速、如何减速，何时平层停车。所以电梯的主要性能指标（额定速度、舒适度、平层准确度等）由运行控制决定的。电梯运行的速度曲线如图 5-10 所示。

电梯运行控制的方式根据其拖动形式确定。电梯常用的拖动形式包括交流双速电机变极调速、交流调压调速和交流调频调压调速等。有以上条件后，电梯运行控制就可以实现。电梯运行控制包括以下几个方面。

① 启动。电梯启动运行的条件包括安全条件、关门启动、方向条件等。

② 减速。电梯减速的条件有选层功能中的停车楼层的选定、减速点信号。为平层停车做准备。

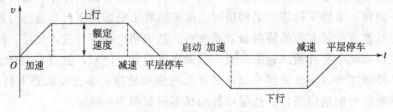

图 5-10　电梯运行速度曲线

③ 平层停车。所谓平层位置，是指电梯减速运行至停车楼层，而且轿门地坎与厅门地坎相平齐的状态，是电梯停车制动的准确位置。同时也是电梯停车自动开门的驱动信号。

如果电梯的拖动系统采用的是交流调频、调压、调速方式（即目前常用的 VVVF 电梯）时，PLC 与变频器的连接如图 5-3 所示。图 5-3 中，经过相序保护的主拖动电源通过安全回路的电源接触器（DYC）送入安川变频器（$616G_5$）的 R、S、T。变频器的输出通过 U、V、W 给曳引电机，曳引电机的转速又通过 PG 卡反馈到变频器。如图 5-2 所示，电梯的运行方向是由PLC的输出0504（上）0505（下）输入到变频器的1、2端子，电梯的启动运行信号由PLC的0506输出到变频器的5端子，电梯的选层信号由PLC的0501输出到变频器的6端子，用于电梯减速到停车之用，当电梯到达目标楼层的平层位置时，PLC输出停车制动信号0507给变频器的7端子，如果电梯是检修运行时，PLC输出0500给变频器输入端子8，则变频器执行慢速运行。而电梯启动→加速→正常运行；减速→平层→停车；检修运行的速度曲线均由变频器数据设定完成。变频器的输入信号端子意义也由变频器参数设定确定。PLC只需给变频器相应的控制信号即可完成各种相应的动作。平层信号的处理如图5-11所示。

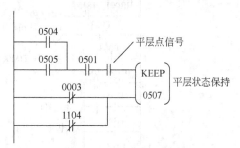

图5-11 平层信号的处理

图5-11中，平层点信号为电梯到达某楼层轿厢门地坎和厅门地坎的平齐位置。此信号可用平层感应器的接点输入，变频调速电梯中也可用变频器输出速度为零的信号。在电梯减速运行且到达停车楼层的平层点时，电梯处于平层状态（0507），电梯执行停车制动和开门动作。一直保持到门锁打开（0003）为止。当然，电梯在故障和检修状态（1104）时不能自动平层停车开门。

六、制动回路及安全保护

电梯的制动回路和安全保护是电梯运行的安全保障。根据GB 7588—2003《电梯制造与安装安全规范》规定电梯制动器必须有两个单独的电气元件控制，其中一个发生粘连时至少在运行方向改变时使电梯不能运行。安全保护回路除前一章讲述的安全回路外，还应有一些运行中必要的保护部分，如图5-12所示。

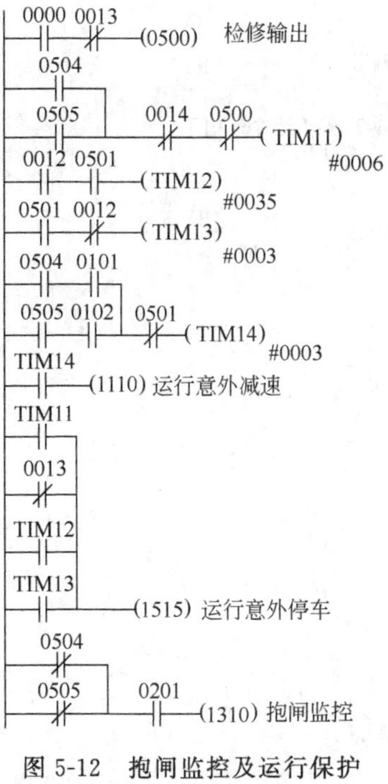

图5-12中，当电梯上0504或下0505运行时，变频器在设定时间内不反馈启动信号；减速时间过长（TIM12）；减速信号发出后得不到变频器反馈（TIM13）；电梯已经碰到强迫换速开关（0101、0102）电梯还未正常减速。以上情况电梯必须进行减速（1110）或停车（1515）。1310是电梯抱闸接触器粘连的监控。

图5-12 抱闸监控及运行保护

七、开关门功能的处理

开关门系统是电梯控制系统中的一个独立单元。一般情况下，当轿厢到达某一楼层停车后，轿门上的门刀插入厅门（层门）的门锁中，在轿门开关的同时带动该层的厅门开关，否则，电梯厅门不能打开，这是电梯的安全要求。电梯开关门是通过开门继电器和关门继电器控制门电机的正反转实现的。

开门方式包括：上班开门、按钮开门、停车自动开门、安全触板开门、本层开门和超载开门。

关门方式包括：下班关门、按钮关门、停站延时自动关门和满载关门。

综合以上开关门方式，电梯开关门的梯形图如图 5-13 所示。

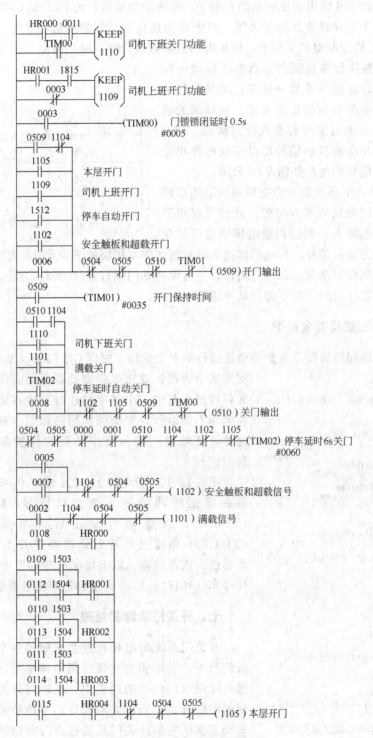

图 5-13 开关门控制梯形图

从图 5-13 中可见，司机下班时将梯锁关闭，等到电梯回到基站（1 楼）时输出（1110）关门信号。上班时，司机开锁给 PLC 送电工作时产生初始脉冲 1815 使 1109 开门保持到门锁打开为止。图 5-13 中还综合了停车延时关门、满载关门、按钮关门、本层开门、按钮开门、停车自动开门、安全触板开门和超载开门等功能。

由上述实例可知，电梯控制中 PLC 的应用十分重要。而上述实例中只介绍了电梯运行的主要环节。许多环节都没有介绍，如安全回路控制、终端限位、上下班控制、消防功能等。由于电梯的种类很多，工作方式和控制的形式也不尽相同。利用 PLC 控制时，方法也不同。

第三节　西门子 PLC 控制的五层五站电梯

表 5-1 所示为 A8000PLC 自动控制装置的电梯输入、输出端子的分配，其具体线路连接图如图 5-14 所示。由于电梯模型没有安全系统；没有开、关门到位开关和门锁；电梯的楼层信号和平层信号都是用同一个限位开关（即 1～5 楼限位开关）；除和真实电梯基本控制模式相同之外，很多地方进行特殊处理。

表 5-1　电梯输入输出地址分配

输入(I)			输出(O)		
元件	功能	信号地址	元件	功能	信号地址
SB1	一楼上呼叫按钮	I1.5	曳引电机 KA1	电梯下降	Q0.1
SB2	二楼下呼叫按钮	I1.6	曳引电机 KA2	电梯上升	Q0.2
SB3	二楼上呼叫按钮	I1.7	开门电机 KA3	开门输出	Q0.3
SB4	三楼下呼叫按钮	I2.0	关门电机 KA4	关门输出	Q0.4
SB5	三楼上呼叫按钮	I2.1	灯 L1	一楼上呼叫显示	Q0.5
SB6	四楼下呼叫按钮	I2.2	灯 L2	二楼下呼叫显示	Q0.6
SB7	四楼上呼叫按钮	I2.3	灯 L3	二楼上呼叫显示	Q0.7
SB8	五楼下呼叫按钮	I2.4	灯 L4	三楼下呼叫显示	Q1.0
SQ1	一楼限位开关	I2.5	灯 L5	三楼上呼叫显示	Q1.1
SQ2	二楼限位开关	I2.6	灯 L6	四楼下呼叫显示	Q1.2
SQ3	三楼限位开关	I2.7	灯 L7	四楼上呼叫显示	Q1.3
SQ4	四楼限位开关	I3.0	灯 L8	五楼下呼叫显示	Q1.4
SQ5	五楼限位开关	I3.1	数码管	数码管 A 段显示	Q1.5
SQ6	下极限位开关	I3.2	数码管	数码管 B 段显示	Q1.6
SB10	一楼内呼叫	I3.3	数码管	数码管 C 段显示	Q1.7
SB11	二楼内呼叫	I3.4	数码管	数码管 D 段显示	Q2.0
SB12	三楼内呼叫	I3.5	数码管	数码管 E 段显示	Q2.1
SB13	四楼内呼叫	I3.6	数码管	数码管 F 段显示	Q2.2
SB14	五楼内呼叫	I3.7	数码管	数码管 G 段显示	Q2.3
SB15	电梯开门按钮	I4.0	三角灯 L9	电梯上行显示	Q2.4
SB15	电梯关门按钮	I4.1	三角灯 L10	电梯下行显示	Q2.5
			灯 L11	一楼内呼叫显示	Q2.6
			灯 L12	二楼内呼叫显示	Q2.7
			灯 L13	三楼内呼叫显示	Q3.0
			灯 L14	四楼内呼叫显示	Q3.1

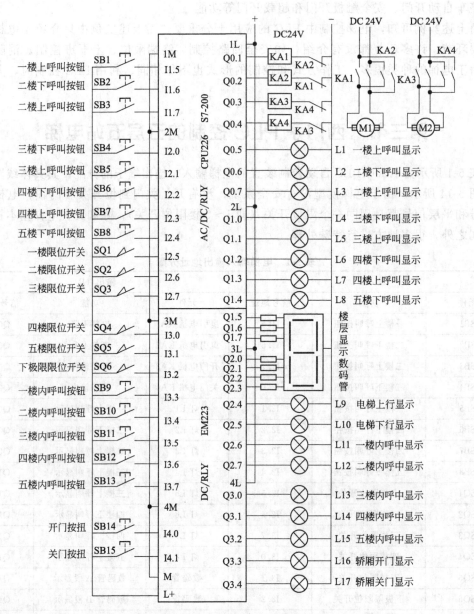

图 5-14 PLC 电梯模型连接图

一、层楼信号的处理

要对电梯进行控制，首先要知道电梯实际所在的位置（层楼信号）。控制系统通过各层的限位开关取得楼层信号。由于开关动作是不连续的，所以通过置位（S）和复位（R）指令将楼层信号连续，分别用 M0.0～M0.4 标识（图 5-15）。层楼信号的作用有两个：一是指示楼层，使人们看到轿厢所在的层站；二是参与选向与选层，是电梯判断运行方向和停靠位置的主要因素之一。

楼层信号显示处理的方法很多，可利用数码转换的特殊指令简化多层楼层显示的问题，但由于本 I/O 地址分配不是整通道，数码管地址是 Q1.5～Q2.3，所以设计如图 5-16 所示的梯形图。

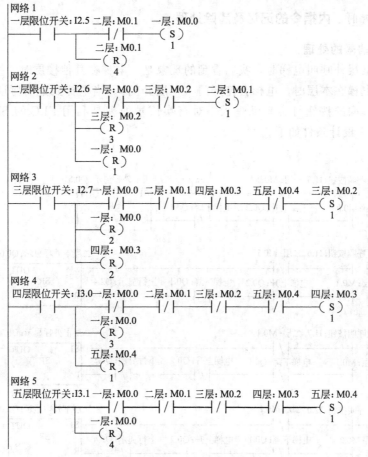

图 5-15　楼层信号的取得与连续

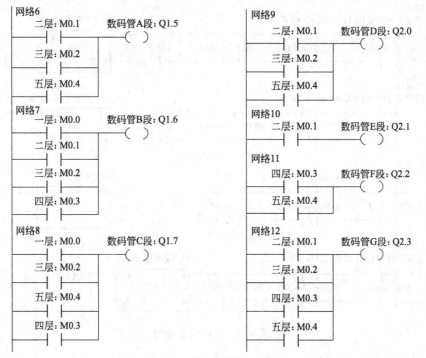

图 5-16　楼层信号显示处理

二、楼层外呼、内指令的记忆及清除处理

1. 对外呼信号的处理

若在电梯某层外呼叫电梯时，我们看到的现象是：电梯在其他楼层时，按下的按钮指示灯会亮；如果电梯在本层时，电梯会打开门（本层开门）。当电梯到达有呼叫信号楼层停梯时，相应相同方向的按钮灯会自动熄灭。对召唤信号处理是利用 PLC 的 SR 指令实现的，如图 5-17 所示。设计条件如下。

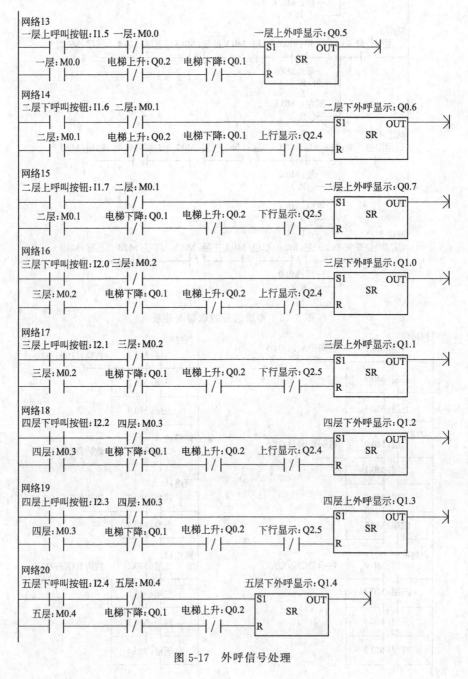

图 5-17　外呼信号处理

① 按下呼梯按钮且电梯不在本层时记忆。

② 电梯到达本层停车且不是反方向时消除记忆。

2. 内指令信号的处理

我们进入电梯轿厢后按下想去的楼层按钮时，相应的按钮指示灯会点亮（按下电梯所在楼层的指令按钮时，指示灯不会点亮）；如果电梯到达按钮指示灯亮的相应楼层时，电梯会选择停车（选层功能）后熄灭相应的指示灯。对内指令信号处理如图 5-18 所示。设计条件如下。

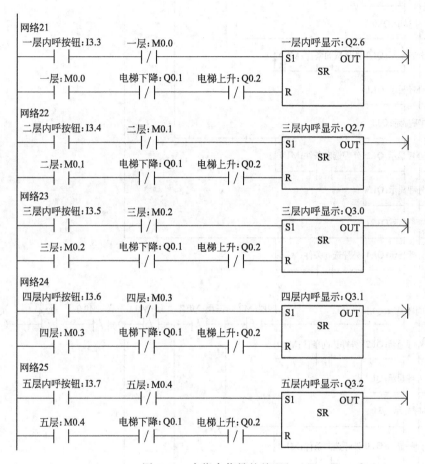

图 5-18　内指令信号的处理

① 按下内指令按钮且电梯不在本层时记忆。

② 电梯到达本层且停车时消除。

三、电梯选向功能

电梯运行方向的选择是相对复杂的功能。包括各层内指令和外呼信号。电梯正常运行时，内指令信号选向是优先的。在电梯关门前外呼信号不参与选向，外呼信号只能在门锁锁闭后参与选向或延续方向，如图 5-19 所示。

选向功能具体实现如图 5-20 所示。基本结构如同继电器控制的选向电路。基本条件如下。

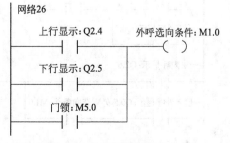

图 5-19　外呼信号选向的条件

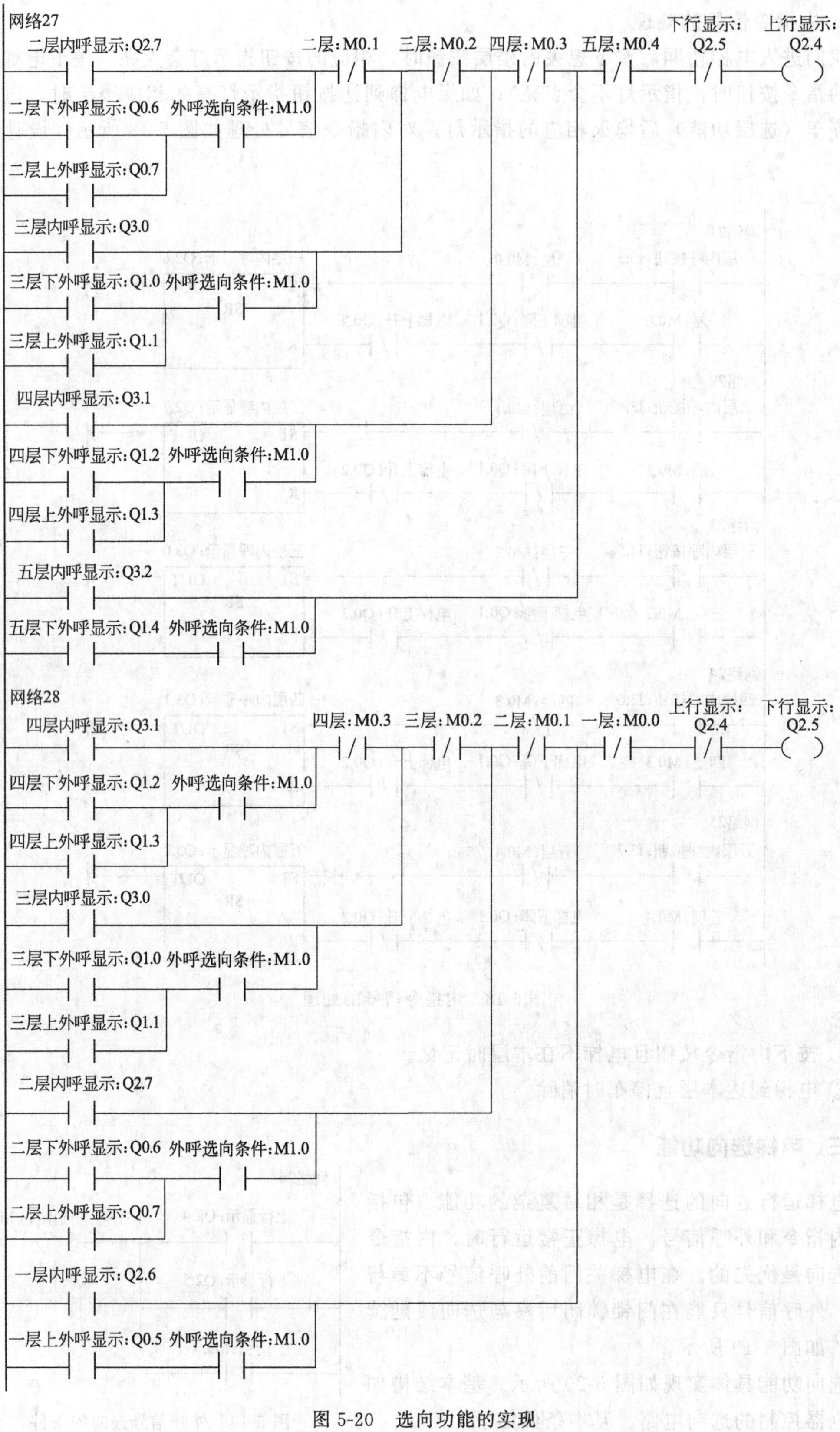

网络27

网络28

图 5-20　选向功能的实现

① 内指令信号直接参与选向，外呼信号要满足选向条件。

② 上、下方向不能同时存在，进行互锁。

四、电梯的选层功能

选层功能的关键在于：停车状态要在电梯到达目标楼层时开始，一直保持到电梯平层停车为止。包括减速过程、平层停车过程。选层功能的梯形图如图5-21所示。

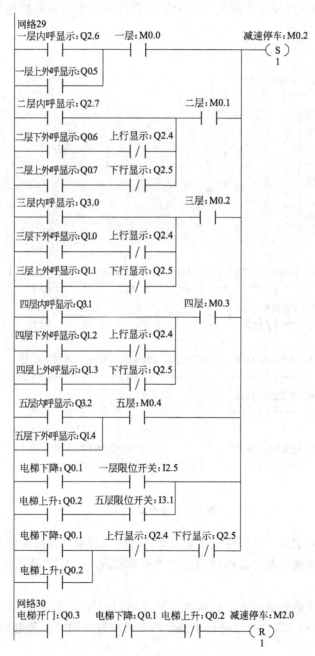

图 5-21 选层功能的处理

选层的条件包括：

① 自动选层，在召唤或指令的作用下，电梯自动选择要停的楼层；

② 端站强迫减速停车；

③ 运行时失去方向；

④ 停车状态必须保持到停车开门，以防止减速过程的再次启动（网络 30）。

五、电梯运行控制

由于本电梯模型的井道信息中各层只有一个限位开关，到达楼层和平层信号使用了同一个行程开关，电梯减速过程在实际运行中无法体现出来。电梯运行控制如图 5-22 所示，运行控制包括以下几个方面。

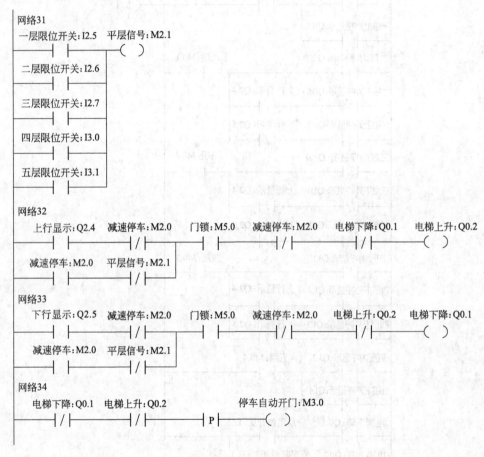

图 5-22　电梯运行控制

① 启动。电梯启动运行的条件包括安全条件、关门启动、方向条件等。

② 减速。电梯减速的条件有选层功能中的停车楼层的选定、减速点信号。为平层停车做准备。

③ 平层停车。所谓平层位置，是指电梯减速运行至停车楼层，而且轿门地坎与厅门地坎相平齐的状态（网络 31），是电梯停车制动的准确位置。同时也是电梯停车自动开门的驱动信号。

六、电梯开门关门控制

电梯的开、关门控制如图 5-23 所示。由于模型中没有开门到位开关、关门到位开关、门锁等部件，在程序设计中做了相应的处理。开门到位用计时器（网络35中的T39）实现；关门到位用计时器（网络36中的T38）实现；门锁是用计时器（网络36中的T37）计时后使用内部状态 M5.0 实现的（网络39、网络40）。由于没有司机钥匙，开门功能包括：停车自动开门（网络34）、按钮开门、本层开门（网络40）三种。关门功能包括：按钮关门、停车延时自动关门（网络37）。

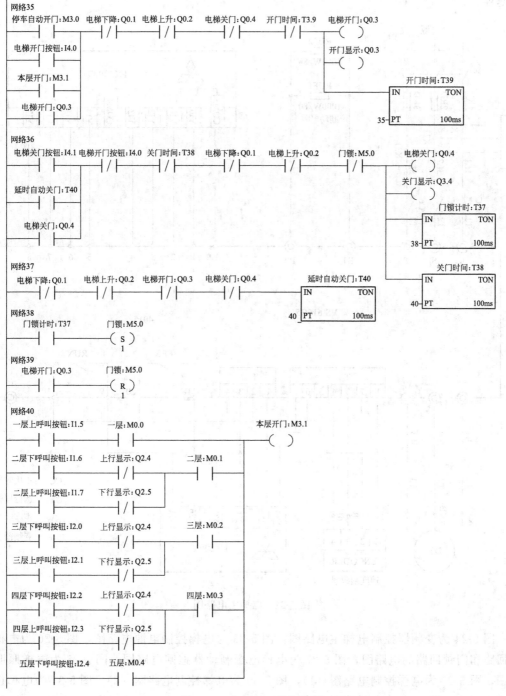

图 5-23 电梯开、关门控制

第四节 PLC 控制电梯的应用实例

图 5-24～图 5-32 共 9 张图，为上海新时达电梯采用变频器与 PLC 的电梯控制系统的完整电路图。需要说明的是，为保持图纸资料的原始性，本书对图纸未做任何修改。请读者自行分析系统的组成与特点并加以分析，从中理解变频器与 PLC 电梯控制系统的组成和原理。

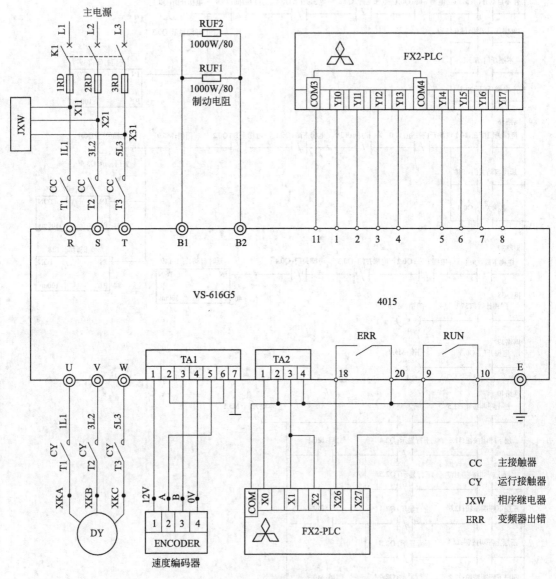

图 5-24 电梯主电路图

图 5-24 为变频器控制电梯主电路图，图 5-25 为电梯控制电源电路图，图 5-26 为电梯安全回路和门锁回路的电路图，图 5-27 为电梯电磁制动器抱闸电路图，图 5-28 为电梯照明电路图，图 5-29 为电梯控制电路图（1），图 5-30 为电梯控制电路图（2），图 5-31 为电梯控制电路图（3），图 5-32 为电梯控制电路图（4）。

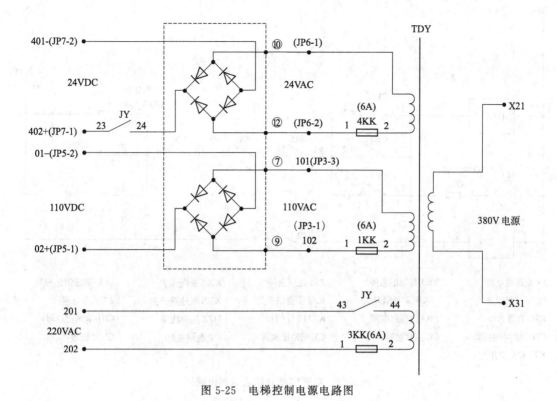

图 5-25　电梯控制电源电路图

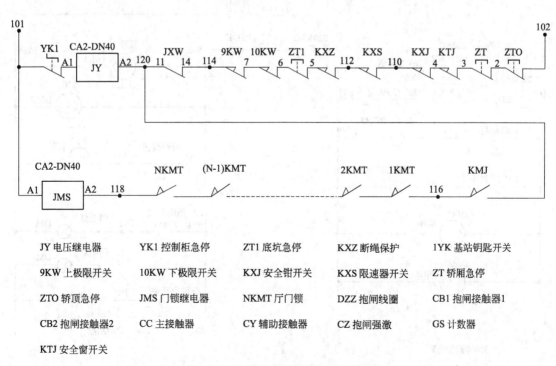

JY 电压继电器	YK1 控制柜急停	ZT1 底坑急停	KXZ 断绳保护	1YK 基站钥匙开关
9KW 上极限开关	10KW 下极限开关	KXJ 安全钳开关	KXS 限速器开关	ZT 轿厢急停
ZTO 轿顶急停	JMS 门锁继电器	NKMT 厅门锁	DZZ 抱闸线圈	CB1 抱闸接触器1
CB2 抱闸接触器2	CC 主接触器	CY 辅助接触器	CZ 抱闸强激	GS 计数器
KTJ 安全窗开关				

图 5-26　电梯安全及门锁回路电路图

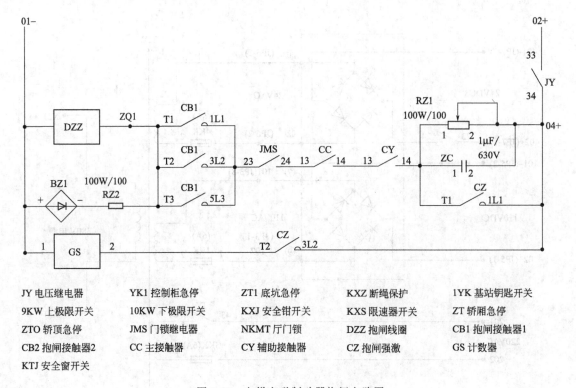

JY 电压继电器　　　　YK1 控制柜急停　　　　ZT1 底坑急停　　　　KXZ 断绳保护　　　　1YK 基站钥匙开关

9KW 上极限开关　　　10KW 下极限开关　　　KXJ 安全钳开关　　　KXS 限速器开关　　　ZT 轿厢急停

ZTO 轿顶急停　　　　JMS 门锁继电器　　　　NKMT 厅门锁　　　　DZZ 抱闸线圈　　　　CB1 抱闸接触器1

CB2 抱闸接触器2　　　CC 主接触器　　　　　CY 辅助接触器　　　　CZ 抱闸强激　　　　GS 计数器

KTJ 安全窗开关

图 5-27　电梯电磁制动器抱闸电路图

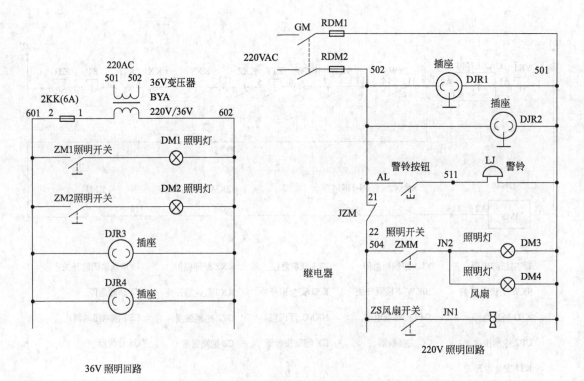

图 5-28　电梯照明电路图

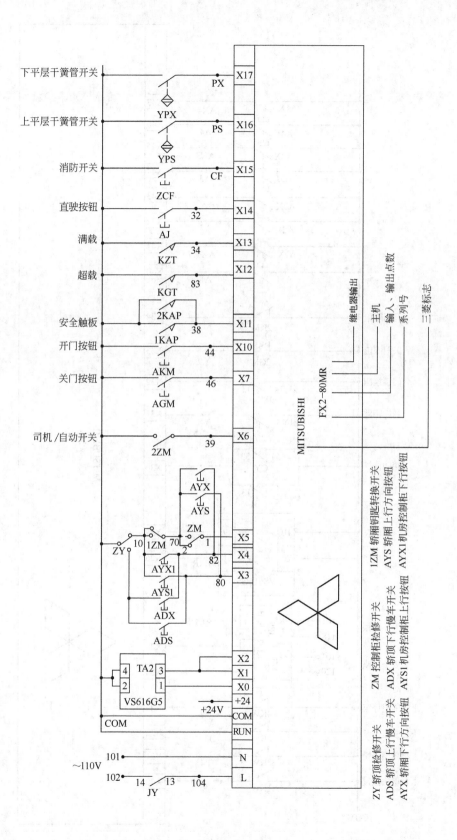

图 5-29　电梯控制电路图（1）

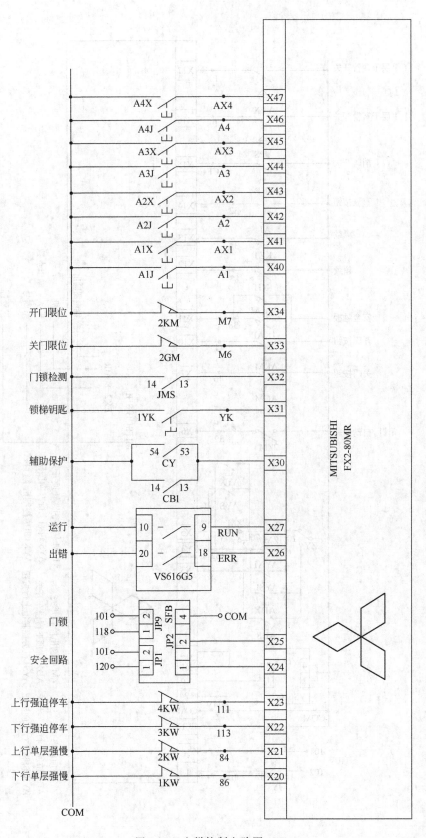

图 5-30 电梯控制电路图（2）

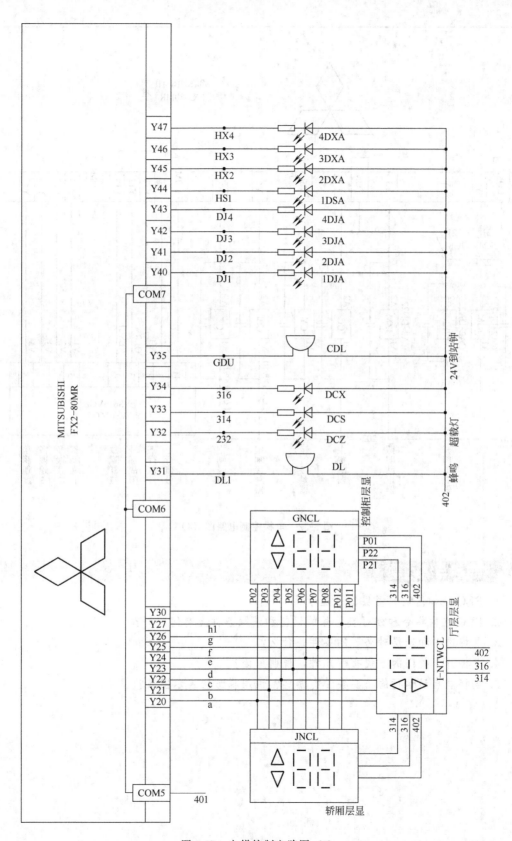

图 5-31 电梯控制电路图（3）

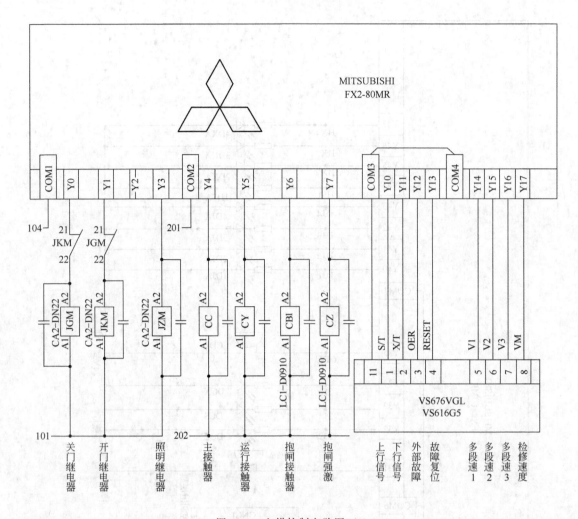

图 5-32 电梯控制电路图（4）

 思考与练习题 ▶▶

1. PLC 是如何实现楼层信号显示的？

2. PLC 在内指令和外召唤信号的记忆和消除条件上有何不同？

3. 电梯选向和选层时必要的条件是什么？

4. 电梯开、关门的方式有哪几种，说明原因？

5. 电梯能启动运行的必要条件有哪些？试用梯形图表示出来？

第六章

微机电梯控制的应用

第一节 概　述

随着微机技术应用的迅速发展，工业控制中的电子电气电路与设备逐渐被以微处理器为核心的微机控制器所取代。电梯也不例外，近 20 年来，微机控制的电梯以其优异的控制性能得到了长足的发展，而且已成为当前电梯发展的主流。

电梯发展到今天，在使用要求与新技术应用方面都进入了全面发展时期，随着智能化、信息化建筑的兴起，要求电梯不再只是完成垂直运输的设备，不能只在速度、舒适感和平层精度方面提高性能，更应该以人为本，特别是在电梯运行控制和服务的智能化等方面注入新的理念和内容。电梯的优质服务不再是单一的"时间最短"概念，而是采用模糊理论、神经网络、专家系统、遗传算法的人工智能方法，以期实现单梯与群控管理的最佳模式，合理配置与使用，更好更方便地与智能楼宇系统的兼容与融合，远程监控、远程调试、远程操作、远程故障诊断，节能与环保等。这些必将是现代电梯发展的趋势，也是电梯技术必须面对的问题。

作为电梯的发展方向，智能化、信息化、网络化是其根本，而这些功能发展的基础应该是计算机技术和网络通信技术。为此，以计算机为核心的微机控制的电梯必将是电梯发展的方向，而且随着电梯功能的不断扩展，多微机控制系统是微机控制电梯的主流，不同的任务功能由各自不同的微机完成。

第二节　单微机控制交流调速电梯

微机控制电梯发展初期，单微机电梯控制系统较为广泛，它一般是在电子继电器控制可控硅调压调速交流电梯（或直流电梯）的基础上，控制系统局部微机化设计而成的。微机在整个电梯控制系统中承担部分功能。下面简单介绍德国慕尼克微机控制交流调压调速电梯控制系统的基本原理。

一、调压调速系统的组成

调压调速交流电梯主要由微机、可控硅、速度闭环控制、安全保护及停电应急平层装置等环节组成，如图 6-1 所示。从图 6-1 可以看出，微机是控制系统的核心，系统的指令、召唤、轿厢位置、平层信号、安全信号输入微机，由微机进行分析判断，并产生曳引电动机的方向、调速装置的速度给定命令给调速装置，开关门命令给开关门控制器，并进行指令召唤指示、层楼指示、故障指示。系统的特点为：微机只负责进行指令召唤的登记与消除、层楼信号的取得与指示、运行方向的判定、选层的判定、安全信号联锁等，即控制系统中逻辑信号的处理，但系统中运行速度的调节以及门机的控制则由相对独立的调速装置与开关门控制器完成，微机仅仅给出命令。另外，电梯运行分多层（两层以上）运行和单层运行。多层运行时，电梯以快速运行；单层运行时，电梯以中速运行。

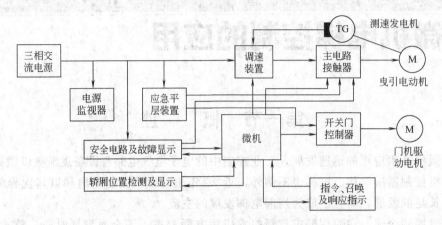

图 6-1　控制系统原理框图

1. 主电路接触器

主电路接触器是由一个运行接触器和两个方向接触器组成。其作用是执行微机或应急平层装置发出的指令，运行接触器由运行命令控制进行曳引电动机主电路的通断控制，两个方向接触器，由方向命令控制进行曳引电动机正反转控制（控制电梯的上升与下降）。

2. 调速装置

调速装置是电梯运行速度控制的关键，其作用是保证电梯运行舒适平稳。调速装置采用可控硅交流调压调速方式，工作原理框图如图 6-2 所示。

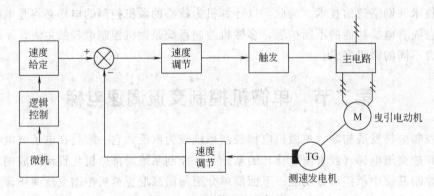

图 6-2　调速装置原理框图

调速装置主回路采用双向可控硅或普通可控硅反并联接入曳引电动机交流主回路，作为交流开关，通过改变可控硅的导通角而获得不同的输出电压。由于采用了速度闭环控制技术，调速装置输出的三相交流电压连续可调，对曳引电动机实现无级调压调速，而且具有良好的性能和舒适感。为使电梯平层停车准确，还采用了能耗制动。同时，为保证电梯运行安全可靠，还设置了超速、缺相、欠压、失速保护，当上述故障出现时，切断主电路控制电源，确保电梯安全。

调速装置速度指令是由微机发出，有三种速度模式，如图 6-3 所示。图中的 V_0 为平层速度模式（短时间运行），V_1 为中速（检修速度）模式；V_2 为快速（额定速度）模式。另外，微机会根据运行的层数，自动选择单层 V_1 或多层 V_2 速度模式。为保证电梯零速抱闸，调速装置还设置了延时抱闸电路。为调试方便，系统设置了加转矩、系统阻尼、延时抱闸电位器，确保平层精度和安全。

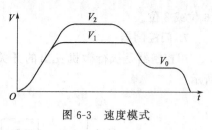

图 6-3　速度模式

3. 电源监视器

电源监视器的功能是监视三相交流电源是否正常。当电源出现错相、过压、欠压、缺相时，监视器将发出报警，并切断微机的直流电源，确保电梯在电源不正常情况下电梯不能启动运行。

电源监视器的原理是通过检测电路将三相交流信号送到三相电压比较器和相序逻辑控制器，与设定值进行比较，当交流信号出现故障时，立即发出命令通过执行机构切断微机的直流电源。

4. 应急平层装置

应急平层装置是采用逆变技术，当电梯运行中发生停电时，将直流逆变成交流，供电梯应急使用，控制电梯到就近层平层停车，释放乘客。其原理框图如图 6-4 所示。

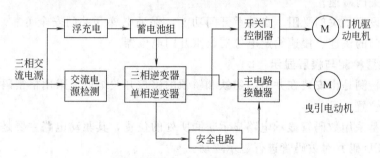

图 6-4　应急装置原理框图

工作原理为：当电网突然停电时，交流电源检测电路会立即输出两个指令，分别送给两个逆变器，使其将直流电源逆变成交流电。单相逆变器交流输出的其中一路使安全回路路和主接触器工作，将曳引电动机与应急平层装置的三相逆变器接通，使电梯慢速运行；另一路送到开关门控制器，以完成电梯停站后的开门。当电梯到达平层位置时，平层检测通过中间继电器将主电路接触器断电释放，同时门控制器执行开门指令。

为了便于调试，应急平层装置内分别设置了单相逆变和三相逆变的给定电位器，以调节逆变器的输出功率。

5. 安全电路与故障显示

安全电路是由极限开关、安全钳、安全窗、限速器开关、断绳开关、底坑开关、急停按钮及轿门和厅门开关等触点串联组成。当上述任一触点打开时，电梯不能启动运行。故障显示器主要监视安全电路的各触点的情况，并将其工作状态进行显示。

6. 微机控制部分

微机控制部分的功能是承担整台电梯的逻辑控制，包括指令召唤的登记与消除、层楼信号的获得与指示、运行方向的判定、选层的判定、安全信号联锁等，是电梯运行的控制中心。微机主要由三大部分，即 CPU、存储器及 I/O 口构成。电梯所采用微机的 CPU 通常为

16 位或 8 位。

7. 门控制器

门控制器是执行微机发出的开关门指令，实现电梯开关门动作，其原理框图如图 6-5 所示。

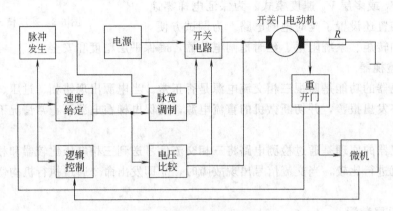

图 6-5 门控制器原理框图

门控制器采用了脉宽调制（PWM）技术，控制电梯开关门电动机的转速，以实现电梯的开关门及开关门减速。

门控制器设置了关门受阻、自动重开门功能，保证电梯开关门安全可靠。为调试方便，还设置了开关门的快速、慢速给定电位器、重开门电位器。

8. 层楼位置检测与楼层显示

层楼位置检测是由安装在井道的磁铁和轿顶的磁控开关组成，采用格雷码形式，检测电梯轿厢的层楼位置。

楼层显示是采用数码管显示电路显示轿厢所处的位置，其驱动电路主要是将层楼位置格雷码转换成 BCD 码并对数码管进行显示驱动。

9. 指令召唤及其响应显示

指令召唤及其响应显示，采用带指示灯的按钮开关，把指令、召唤信号送到微机，当微机将该指令或召唤存储后，表示已将该指令或召唤记忆；当电梯响应完该指令或召唤后，由微机输出信号控制按钮的指示灯熄灭，表示已将该指令或召唤记忆清除。

二、输入信号

交流调速电梯的微机控制系统有五种输入信号：曳引电动机速度信号、应急驱动信号、功率时间选择指令信号、指令召唤单元信号和故障显示的指令信号，如图 6-6 所示。

1. 曳引电动机速度信号

测速发电机用以检测电动机速度，速度信号经过速度 A/D 转换器、编码器后输出脉冲，输入施密特触发器，产生的脉冲列送入周期检测单元，如图 6-7 所示。

2. 周期检测单元

检测速度采用测量施密特触发器产生的脉冲列周期的方法，而脉冲的频率与测速发电机有关，直接比例于测速发电机检测电动机的速度。这种检测数据的采集时间是很快的。脉冲列用以驱动来自微机时钟的定时和控制脉冲。在每个电动机脉冲的上升沿，产生停止、选通、复位和启动信号。从波形图不难看出，当计数允许单元接收启动脉冲时，计数器就开始

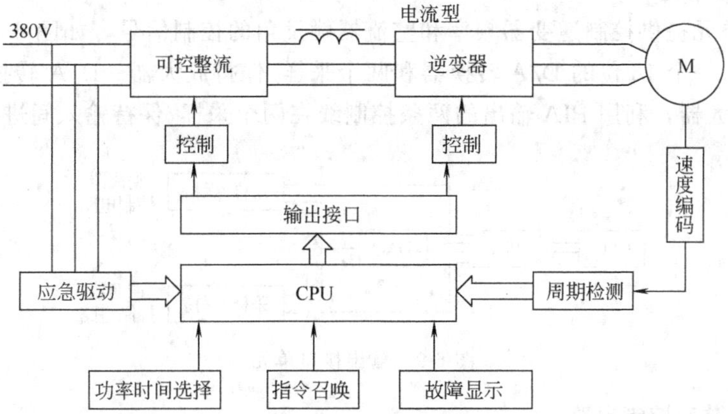

图 6-6 微机控制信号

图 6-7 速度信号编码框图

计算时钟的脉冲数。而在收到停止脉冲时，计数允许单元就封锁来自计数的时钟脉冲。然后，选通脉冲就将计数器内容移入锁存器，并且在同一时间，对微处理器 CPU 发出中断信号，于是，计数器将重新开始计数，如图 6-8 所示。

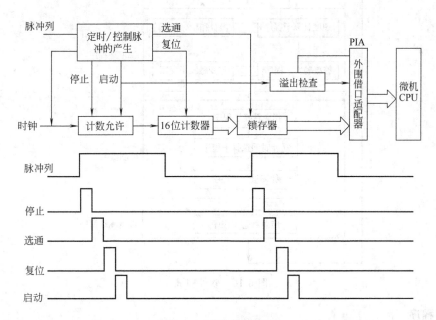

图 6-8 周期检测原理

3. 应急驱动系统

应急驱动单元包括充电回路、蓄电池、逆变系统和控制电路。正常情况下该系统不工作，但当电梯在运行中突然停电或出现故障时，该系统立即工作，由微机控制，使电梯自动到最近层平层并开门，解除乘客。

4. 输出接口单元

输出接口单元提供控制逆变器频率和整流器触发角的控制信号，如图 6-9 所示。该单元包括一个 PIA、一个 16 位的 D/A 转换器和两个采样/保持放大器。D/A 转换器的输出输入到采样/保持放大器，利用 PIA 输出的两条控制线在两个采样/保持输入间进行多路控制。

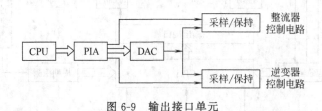

图 6-9　输出接口单元

5. 整流器-逆变控制电路

该电路为可控硅触发电路，产生可控硅触发脉冲。采用余弦触发装置可使整流器触发电路为整流器提供线性传输特性。

三、系统软件的构成

图 6-10 为系统软件构成，大致组成如下。

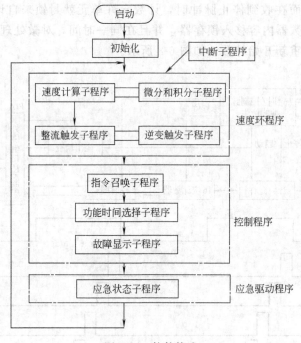

图 6-10　软件构成

1. 主程序

主要包括：初始化；周期检测程序（中断处理程序）；速度环程序；控制程序（指令召唤、功能时间选择、故障显示程序）；应急驱动程序。主程序向整流器和逆变器控制电路发送主令信号。

2. 控制程序

控制程序能够对各层出现的外召唤信号和轿厢内的指令信号进行分析、判断、应答乘客的要求。控制程序启动时，主程序对 I/O 端口、计时寄存器、中断计数器清"0"，向各端口预置初始信息。接着，主程序取控制程序工作单元中的值，然后判断第 0 位的状态，由此确定触发信号时序，如图 6-11 所示。在图 6-11(a) 或（b）中，晶闸管导通，从而产生不同导通角的输出波形。控制程序选择适当的触发时序之后，主程序取速度环程序单元中的值，这时由其第 1 位的状态决定相序（正反相）。最后主程序等待周期检测程序发出中断信号。如定时到，计算机接收到中断信号，随即转至执行中断子程序。寄存器 B 计算中断次数，每执行一次中断子程序，寄存器 B 减 1，1 个周期计数 6 次，当计数结束后，寄存器 B 重新置 6，以备下一周期重新递减计数。

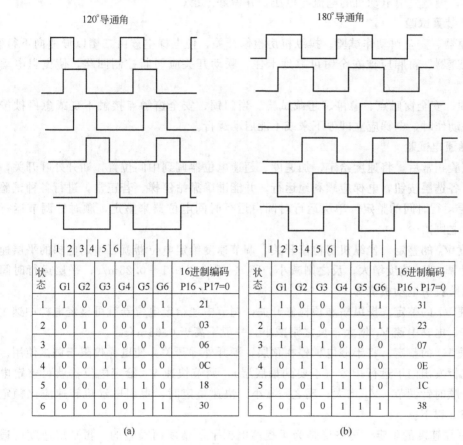

(a)　　　　　　　　　　　　　　(b)

图 6-11　触发信号时序图

（a）

状态	G1	G2	G3	G4	G5	G6	16进制编码 P16、P17=0
1	1	0	0	0	0	1	21
2	0	1	0	0	0	1	03
3	0	1	1	0	0	0	06
4	0	0	1	1	0	0	0C
5	0	0	0	1	1	0	18
6	0	0	0	0	1	1	30

（b）

状态	G1	G2	G3	G4	G5	G6	16进制编码 P16、P17=0
1	1	0	0	0	1	1	31
2	1	1	0	0	0	1	23
3	1	1	1	0	0	0	07
4	0	1	1	1	0	0	0E
5	0	0	1	1	1	0	1C
6	0	0	0	1	1	1	38

四、电梯调试

1. 调试前的准备工作

电梯安装完毕，在通电前应做好以下工作：清除井道、底坑、轿厢及曳引机上的异物；核对并检查主控电路；检查电动机、制动器的绝缘电阻和保护接地电阻是否正常；核对电源相序以及电子系统的公共零线作悬浮接地处理等。

2. 通电模拟试验

上述检查无误后，可通电试验。在通电前应将曳引电动机、制动器的线路断开，使曳引机在此项试验中不动作。同时短接调速装置的故障继电器 KT 的触点。

① 检查内选外呼的登记情况和控制柜内的继电器、接触器的动作顺序和延时是否正常。

②检查接触器、继电器的接触、断开和机械联锁，以及其他电气元件是否有异常振动、发热、线头虚焊等。

③试门锁开关、安全钳开关、安全窗开关、限速器开关、限位开关、极限开关的动作灵敏性。

3. 通电试验运行

①平层速度 V_0 试运行。操纵机房检修开关，以 V_0 速度试运行（时间不宜长）。检查电动机的温升，测量其电压与电流，做好记录，并观察制动器的抱闸间隙。

②快速试运行。V_0 速度运行正常后，做快速试运行。检查制动器、轴承、减速机、电动机的温升，测量曳引电动机的电流与电压，并做好记录。

4. 安全装置试验

①限速器、安全钳动作试验。操纵机房检修开关，使电梯空载由二楼以慢速向下行驶，用手扳动限速器，轿厢应被安全钳可靠地卡住。联动开关应切断控制回路，使曳引电动机停转。

②门锁、安全窗触点、急停、超载试验。当门锁、安全窗触点接触不良或急停被按下或超载开关动作时，电梯应立即停下来或不能启动运行。

5. 电梯通电试验

以上试验正常后，将速度给定、加速度、超速电位器调到中间位置，断开外呼开关，用调试板按下各选层按钮，电梯应顺利地运行，并能准确靠站停梯。若正常，进行各种试验。

①单层运行时间的整定。单层运行时间由运行时间电位器来整定，顺时针调节运行时间增大，反之则减少

②速度 V_0 的整定。操纵机房检修开关，调节速度给定电位器就可整定电梯的平层速度 V_0。顺时针调，V_0 速度增大；反之则减小。V_0 一般调到 $0.1\sim0.25\mathrm{m/s}$；平层运行时间不宜太长，以防曳引电动机烧坏。

③中速 V_1 的整定。操纵轿厢顶检修开关，调节中速给定电位器就可整定电梯中速 V_1。顺时针调节，电梯中速 V_1 增大；反之则减小。一般不高于 $0.63\mathrm{m/s}$。

④快速 V_2 的整定。将半载电梯停在顶层，断开外呼开关，使电梯仅限于调试使用。使用电梯调试板发出向下运行指令（不要到最底层），调节快速 V_2 给定电位器就可整定电梯快速运行。顺时针调节，V_2 增大；反之则减小。快速整定时，曳引电动机转速应比额定转速低 $20\mathrm{r/min}$ 以下。

⑤再平层速度的整定。再平层是为了提高电梯平层精度而设置的。再平层速度可通过再平层速度给定电位器来调节。顺时针调节，再平层速度增大；反之则减小。再平层速度一般整定在 $0.3\mathrm{m/s}$ 以下。调再平层时，应把轿厢提高或降低于平层位置 $150\sim200\mathrm{mm}$，将电梯恢复到正常状态，电梯便自动平层。

⑥超速值的整定。电梯超速保护值可由超速电位器来整定。顺时针调节，保护值降低；反之则升高。整时只需将半载电梯停在低层，超速电位器调到最大，然后发出一个向上运行指令（不要到顶层）。当电梯运行时，再把超速电位器往小调，直至电梯停下为止。最后再回调一点点，以保证电梯在电源电压波动 $+7\%$ 时，超速不动作。

⑦加速度的整定。电梯加（减）速可由加速度电位器来整定。顺时针调节，加（减）速度增大；反之则减小。乘客电梯的加速度不大于 $1.5\mathrm{m/s^2}$。加速度不宜调得过大或过小，否则会引起超调振动或越层。

⑧启动转矩的整定。为改善电梯启动性能而设计的启动转矩，可由启动转矩电位器调

节。顺时针调节启动转矩增加；反之则减小。调试中电梯若出现冲击、抖动情况时，应先检查导轨与导靴的平直装配，然后再调启动转矩电位器。

⑨ 系统阻尼的整定。系统阻尼电位器是为改善系统稳定性而设置的，以获得理想的舒适感。顺时针调节，系统阻尼加大；反之则减小。阻尼不宜调得过大，否则会引起低速或高速超调抖动。

⑩ 延时抱闸的时间整定。延时抱闸的时间长短由延时电位器来调节。顺时针调节，延时加长；反之则缩短。延时抱闸时间不宜调得过长，否则会引起电梯回转。

⑪ 开关门速度整定。电梯开关门的速度由相应的给定电位器整定。顺时针调节，开关门速度增大，反之则减小。

⑫ 开关门机构的夹紧力整定。开关门机构的夹紧力是为防止电梯运行时轿厢门被振动打开而设置的。它可由相应给定电位器来整定。顺时针调节，关门夹紧力增大；反之则减小。关门夹紧力不宜调得过大，否则会引起关门过猛，产生碰撞声。

⑬ 电梯重开门的整定。电梯重开门可由重开门给定电位器来整定。顺时针调节，重开门灵敏度提高；反之则降低。重开门不宜调得过大或过小，否则会引起电梯开关门振荡或不重开门。

⑭ 停电应急平层装置调试。在电梯运行正常后，再进行应急平层装置的调试。单相逆变是将直流电源逆变成单相220V交流电，供给安全电路及主电路接触器使用，若输出功率不够，应顺时针调节其给定电位器；三相逆变的输出是提供给曳引电动机，其输出的功率大小由其给定电位器来整定。顺时针调节增大；反之则减小。

第三节　多微机控制低速 VVVF 电梯

一、VVVF 电梯的特点

① 曳引电动机采用笼式交流异步电动机，结构简单，维护方便，可用于低、中、高速电梯的拖动。

② 传动效率高，节约能源。

③ 功率因数高，尤其是在低速段。

④ 供电电源容量小。

⑤ 结构紧凑，曳引机体积重量小。

⑥ 具有良好的动态性能和抗干扰能力，可靠性高，噪声低。

⑦ 力矩控制精确，速度、舒适感、平层精度好。

本节以上海三菱的多微机控制低速 VVVF 电梯为例，介绍多微机控制低速 VVVF 电梯的结构与原理。

二、VVVF 电梯控制系统的结构

（一）VVVF 电梯控制系统结构

VYVF 电梯信号控制系统主要由控制管理 C-CPU、拖动 D-CPU、串行传输 S-CPU 和群控 G-CPU 等多个 CPU 组成，每个 CPU 分别负责各自的任务，既独立又相互协作。图 6-12 是 VVVF 电梯控制系统结构示意图，图中群控部分与电梯管理部分之间的信息传递采用光纤通信，VVVF 电梯群控系统可管理 4 台电梯。群控时，层站召唤信号由群控部分接收和处理。

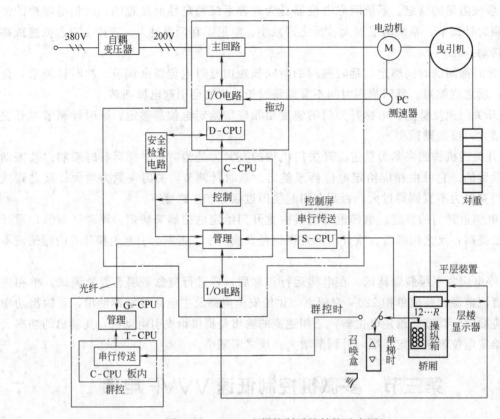

图 6-12　VVVF 电梯控制系统结构示意图

（二）多微机控制总线结构

VVVF 电梯控制系统为多微机控制系统，多微机控制总线如图 6-13 所示。

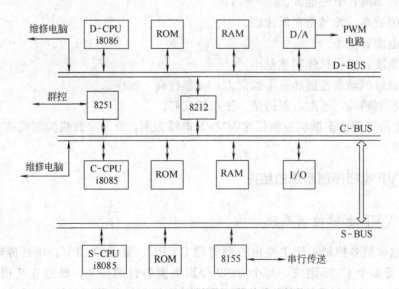

图 6-13　VVVF 电梯控制系统的总线结构

C-CPU 为管理和控制两部分共用，按照不同的运算周期分别进行运算，C-CPU 采用定时中断方式运行。T-CPU 主要进行层站召唤和轿内指令信号的采集和处理，层站召唤和轿内指令均采用串行传送方式，并分成两路相互独立传送信号。D-CPU 主要对拖动部分进行控制，C-CPU 和 S-CPU 均为 8 位微机，采用 i8085；D-CPU 为 16 位微机，采用 i8086。

C-CPU 和 S-CPU 通过总线相互连接，为使运算互不干扰，C-CPU 和 S-CPU 各自的 EPROM 地址互不重复，当 C-CPU 需要读取 S-CPU 的信息时，先向 S-CPU 发出请求，S-CPU 应答后，C-CCPU 才能读取 S-CPU 存储器中的内容。

C-CPU 和 D-CPU 通过 8212 接口连接，C-CPU 和维修微机通过总线连接，维修微机中的存储器地址和 C-CPU 存储器地址也互不重复。当维修微机接入后，通过维修微机可以读取 C-CPU 存储器的内容。

群控时，C-CPU 配备通信接口 8251 及光纤，与群控系统进行光纤通信，传送电梯与群控系统交换的信息。同时，S-CPU 不在处理层站召唤信号。群内各电梯的层站召唤信号均由群控系统的 T-CPU 处理。

（三）电梯管理及操作功能

对于电梯来讲，管理是一个新概念。由于微机控制技术的应用，电梯控制技术向多功能、智能化的方向发展。管理软件对整个电梯的运行状态进行协调、管理，其主要作用是处理层站召唤与轿内指令信号；决定电梯运行方向；提出启动、停止要求；处理各种运行方式等。

VVVF 电梯的管理软件为模块化设计，由 C-CPU 控制，决定电梯的主要运行方式和操作功能。VVVF 电梯的操作功能种类很多，这里仅对其中一部分典型的、具有特色的操作功能作一简要的说明。

1. 标准操作功能

标准操作功能就是每台电梯必备的操作功能。例如，电梯的自动运行方式（包括自动开关门、自动启动、自动减速平层）、安全触板、本层开门、检修运行等。

有低速自动运行 SFL；反向的轿内指令信号自动消除 CCC；自动应急处理 COS；无呼梯信号轿厢风扇、照明延时自动关闭 CFO-A、CLO-A；开门保持时间自动控制 DOT；电梯开门受阻（如所停层站的层门出现故障或卡人地坎）换层停靠 NXL；重复关门 RDC。

2. 选择操作功能

有强行关门 NDG；门的光电装置安全操作 SR；门的超声波装置安全操作 USDS；电子门安全操作 EDS；停电自动平层操作 MELD；轿内无用指令信号的自动消除（也称防捣乱控制）FCC-A；层站停机开关操作 HOS；独立运行；分散待命 OHS。

除上述操作功能外，VVVF 电梯的选择功能还有许多，例如：启动语音报站装置操作、电梯群控集中监控操作、紧急停电后操作；上班高峰服务功能、下班高峰服务功能、午餐时服务、会议室服务、贵宾层服务、节能运行、指定层强行停车、防范运行、服务层切换、紧急医护运行、地震时紧急运行、即时预报（乘客一按下层站召唤就可知道群内由哪台电梯来响应）、自动学习（电梯自动统计大楼交通情况、学习调配电梯的最佳方法）等，限于篇幅，这里不一一介绍。

（四）控制部分

（1）控制部分由 C-CPU 完成，其主要作用如下。

① 为管理部分提供电梯轿厢位置、运行中正常的减速与停车位置等数据，使其能正确做出诸如上行、下行、启动、停车等决定。

② 计算电梯运行过程中的速度图形，使驱动部分在给定的数据下，对电梯运行速度进行控制。

③ 安全电路检查，电梯只能在满足规定的安全条件下才能运行。

(2) 控制部分分成选层器运算、速度图形运算、安全电路及电梯运行顺序控制四个主要部分。

① 选层器运算。微机控制 VVVF 电梯采用微机选层器，由控制部分的 C-CPU 来完成。微机选层器根据管理部分决定的运行方式，接收电梯在运行时与曳引电动机同轴的脉冲编码器产生的脉冲信号，计算轿厢即时位置、层楼信号、最佳停层减速点位置和误差修正等。软件可将最佳停层减速点位置计算精度控制在 3mm 之内，因而，可使电梯获得很高的平层精度。

② 安全检查电路 VVVF 电梯的安全检查电路非常全面、合理，充分保证了电梯安全运行，图 6-14 是安全检查电路示意图。D-WDT 和 C-WDT 是 D-CPU 和 C-CPU 的监视电路，用以检查 D-CPU 和 C-CPU 的工作是否正常，其检查功能和处理结果如下。

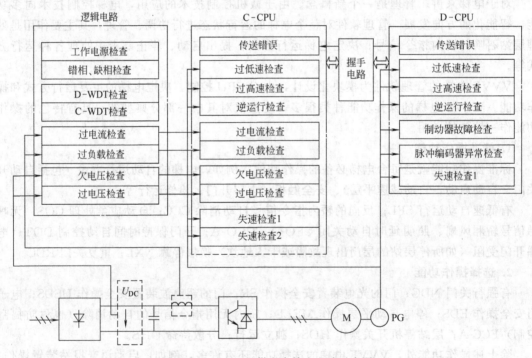

图 6-14　VVVF 电梯安全检查电路示意图

a. D-WDT。

检查功能：检查 D-CPU 因各种原因产生的失控运行和停止运行。

检查时间：电梯工作电源接通 3s 后，进行定时检查。

处理方法：当 D-WDT 电路检查出 D-CPU 异常后，安全电路动作，控制柜上的发光二极管"WDT"随之熄灭，迫使电梯紧急制动，D-CPU 不能再启动。

b. C-WDT。

检查功能：检查 C-CPU 因各种原因产生的异常情况。

检查时间：电源接通后 3s 开始进行定时检查。

处理方法：当检查到 C-CPU 的异常信号后，安全电路立即动作，发光二极管"WDT"熄火，电梯往最近层站平层，C-CPU 不能再运行。

控制电路中，主电路接触器、制动器、继电器和安全继电器的动作是非常重要的，为保证电梯的正常工作，安全电路对这三个继电器、接触器的动作进行了限制，只有当 D-CPU、C-CPU和安全检查电路三者同时满足安全条件时，才发出动作指令，其逻辑结构如图 6-15 所示。安全检查电路中的其他检查内容从略。

图 6-15 VVVF 电梯安全逻辑结构

③ 速度图形运算。VVVF 电梯的速度图形曲线是由微机实时计算出来的，这部分工作也由 C-CPU 的控制部分完成。控制部分的 S/W 每周期计算出当时的电梯运行速度指令数据，并传送给驱动部分 D-CPU，使其控制电梯按照这个速度图形曲形运行。

为了提高电梯运行的平稳性和运行效率，必须对速度图形进行精确运算。因此，将速度

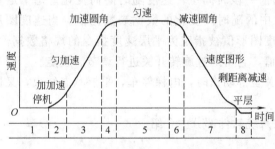

图 6-16 VVVF 电梯速度曲线示意图

图形划分为八个状态进行分别计算。速度图形各个状态的示意图如图 6-16 所示。

停机状态（状态 1）：在电梯停机时，速度图形值为零，此时实际上并没有对速度图形进行运算，仅是在 C-CPU 的每个运算周期中对速度图形赋零，并设置加速状态和平层状态时间指针。

需要说明的是，速度图形值是一个单字节的数据，因此，控制部分产生的速度指令的速度等级最多不超过 256（CPU 为 8 位微机），实际速度指令的最大数据为 F3H，即243，也就是说，当速度图形的值为 F3H 时，对应的速度是 1.75m/s。当速度图形运算开始指令控制字为 FFH 时，S/W 进入状态 2 运算。

加加速运行状态（状态 2）：电梯在启动开始时，首先做加加速运行。这个过程中，速度图形在每一运算周期的增量不是常数，而是随时间变化的数据。因此，在实际处理时，为了便于运算，预先用数据表把不同运算周期的速度增量设置在 EPROM 中，S/W 在每个运算周期中，根据数据表内的速度增量进行运算。当时间指针小于零时，加加速运行状态运算结束，S/W 转入状态 3 运算。

匀加速运行状态（状态 3）：电梯在加加速结束后，即进行匀加速运动。在匀加速运行过程中，速度图形的增量是常数。实际运算时，CPU 进行常数增量运算。

S/W 在运算过程中，若出现以下两种情况之一时，即转入状态 4 运算。速度图形值大于或等于状态 4 数据表中的开始数据值时；剩距离运算标志逻辑或剩距离运算准备标志的值为 FF，且剩距离速度图形值与减速度图形值的差小于或等于状态 4 开始比较值时。

S/W 在进入状态 4 运算之前，需要先设置加速圆角运算时间指针。

加速圆角运行状态（状态 4）：加速圆角是指电梯从匀加速转换到匀速运行的过渡过程。在这个过程中，每一运算周期的速度增量不是常数，所以也采用了数据表的方式。S/W 在每个运算周期中进行查表运算，直到运算时间指针小于零时，加速圆角状态运算结束，S/W 转入状态 5 运算。

匀速运行状态（状态 5）：在这个状态中，电梯匀速运行，速度图形增量为零，即加速度为零。当在这个状态运算过程中，出现以下两种情况之一时，结束本状态运算，进入状态 6 运算。电梯满速运行标志逻辑和剩距离运算标志的值为 P_y 时；剩距离速度图形值与减速度图形值的差值小于基准比较值时。

S/W 在进入状态 6 运算之前，先设置状态 6 的运算时间指针。减速圆角运行状态（状态 6）：在这个状态中，电梯从匀速运行过渡到减速运行。因此，每个 S/W 周期的电梯速度变化量比较复杂。为了精确、快速运算，处理方法与状态 4 一样，在 EPROM 中预先设置各周期中速度变化量数据表。S/W 在每个运算周期中进行查表运算。S/W 一直运算到当速度图形值小于剩距离速度图形值时，转入状态 7 运算。

剩距离减速运行状态（状态 7）：以上所述的 6 个状态中，电梯的速度图形都是时间的函数。从状态 7 开始，即电梯进行正常减速运行时，速度图形是剩距离的函数，其函数关系比较复杂，不能用简单的计算式来表示。所以，又采用了数据表的方法，即预先在 EPROM 中设置一对应剩距离的速度图形数据表。S/W 根据此数据表中的值进行运算，当轿厢进入平层开始位置时，即由状态 7 转入状态 8 运算。

平层运行状态（状态 8）：在状态 8 中的前一段时间里，速度随时间而变化。每个运算周期中的速度下降量是预先设置在 EPROM 中的随时间变化的数据表数据值。当速度图形值小于平层速度指令的规格化数据值时，速度图形值被指定为平层速度指令的规格数据值。平层速度的规格化数据值是一个不小于零的值，它可通过旋转开关进行调节、设定。

当轿厢完全进入平层区，上、下平层开关全部动作时，电梯停车，平层状态结束，又回复到状态 1。

④ 电梯运行逻辑控制　该部分内容将在系统软件部分中介绍。

（五）拖动部分

1. 拖动部分的结构

拖动部分采用电压型电流控制变频器，应用了矢量变换控制和脉宽调制技术。拖动部分电路结构如图 6-17 所示，由控制电路和主回路两部分组成。控制电路以 D-CPU 为核心，对主电路实施控制。主回路由整流电路、充电电路、再生电路和逆变电路等基本电路组成。

速度图形由 C-CPU 提供，运行过程中，C-CPU 向 D-CPU 传送。由于 C-CPU 是 8 位微机，而 D-CPU 则是 16 位微机，两者的工作时钟和运算位数均不相同，无法直接传送信息。为了使两者能相互协调，及时、可靠地传送信息，采用了以下两个措施：一是在 C-CPU 和 D-CPU 之间用 8212 接口进行连接，8212 在这里相当于一个信箱。当 C-CPU 将信息送入 8212 后，8212 即向 D-CPU 发出通知，D-CPU 接到通知后，便从 8212 中读取信息，读完信息后，D-CPU 向 8212 发出信息（已读完信息信号），然后由 8212 向 C-CPU 发出可继续传送信息的信号，如此不断地进行信息传送。二是 D-CPU 接到来自 C-CPU 的 8 位数据信息后，先将此 8 位数据信息放大 64 倍，然后再进行 16 位运算。

2. 整流电路

整流电路采用简单的二极管三相桥式整流方式，向逆变器直流侧供电。整流器由三块整流二极管模块组成三相桥式整流电路（或者一块整流二极管模块组成），结构简单、体积小。图 6-18 是 VVVF 变频器主电路。

由于整流电路输出侧有大容量的电解电容器，当整流电路的输出电压大于已充电的电解

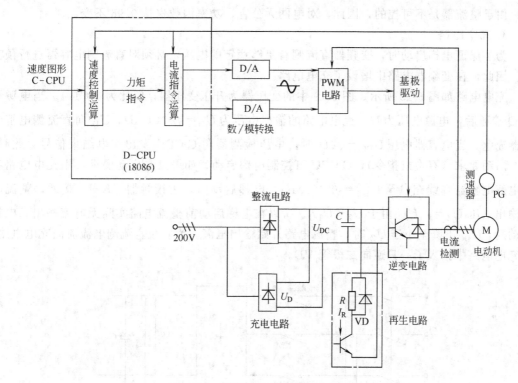

图 6-17　VVVF 电梯拖动部分结构

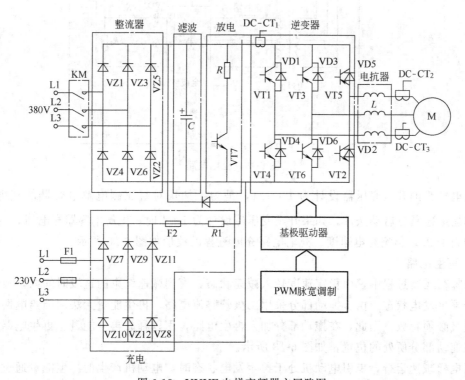

图 6-18　VVVF 电梯变频器主回路图

电容器电压时，整流电路才有电流输出，使电流中含有谐波，因此，变频器直流侧的电压波形虽然较平滑，但是，电流波形却有失真，对系统有一定影响，这是一个缺点。

由于整流器是不可控的，因此，对电网无公害，功率因数保持 0.96 不变。

3. 充电电路

为了保证电梯启动时，变频器直流侧有足够稳定的电压，必须对直流侧电容器进行预充电。因此，在变额器电路中增设了充电电路。

充电电路如图 6-19 所示。图 6-19 中的变压器为升压变压器，匝比为 1∶1.1。当电源开关 Q 接通后，电源电压为 U，充电电路的输出电压为 $U_D = \sqrt{2} \times 1.1U$，$U_D$ 向直流侧电解电容器充电。当电容器电压 $U_{DC} = \sqrt{2}U$ 时，电压检测器向 C-CPU 发出充电结束信号。此时，如有启动要求（召唤或指令），C-CPU 可控制电梯启动，如果没有启动要求，则充电电路将对电解电容器继续充电至 $U_{DC} = \sqrt{2} \times 1.1U$。电梯启动时，主接触器（KM）接通，整流电路输出电压 $U_Z = \sqrt{2}U$。由于 $U_Z < U_{DC}$，所以在电梯启动前整流电路实际无电流输出。电梯启动后，U_{DC} 下降至小于 U_Z 时，整流电路开始输出电流。为防止直流侧电流流向充电电路，在充电电路中接入了一只逆向二极管 VD。

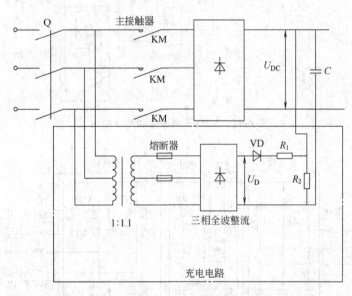

图 6-19　充电电路

充电电路的升压变压器设计为 1∶1.1，是为了加快对直流侧电解电容器的充电速度，使电梯能迅速具备启动条件。如果升压变压器设计为 1∶1 时，电解电容器充电到 $U_{DC} = \sqrt{2}U$ 的时间大于 2s，影响充电速度。充电电路充电过程的波形如图 6-20 所示。

4. 再生电路

电梯在运行过程中，由稳定速度转入减速状态，直到减速结束的这段时间内，曳引电动机处于再生发电状态。由于拖动部分采用二极管整流电路，再生能量无法回馈给电网，而再生能量又必须释放。因此，在拖动部分加入再生电路，用以释放再生能量。再生电路的结构及其在拖动部分所处的位置，如图 6-18 所示。

当电梯减速运行，曳引电动机处于再生发电状态时，电动机产生的再生能量通过逆变电路的二极管向变频器直流侧的大容量电解电容器充电。当电容器的电压 U_{DC} 大于充电电路整流输出电压 $U_D = \sqrt{2}U \times 1.1$ 时，基极驱动电路发出信号，驱动再生电路中大功率晶体管 VT7 导通，VT7 导通后，再生能量通过 VT7 流向再生电阻 R，并以发热形式消耗在再生电

阻 R 上。同时,变频器直流侧电容器 C 也通过再生电阻放电至 $U_{DC} = \sqrt{2}U$ 时,使再生电路中大功率晶体管 VT7 截止,再生能量对电容器又充电。当充电至 U_{DC} 大于充电电路电压 U_D 时 VT7 又导通,再生能量又释放在再生电阻 R 上。如此重复,直至再生发电状态结束(图 6-18)。再生状态的波形如图 6-21 所示。

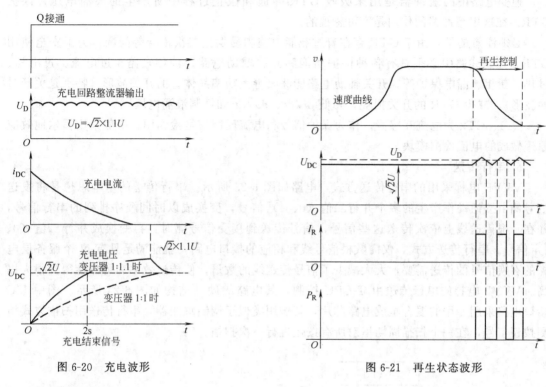

图 6-20 充电波形

图 6-21 再生状态波形

5. 逆变电路

拖动部分变频器逆变电路主要由大功率晶体管(GTR)模块和缓冲器组成。逆变电路的结构如图 6-22 所示。

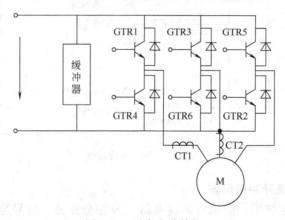

图 6-22 逆变电路结构

逆变电路中的 GTR 均为达林顿型,内带续流二极管。GTR 在逆变电路中相当于一个电力开关,起通断作用。来自 D-CPU 的电流指令,经正弦波 PWM 电路调制和基极驱动电路放大后,按相序分别触发 GTR 基极,使其导通。PWM 信号为上半周时,上臂 GTR 导通，PWM 信号为下半周时，下臂 GTR 导通。

为防止上、下 GTR 同时导通，造成直流电源短路故障，在上、下 GTR 之间设置了间隔时间，即上、下两个 GTR 中，任意一个 GTR 由导通变为截止后，必须经过一个间隔时间，另一个 GTR 才能被触发导通。

逆变电路中的缓冲器是用来吸收 GTR 导通和截止过程中所产生的浪涌电压，保护 GTR。在这里缓冲器的作用是不可忽视的。

必须注意的是，由于 GTR 存在着过载能力差和易发生二次击穿等问题，为了安全使用 GTR，控制线路中必须具有各种保护功能和开关辅助电路。例如短路、过电流、过电压、过热、断相、漏电保护等。开关辅助电路能够改善大功率晶体管的开关波形（特别是关断时的波形），减少 GTR 的开关损耗，降低 di/dt、du/dt 和抑制浪涌电压。

CT1、CT2 为电流互感器，作为保护信号和电流反馈信号检测用，一般采用霍尔地效应原理做成的电流检测模块。

6. 串行传送

VVVF 电梯采用的串行传送方式，电路如图 6-23 所示。串行传送的基本思想是将发送信号侧由按钮动作产生的多个并行二值（0、1）信号，变换成以时间顺序排列的串行信号，并在一根传送线上依次传送这些信号，信号传送到接受信号侧时，再变换成并行二值（0、1）信号。串行传送方式，仅需数根信号线和相应的接口电路，就能满足具有 N 个服务层电梯的召唤信号的传送需要，大大减少了信号传送线的数量，使传送效率和可靠性得到很大提高。VVVF 电梯的串行传送由 T-CPU 控制，其电路的硬件结构如图 6-24 所示。图中 I/O 接口电路采用专用的混合集成电路芯片，其作用类似于调制解调器，串行传送用扫描方式检测按钮信号，在一个扫描周期里对所有按钮进行一次扫描。

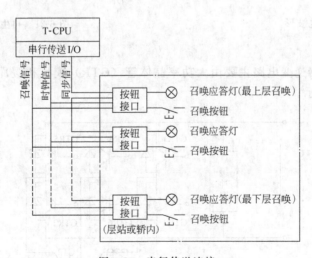

图 6-23　串行传送连接

7. 外围 I/O 电路及脉冲编码器

VVVF 电梯控制系统中，微机与外围电路（如安全开关、信号显示器和到站钟等）的信息均需通过外围 I/O 电路进行传送。外围 I/O 电路主要有触点信号接收电路和驱动信号输出电路两大类。为了防止噪声，I/O 电路均采取隔离措施，并使内、外电路的工作电源和接地相互独立。

（1）触点信号接收电路　触点信号接收电路用于接收门机、平层装置和各种安全开关等

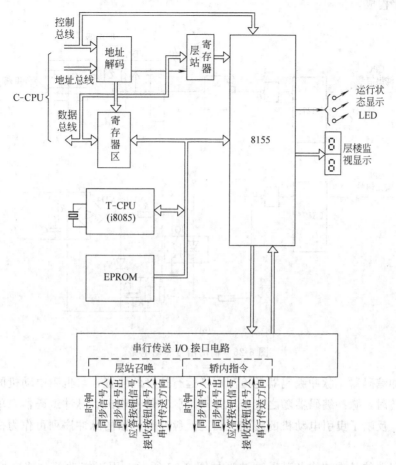

图 6-24　串行传送硬件结构

外围电路的信号，信号经过光电耦合器隔离后，向 CPU 总线传送。图 6-25 是典型触点信号接收电路的接线图，这是一个被广泛应用的电路，结构简单，实用性较强。

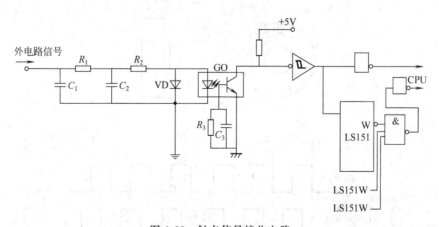

图 6-25　触点信号接收电路

（2）输出信号驱动电路　输出信号驱动电路用于向层站显示器、制动器等外部电路输出驱动信号。由于驱动功率不同，输出信号驱动电路又分为大功率输出和小功率输出两种电路，图 6-26(a) 是小功率输出电路，由继电器电路构成；图 6-26(b) 为大功率输出电路，由晶闸管电路构成。

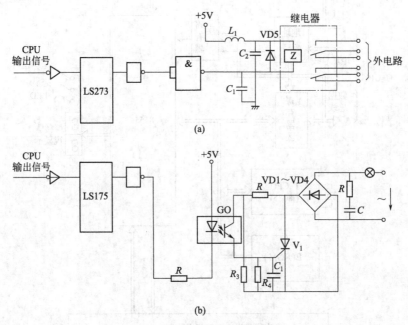

图 6-26　输出信号驱动电路

（3）脉冲编码器　脉冲编码器是检测电梯运行速度的装置，与曳引电动机同轴安装。曳引电动机旋转时，脉冲编码器随之旋转，并产生脉冲信号输出。脉冲编码器在单位时间里产生的脉冲数，反映了曳引电动机的转速。因此，脉冲编码器的脉冲序列可作为拖动部分的速度反馈信号。

脉冲编码器的基本结构及其脉冲波形如图 6-27 所示。用于拖动部分速度检测的脉冲编码器的每转脉冲数是根据不同的需要进行选择的。通常，电梯运行速度越快，要求脉冲数越多。脉冲编码器脉冲数与电梯速度的匹配关系为：

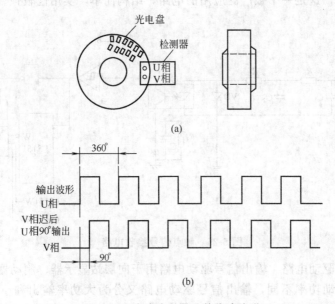

图 6-27　脉冲编码器及其脉冲波形

电梯速度/(m/s)	脉冲数
1.5，1.75	1024
2～4	2048
5～6	4096

脉冲编码器具有：脉冲输出精度高、机械寿命长和可靠性高等优点。因此，VVVF 电梯大多采用这种脉冲编码器。

8. 系统软件概况

（1）软件内容 VVVF 系统由多微机控制，软件为模块化结构，其内容丰富、灵活、扩展性强。因此，可适用各种场合的不同需要。这里介绍的软件内容，仅限于单梯，不包括群控软件，VVVF 电梯的软件主要由以下四个部分组成。

① 管理部分软件。管理部分的软件由 C-CPU 执行，其主要工作有：根据轿厢指令和厅门召唤信号，确定电梯的运行方向；在电梯停机时，提出高速自动运行的启动请求；在高速自动运行的过程中，提出减速停机请求；提供各种电梯附加操作，如返回基站、自动通过等动作顺序的控制；开关门的时间控制。

② 控制部分软件。控制部分的软件亦由 C-CPU 执行。在结构上，它是管理部分软件的从属部分，但内容完全独立。其主要工作有：选层器运算，计算轿厢位置信号、层站信号、剩距离等；速度图形运算，计算电梯运行过程中的速度指令；安全电路检查，电梯的安全条件检查。

③ 拖动部分软件。拖动部分的软件由 D-CPU 执行，其主要工作有：速度控制运算，根据控制部分给出的速度指令和反馈回来的实际速度，计算出力矩指令。电流控制运算（矢量变换运算），用矢量变换的方法，根据力矩指令，算出各相瞬时电流指令。TSD 速度图形运算，在电梯进入终端层，终端减速开关动作时，进行 TSD 速度图形运算。如果从控制部分送来的正常速度图形大于 TSD 速度图形，电梯就按 TSD 速度图形减速。安全电路检查。

④ 串行传送部分的软件。串行传送部分的软件由 T-CPU 执行，其主要工作有：用串行传送方式接收层站召唤和轿内指令信号，发出应答灯信号；轿内 16 段数字式层楼位置显示器信号；如果电梯作群控运行时，则电梯的层站召唤信号和应答灯信号由群控微机处理，轿内指令信号、应答灯信号和轿内 16 段数字式层楼位置显示器信号仍由本梯 T-CPU 处理。

（2）软件的形式 VVVF 电梯需要软件处理的内容很多，既有逻辑运算，又有复杂的数值运算（矢量变换运算）。为了使软件能快速、正确地处理各种运算，针对不同的处理内容，将软件设计成不同的形式。

软件中的主要形式有：映射表（EQUMAP）、存储器映射表（MEMORYMAP）、数据表（DATAMAP）、流程图（FLOWCHART）和梯形图（LANDER）等。其中映射表的作用是设置各程序的入口地址和 I/O 地址，以及重要常数等。存储器映射表的作用是规定 RAM 区的所有数据名的地址。数据表的作用是：将较复杂的数值运算中需要用到自变量值和函数值预先设置在数据表中，表中每一单元的内存地址对应自变量值，而单元中的内容是其对应的函数值，这样在具体运算某个函数关系时，只要根据其自变量的地址查找数据表即可得到相应的函数值，从而使运算得到简化。这些形式是软件中的准备部分，需要通过执行程序处理，而本身不能运算。软件中的另两种形式，即流程图和梯形图是软件的主体。

在 VVVF 电梯中，凡涉及数值运算的软件都是通过流程图设计的，例如：控制部分的选层器运算和速度图形运算；管理部分的规格数据设定；拖动部分的速度控制和电流控制运算；串行传送的所有运算；以及群控管理部分的评价值运算等。

梯形图是从传统的继电器逻辑控制电路发展而来的软件的一种表现形式。梯形图的优点是能够很方便地设计逻辑运算，缺点是不能进行数值运算。根据这个特点，凡涉及逻辑运算的软件都通过梯形图设计。例如控制部分的电梯运行的顺序控制和安全电路，管理部分的电梯各种操作的顺序控制，拖动部分的安全电路控制等。

梯形图和流程图是设计者设计意图的体现，是软件执行的依据。但是梯形图和流程图本身无法使微机运行，具体实现时，必须先根据梯形图和流程图编制与微机相对应的汇编程序，然后与其他形式制成的软件一起输入微机，由微机执行。

流程图设计完毕之后，编制相应的汇编程序是很容易的。将梯形图编制成汇编程序的工作，可以由人工编制，也可以通过 CAD 系统进行。

(3) 软件的运算周期　多微机控制的 VVVF 电梯中，各微机分别执行不同部分的软件。为了使软件能够得到快速、合理地执行，对每个部分的软件都规定了不同的运算周期，并采用中断方式执行不同的运算程序。下面对 C-CPU 和 D-CPU 的运算周期作一些简要的说明。

① C-CPU。C-CPU 执行的软件可分为三大部分，即运算周期为 25ms 的控制程序 1，运算周期为 50ms 的控制程序 2 和运算周期为 100ms 的管理程序。为了实现这三个运算周期，每次中断时，微机按图 6-28 所示的流程图进行处理。实际运算时，各程序的时间分配如图 6-29 所示。

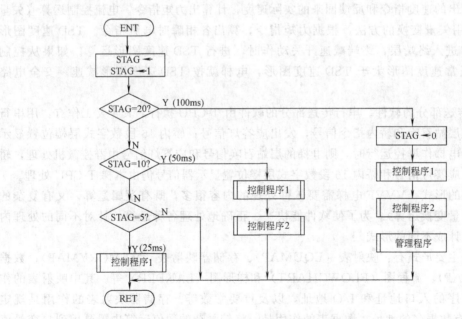

图 6-28　各程序中断方式流程

由图 6-29 可见，在 100m 中，管理程序运算了一次，控制程序 2 运算了两次，而控制程序 1 运算了四次。管理程序运算结束后，微机处于循环等待状态，直到第二个 100ms 周期到来。

② D-CPU。D-CPU 执行的软件也有几种运算周期，不同的程序在不同的运算周期中运行。

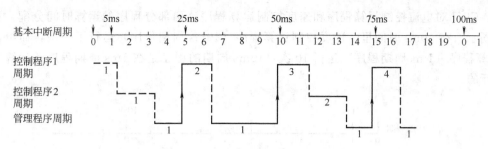

图 6-29　各程序时序分配示意图

a. 电流控制运行程序的运算周期为 1ms，每发生一次中断，D-CPU 即按图 6-30 的流程进行运算。

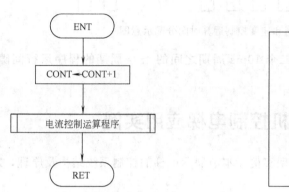

图 6-30　调用电流控制运算程序的流程

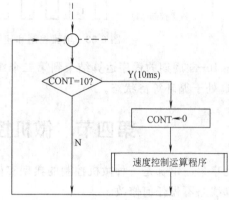

图 6-31　调用速度控制运算程序的流程

b. 速度控制运算程序的运算周期为 10ms，每发生 10 次中断，D-CPU 即调用一次速度控制程序，处理方式如图 6-31 的流程图所示。

c. 在 10ms 周期运算的程序中，双缓冲区梯形图程序的运算周期为 40ms。为此把这部分程序分成四个部分：数据输入（即缓冲数据做成部分），第一子程序 BLOCK1，第二子程序 BLOCK2 以及数据输出（即触点数据更新）。实际处理的流程如图 6-32 所示。

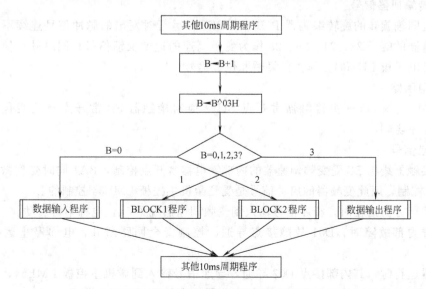

图 6-32　调用双缓冲区梯形图的程序流程

D-CPU 对电流控制运算程序和速度控制运算程序这两部分程序的运算时间分配，如图 6-33 所示。在 10ms 时间里，速度控制运算程序（10ms 周期程序）运行了一次，而电流控制 运算程序（1ms 周期程序）运行 10 次，10ms 周期的程序是在 1ms 周期程序的运算间隙中运行的。

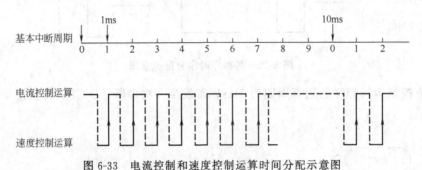

图 6-33　电流控制和速度控制运算时间分配示意图

在 10ms 周期的程序运算结束到第二个 10ms 周期之间的 1ms 周期的程序运行间隙中，D-CPU 处于循环等待状态。

第四节　微机控制电梯应用实例

北京莱茵电梯是一种微机控制的典型实例。本节展示电梯的控制系统结构及原理，对原有电梯线路不做任何修改。

一、驱动回路

驱动回路如图 6-34 所示。

1. 主回路

网路三相电源 L1、L2、L3→极限电源接触器 SH1→变频调速器输入端 U1、V1、W1→变频调速器输出端 U2、V2、W2→主接触器 SH→主电动机 MD。

2. 旋转编码器信号

与主机同轴旋转的旋转编码器 PULSGEBER，运行时发出的脉冲信号连续不断地输入到变频调速器的端子 23、24、25、28 作为变频调速的速度反馈信号，同时脉冲信号又送到主控制微机电子板 LEM64，作为计算轿厢位置信号。

3. 抱闸回路

DC110V 一端 711→主接触器常开点 SH→抱闸接触器 SB 常开点→闸线包 BRER→DC110V 另一端 712。

4. 其他信号

抱闸接触器线包 SB 受变频调速器的内部继电器常开点控制，BA1 同时受到微机主控制板 LME64 控制，因此变频器的启动信号是受到微机主控板 LME64 控制的。

电梯运行方向错相时，相序信号输入到变频调速器端子 54，电梯不得启动。

变频群内部故障时，D01 故障接点导通，控制安全回路断开，电梯停止运行或不能启动。

变频器运行时，其内部接点 D02 导通，导通信号输入到微机主控板 LME64，作为微机识别电梯是否正常运行信号，D03 为变频调速器输出的预开门接点信号。

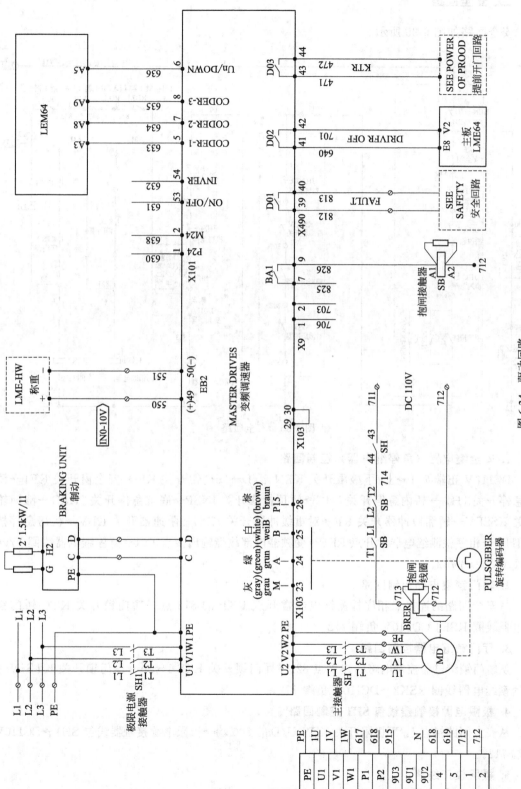

图 6-34 驱动回路

二、安全回路

安全回路如图 6-35 所示。

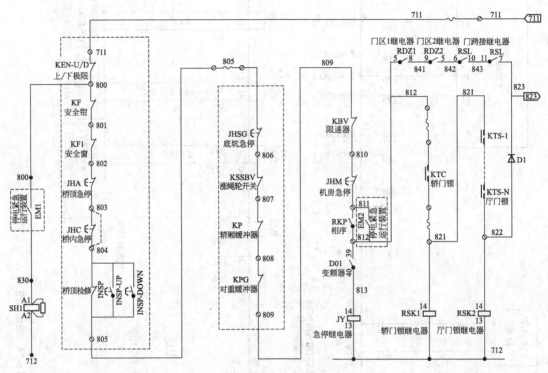

图 6-35 安全回路

1. 安全继电器（急停继电器）控制回路

DC110V 正端 711→上/下极限开关 KEN-U/D→安全钳开关 KF→-安全窗开关 KF1→轿顶急停开关 JHA→轿内急停开关 JHC→轿顶检修开关 INSP→底坑急停开关 JHSG→涨绳轮开关 KSSBV→轿厢缓冲器开关 KP→对重缓冲器开关 KPG→限速器开关 KBV→机房急停按钮 JHM→相序检测继电器常开点 RKP→变频器内部故障输出接点 D01→急停继电器线圈 JY→DC110V 负端 712。

2. 轿门锁继电器控制回路

从安全回路的连接点相序检测继电器常开点 RKP 的 812 点—轿门锁开关 KTC-轿门锁继电器线圈 RSKJ-CD110V 负端 712。

3. 厅门锁继电器控制回路

从轿门锁继电器控制电路的连接点 821→厅门锁开关 KTS-1→…→厅门锁开关 KTS-N→厅门锁继电器线圈 RSK2→DCI10V 负端 712。

4. 极限电源接触器线包 SH1 控制回路

从安全回路接点上/下极限开关 KEN-U/D 的 800 端→极限电源接触器线包 SH1→DC110V 负端 712。

5. 楼层校正线路

在轿门及厅门锁开关触点串接线路的两端并接有：门区 1 继电器常开点 RDZ1→门区 2 继电器常开点 RDZ2→门跨接继电器常开点 RSL→端子 823。

三、电源供给回路

电源供给回路如图 6-36 所示。

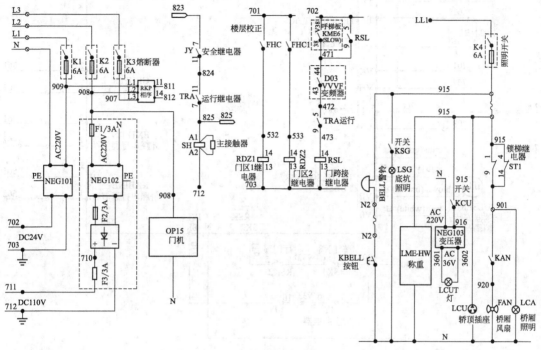

图 6-36 电源回路

① AC220V L1、N→空气开关 K1→整流器 NEG101→DC24V，供给继电器回路。

② AC220V L2、N→空气开关 K2→熔断器 F1/3A→整流器→NEG102→熔断器 F2/3A→DC110V 711 712 供给控制电路及安全电路。

③ AC220V L2、N→空气开关 K2→门机装置 OP15。

④ DC110V 接点 823→安全继电器常开点 JY→运行继电器常开点 TRA→主接触器线包 SH-DC110V 负端 712。

⑤ DC24V 701→楼层校正开关 FHC→门区 1 继电器线圈 RDZ1→DC24V 负端 703。

DC24V 701→楼层校正开关 FHC1→门驱 2 继电器线圈 RDZ2→DC24V 负端 703。

DC24V 702→开关 RSL→变频器预开门接点 D03→运行继电器 TRA→门跨接继电器线圈 RSL→DC24V 负端 703。

⑥ AC220V LL1→空气开关 K4→警铃 BELL→警铃按钮 KBELL-N。

AC220V LL1→空气开关 K4→称重装置 LME-HW-N。

AC220V LL1→空气开关 K4→安全照明开关。

KCU→安全照明变压器 NEG103 输出→AC36V→安全照明灯 LCUT-N。

AC220V LL1→空气开关 K4→锁梯继电器常闭点 ST1→风扇开关 KAN→轿厢风扇 FAN-N。

AC220V LL1→空气开关 K4→锁梯继电器常闭点 ST1→轿厢照明灯 LCA-N。

四、电梯微机控制系统面板

电梯微机控制系统面板 LME64-1 如图 6-37 所示。

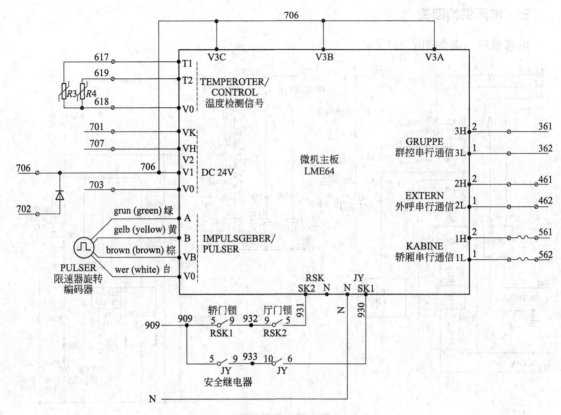

图 6-37 微机控制系统面板 LME64-1

电源 DC24V 由 V1 端输入，停电紧急电源 DC24V 由 VH 端输入，电动机温度检测信号热敏电阻 $R3$、$R4$ 由 T1、T2 端输入。限速器旋转编码器信号由 VB 端子输入，检测到轿厢运行速度超速时，控制安全钳开关及安全钳动作使电梯停止。

轿厅门锁继电器常开触点信号 RSK1、RSK2 由端子 SK2 输入，安全继电器常开点 JY 由端子 SK1 输入。

轿厢信号通过串行通信 1L、1H 输入；大厅外呼信号通过串行通信口 2L、2H 口输入；多台电梯群控信号通过串行通信口 3L、3H 输入。

五、电梯微机控制系统输入输出信号板

电梯微机控制系统输入输出信号板 LME64-2 如图 6-38 所示。

1. 输入信号

开门限位信号 OPENED，关门限位信号 CLOSED，门区信号 FHC，下端站信号 LHC，停电紧急运行信号 EVACUATION，门光幕信号 LIGHT BAR，锁梯信号 SHUT OFF，变频器运行信号 DRIVER IS OFF，机房检修信号 RE-LEVEL，机房检修上行按钮信号 RE-UP，机房检修下行按钮信号 RE-DOWN，轿顶检修信号 INSPECTION，轿顶检修上行按钮信号 INSP-UP，轿顶检修下行按钮信号 INSP-DOWN，消防信号 FIREMEN，上端站信号 UHC，主接触器检测信号 625，门锁检测信号 626，提前开门检测信号 627。

2. 输出控制信号

开门输出信号 OPEN，关门输出信号 CLOSE，上/下行信号 UP/DOWN，运行继电器

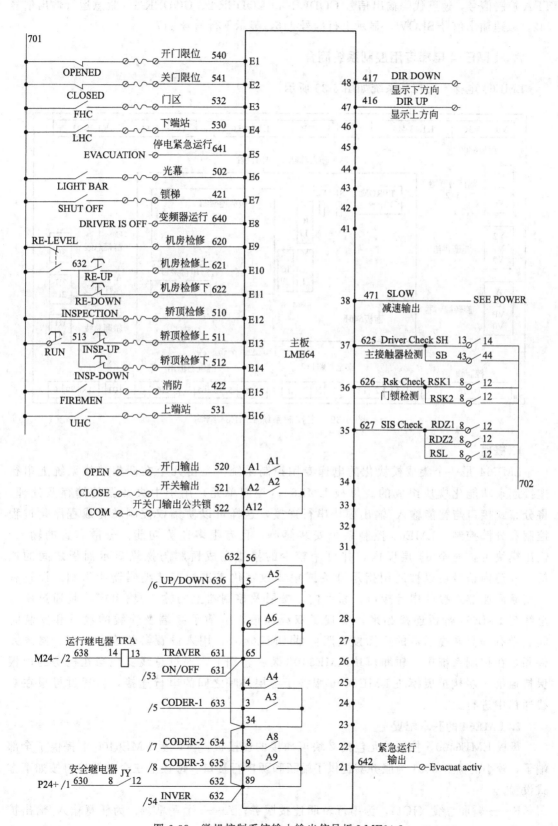

图 6-38　微机控制系统输入输出信号板 LME64-2

TRA 控制信号，速度代码输出信号 CODER-1、CODER-2、CODER-3，紧急运行输出信号 642，减速输出信号 SLOW，显示上行信号 416，显示下行信号 417。

六、LME64 电梯专用控制系统简介

LME64 电梯专用控制系统如图 6-39 所示。

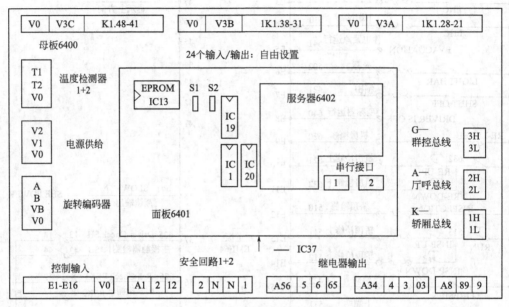

图 6-39　主控制系统 LME64 结构

1. 概述

LME64 是一个集成模块化的电梯专用控制系统，是由几个在两根总线系统上串行连接起来功能化模块组成的。母板 LME64（控制单元）用于中央数据的储存及处理。将分布式接口与智能输入/输出模块串行连接，这样可以使集权控制转化成程序化过程控制和分散控制。LME64 控制系统安装简单，且有很多监测功能。分散布置的输入/输出模块可扩充至 64 层以内，并可用较少的接线完成轿厢与操纵显示面板之间的通信。井道内信号可以被通用指示开关或集成数字化递进型旋转编码器所识别。设置有与变频调速器连接的串行接口。轿厢内、楼层及控制器上的输入/输出模块是通过串行总线与 LME64 母板连接起来，实现了双线通信，节约了终端及连线的数量和安装时间。带有键盘和显示器的可插接式服务器 LME6402，用来设置参数检查错误，修改元件固定在控制系统中。轿厢模块 LME6408 装在轿厢上，通过总线实现与在机房的母板保持通信。层楼扩展模块 LME6406 服务于各层外呼之间的串行连接，再通过母板在双线通信中进行。

2. LME64 的基本配置

母板 LME6400。控制单元包括 2 块可插接的连接板。在母板 LME6400 上提供了全部端子，较小的面板 6401 为服务器提供了端子和两串行接口。母板上三个总线接口按如下方式设置。

K——轿厢总线（JC1），为串行轿厢连接服务；A——厅呼总线，为任意输入/输出扩展服务；G——群控总线，为电梯编组服务。

如果使用数字井道信息，一个 DSE 控制器（IC37）要被插接在母板上。串行接口 1、串行接口 2——参数设置/串行调节器。开关 S1——看门狗（闭合），开关 S2——电可写只读存储器的编写操作；当设置参数时打开，服务器 6402，包括一个有显示器的电路板和五个操作按钮，实施参数设置和故障检测。

七、变频门机控制系统

变频门机控制系统如图 6-40 所示。

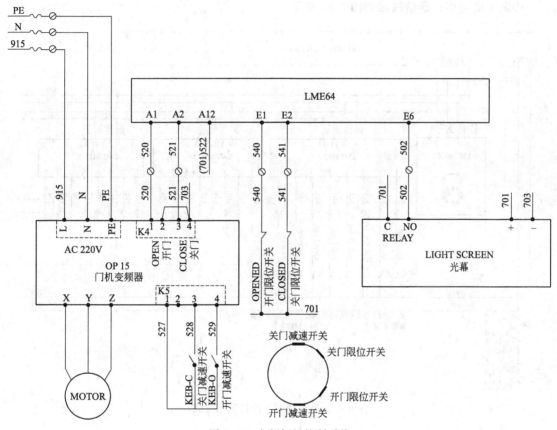

图 6-40　变频门机控制系统

1. 门机主回路

网路 AC220V 915、N→门机变频器输入端 L、N→门机变频器输出端 X、Y、Z→门机 MOTOR。

2. 开门、关门信号

开门信号由微机控制系统 LME64 的 A1 端→门机变频器开门运行信号输入端 K4 的 1 端 OPEN。

关门信号由微机控制系统 LME64 的 A2 端→门机变频器关门运行信号输入端 K4 的 3 端 CLOSE。

3. 减速及到位信号

关门过程开始速度轻快，到了减速接近开关 KEB-C 位置时，关门速度减慢，关门到位时接近开关 CLOSED 动作，输入微机控制系统 LME64 的 E2 端，微机发出关门停止信号。

开门过程开始速度也较快，到了减速接近开关 KEB-O 位置时，开门速度减慢，开门到位时接近开关 OPENED 动作，输入微机控制系统 LME64 的 El 端，微机发出开门停止信号。

4. 门安全触板及光幕信号

关门过程中，如遇到障碍物（乘客或物体）时，安全触板开关或光幕开关动作，使信号输入微机控制系统 LME64 的 E 端，微机控制关门停止并再开门，确认无障碍物时再关门。

八、操纵盘信号串行通信线路

操纵盘信号串行通信线路如图 6-41 所示。

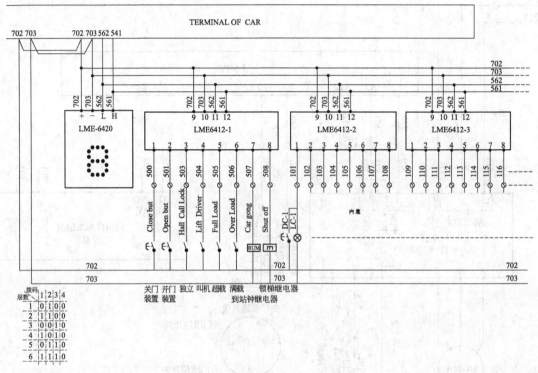

图 6-41　操纵盘信号串行通信线路

轿厢内的关门按钮信号、开门按钮信号、独立运行信号，司机状态信号、超载信号、满载信号、到站钟继电器控制信号、锁梯继电器控制信号通过模块 LME6412-1，经串行通信线 561、562、702、703 与主微机控制系统 LME64 相互交换信息。

上下行及楼层显示信号通过模块 LME6420，经串行通信线 561、562、702、703 与主微机控制系统 LME64 相互交换信息。

内选按钮触点 DC-N 及按钮灯 LC-N 信号通过模块 LME6412-2、LME6412-3、…，经串行通信线 561、562、702、703 与主微机控制系统 LME64 相互交换信息。

九、大厅外呼信号串行通信线路

大厅外呼信号串行通信线路如图 6-42 所示。

大厅每一层的上行按钮触点信号及灯信号，下行按钮触点及灯信号，每层的方向显示信号及楼层显示信号，通过各层楼的模块 LME6410-N，经串行通信线 417、416，462、461 与主微机控制系统 LME64 相互交换信息。

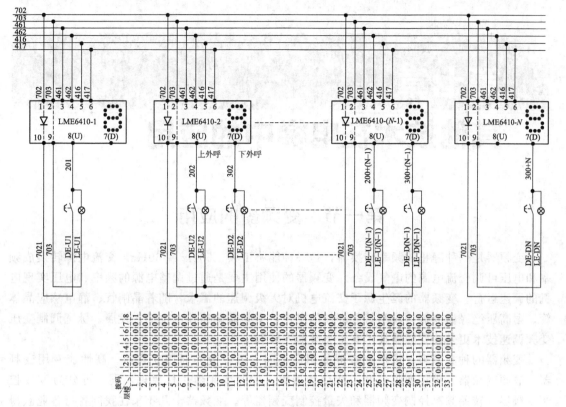

图 6-42 外呼信号串行通信线路

思考与练习题 ▶▶

1. 单微机控制的电梯中，有哪些信号需要输入给微机系统？
2. 微机控制电梯的软件中包括哪些功能？
3. 多微机 VVVF 控制电梯的安全检查包括哪些基本内容？
4. VVVF 电梯拖动主要有哪些组成部分？
5. 电梯串行通信接口中是如何区分轿厢指令、各层外召唤信号的？
6. 安全回路是如何接入微机控制系统的？

第七章

其他技术在电梯中的应用

第一节 变频器的应用

变频器是一种静止的频率转换器，是一种能将工频（50Hz或60Hz）交流电源转换成频率和电压可调交流电源的电气设备。变频器的使用主要是通过调整电源的频率和电压实现电机的调速运行。变频器的诞生源于交流电机对无级调速的需求，随着晶闸管、静电感应晶体管、耐高压绝缘栅双极型晶闸管等部件的出现，变频器调速技术也随之发展，脉宽调制变压变频调速技术更是让变频器技术有了突破新发展和应用。

变频器的种类繁多，按照变频器的用途不同，可以分为通用变频器、高性能专用变频器、高频变频器、单相变频器和三相变频器等；按照变频器工作原理不同，可分为V/f控制变频器、转差频率控制变频器和矢量控制变频器等。变频器十几年来在我国各行各业获得了广泛的应用。其良好的性能、显著的节能效果已在各行业得到充分体现，对我国机械产品的技术进步起到了变革和推动作用。在电梯行业同样有着不同寻常的应用价值，变频器的应用使电梯性能和节能方面有着前所未有的效果。

一、变频器的结构原理

所谓VVVF（Variable Voltage and Variable Frequency）电梯都是利用调频调压调速方式实现电梯运行速度控制的。

根据电机学理论，交流电动机的转速公式为：

$$n = \frac{120f}{p}(1-s) \text{ (r/min)} \tag{7-1}$$

因此，改变定子电源频率 f 也可达到调速目的，但 f 最大不能超过电机额定频率。电梯作为恒转矩负载，调速时为保持最大转矩不变，根据转矩公式 $M = C_m \phi I \cos\varphi$（式中，$C_m$ 为电机常数；I 为转子电流；ϕ 为电机气隙磁通；$\cos\varphi$ 为转子功率因数），必须保持 ϕ 恒定。又根据电压公式 $U = 4.44fWk\phi$（式中，U 为定子电压；f 为定子电压频率；W 为定子绕组匝数；k 为电机常数），必须保持 U/f 为常数，即变频器必须兼备两种功能，简称 VVVF 变频器，这就是 VVVF 型电梯的基本控制原理。

变频器主要由主电路、控制电路和保护电路组成，整体电路如图7-1所示。

1. 主电路

主电路由整流器、滤波器和逆变器组成。由三相桥式整流电路将工频 380V AC 三相交流电源（L1、L2、L3）整流成直流，经滤波器电路滤波得到稳恒的直流电源，再经逆变器逆变成频率和电压连续可调的交流电源供给电机（U、V、W）实现调速运行。

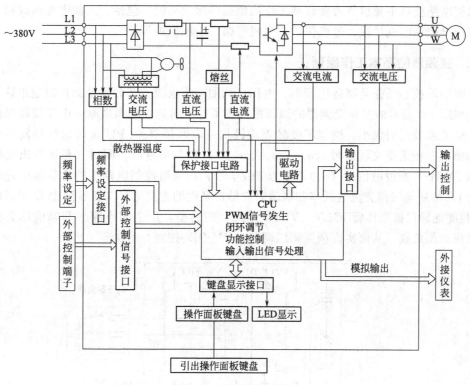

图 7-1　变频器的结构

2. 控制电路

控制电路是以 CPU 为核心的计算机控制系统。主要工作是通过操纵驱动电路来控制主电路的逆变器输出不同频率和电压的交流电源，以实现控制电机的转速的目的。同时，管理着键盘和显示器接口、外部控制信号接口、频率设定接口、通信接口、输出控制接口、模拟输出接口、保护电路接口等。和保护电路共同监控变频器各种工作状态，当出现故障时，对变频器及外围设备进行相应的保护。

① 键盘和显示器接口连接变频器的操作面板，用以对变频器的参数进行设置，兼具面板基本操作、运行信息显示、故障显示等。

② 外部控制信号接口连接着一组外部控制端子。当参数设置为外部端子操作时，这组端子的开关（通断）或者高、低电平就可以操纵变频器输出电机的启动、停止、正转、反转工作。

③ 频率设定接口连接外部频率设定端子。当参数设置的频率来源为外部端子时，外部频率设定端子以模拟量（如：4～20mA DC、1～5V DC）形式控制变频器输出电源的频率，达到电机调速目的。

④ 通信接口可以连接上位控制计算机。当参数设置的操作为通信模式，或者频率来源为通信模式时，上位机就可以远程控制变频器的运行和输出频率，实现计算机控制系统和变频器的结合。

⑤ 输出控制接口用以输出变频器必要的动作输出信号。例如：通知控制主机变频器故障、正常启动、加速、减速等。

⑥ 模拟输出接口主要应用于外接仪表，显示变频器运行的频率等信息。

3. 保护电路

保护电路接口主要担负着变频器工作的监控和保护功能。包括：工频电源的缺相、电压保护；输出侧的电机过载、过流保护、电机短路、电压保护等。

二、变频器的基本工作原理

变频器的核心任务是制造出频率、电压可调的交流电源。变频器是如何制造出这样的电源的？如图 7-2 所示的三相变频器的原理图回答了这个问题。频率来源（由变频器操纵方式决定）信号或数据的大小，决定了变频器应输出的电源频率。CPU 接收信号后发出相应的频率和幅值三相正弦交流信号（u_{sU}、u_{sV}、u_{sW}），称为信号波。同时，系统发出高频（最高可达 10kHz）锯齿波信号（u_t），称为载波信号。在调制控制电路中的比较器中进行比较（图 7-3），得到与三相交流电频率和幅值对应脉冲宽度的方波信号（参看图中 U 相对应的方波），控制绝缘门极晶体管 IGBT（VD1～VD6）的通断，产生相应频率和幅值的交流电源供给交流三相负载。从而实现调频调压调速（VVVF）控制。

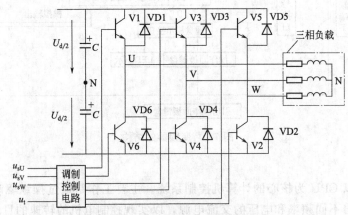

图 7-2　变频器的工作原理

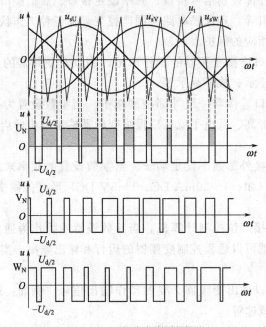

图 7-3　三相变频控制波形

绝缘门极晶体管 IGBT（Insulated Gate Bipolar Transistor）也称绝缘栅极双极型晶体管，是一种新发展起来的复合型电力电子器件。由于它结合了 MOSFET 和 GTR 的特点，既具有输入阻抗高、速度快、热稳定性好、驱动电路简单的优点，又具有输入通态电压低、耐压高和承受电流大的优点。在变频器驱动电机，中频和开关电源以及要求快速、低损耗的领域，IGBT 有着主导地位。

三、变频器的操控方式

要完成变频器的各种动作的操控，必须通过参数设置确定变频器运行命令的来源、频率来源和控制模式。

1. 变频器的操作方式

变频器运行命令的来源即变频器的操作方式，是指变频器启动、停止、加速、减速、正转、反转的命令来源。包括：

① 直接面板操作；

② 外部控制端子操作；

③ 通信操作。

2. 频率信号的来源

频率信号的来源是指变频器输出电源的频率由什么信号确定的。具体方式包括：

① 面板直接设置；

② 外部频率设定端子的模拟信号确定；

③ 内部参数设置的多段速频率；

④ 上位控制计算机通信设置。

3. 常用控制模式

① V/f 控制。

② 转差频率控制，即带速度反馈的 V/f 控制。

③ 矢量控制。

④ 带速度反馈的矢量控制。

四、变频器的参数设置

变频器在使用前要进行必要的参数设置，包括基本参数、二级参数。

1. 基本参数

基本参数分两类：一类是不受工作模式限制，任何工作模式下都需要设置的参数。包括：语言种类、参数访问级别、国家或地区的工频电源的电压和频率、电机参数最低输出频率、最高输出频率等，如图 7-4 所示。以西门子变频器对电机参数的设置方式为例如，图 7-5 所示。另一类是与操作和控制方式有关的基本参数。包括：运行控制模式的选择、工作模式选择、速度控制（频率设定来源）选择等。

2. 二级参数

二级参数是与变频器具体操作、控模、频率来源相关的应用参数。

① 当选择外部控制端子时，就需要定义外部具体端子的含义，如启动、正转、反转、多段速等。

② 当选择运行操作模式或频率来源为通信方式时，既需要设置通信相关的参数，如通信端口、传输速率、通信模式等。

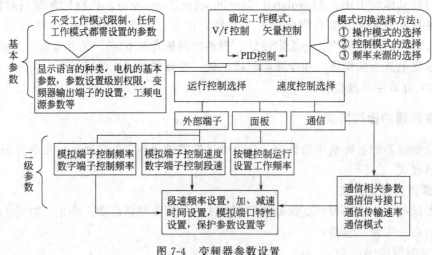

图 7-4 变频器参数设置

图 7-5 电机基本参数的设置

③ 频率来源是在多段速模式下，由派生出各段速的频率设置，如加速时间、减速时间、加速圆角、减速圆角设置。各段速的频率设置中，一般可以设置几个不同频率，决定电机几种不同速度，如图 7-6 所示的电梯运行的多层高速、单层速度、检修速度、慢速爬行速度频率。加速时间是指从最低频率加到最高频率所用的时间；减速时间是指从最高频率减到最低频率所用的时间；加加速、加速圆角、减速圆角是指从匀速到加速、加速到匀速的过渡时间，以达到调整电梯舒适度的目的。

④ 在设置频率来源为外部信号时，就需要设置外部信号的类型、信号范围等。如电流、电压、4～20mA、1～5V 等；频率来源是通信模式时，需要设置通信的数值范围。

⑤ 设置运行模式，如 V/f 控制、矢量控制、PID 控制选择、PG 卡选择和设置、制动方式选择和设置等。

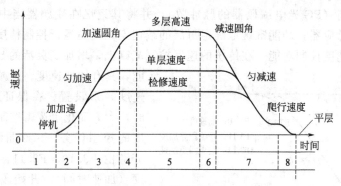

图 7-6 电梯速度曲线

五、变频器在电梯中的应用实例

华为 TD3100-4T0150E 电梯专用变频器是一种典型的为电梯专用而设计的变频器。变频器额定容量为 21kV·A，额定电压为 380V，三相交流供电，额定输出电流 32A，适配电机 15kW。该变频器综合了国内外多种电梯专用变频器的特点，采用双 DSP＋MCU 结构和先进的模块化设计，最高速为 4.0m/s，最高楼层为 50 层。图 7-7 为该变频器用于电梯拖动的典型结构。

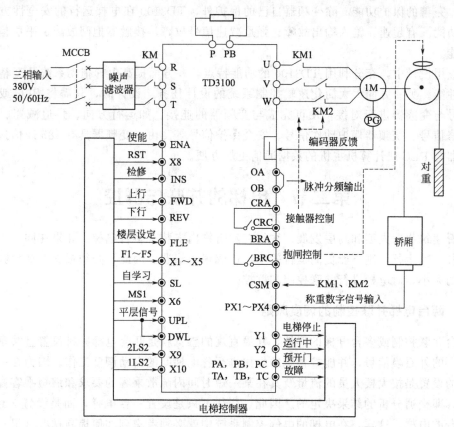

图 7-7 变频器用于电梯拖动的典型结构

TD3100 为电梯专门开发了理想的控制方式。

（1）精确的距离控制 可运用其智能井道自学习功能，通过运行井道自学习程序，准确地测出每层的层高（PG 光电编码器的脉冲数），并将其记忆在变频器当中。这样虽然不在井道中设置减速感应器，却能准确地确定每层的减速点，提高运行控制精度。

（2）优化的速度控制功能　在传统的速度控制基础上，增加了灵活的 S 曲线设定计算功

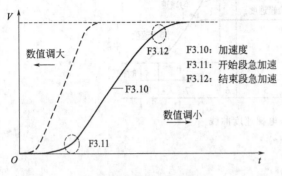

图 7-8　加速为 S 形曲线

能，具有加加速度、减减速度设置及加减速度 S 形设置。在保证电梯舒适感的同时，大大简化了逻辑控制系统中对电梯速度的控制任务。S 形曲线如图 7-8 所示，分别由 F3.10、F3.11、F3.12 设置加速度（加速时间）、开始段急加速（加加速度）和结束段急加速（减减速度）。

（3）强迫减速控制　为防止轿厢冲顶和蹲底，当上、下强迫减速开关动作时，如果检测到电梯的实际速度大于设定的强迫减速值，表明电梯未正常减速，变频器会立即按强迫减速曲线减速至爬行速度，停车。

（4）特殊运行方式控制　设有专门用于电梯检修的运行方式，一旦检修输入有效，立刻将速度设定在检修速度（低速）；设有停电应急运行方式，当停电时，变频器会依靠蓄电池供电，自动控制电梯在就近层停靠、放人。

（5）完善的保护功能　除变频器自己的保护外，TD3100 在电梯运行的安全性方面设置了保护功能。有超速、输入输出故障、强迫减速信号故障、接触器抱闸故障、平层信号错等保护功能。

在应用设计中，充分利用 TD3100 的功能特点，一方面提高电梯拖动系统乃至整个控制系统的性能。另一方面大大简化逻辑控制系统的设计任务。设计时，只需将 PLC 或微机的有关信号与变频器进行对接，便可完成与变频器的连接。如运行方向、强迫减速、平层信号、检修信号、变频器保护动作信号、安全保护信号等。由于变频器具有 485 通信接口，使得变频器与 PLC 或计算机主机的数据通信更加方便。

第二节　电梯的并联与群控

随着建筑物向大型和高层发展，往往在建筑物内安装有多台电梯。如果在同一层站的数台电梯各单独运行，则不能提高运行效率，造成很大浪费。因此，必须根据电梯台数和高峰客流量的大小，对电梯进行并联控制和群控。

一、两台电梯并联控制的调度原则

两台并联控制或多台电梯的群控，其最直观的感觉就是几合电梯并排设置且共享各个层楼的统一的外召唤信号，并能按预定的规律进行各电梯间的自动调度工作。因为在一个大楼内电梯的设置是按大楼人员的流量及其在某一短时间内疏散乘客的要求和缩短乘客候梯时间等因素，即交通分析的结果决定的。因此，往往不只是设置一台电梯，而是设置 2 台、3 台或更多台的电梯。这样，在电梯的电气控制系统中就必须考虑到如何提高梯群（组）的运行效率。例如某一大楼内并排设置了两台电梯均独自运行（包括应答厅外召唤信号），当某一层有乘客需向下到底层（或基站），各按下两台电梯在这一层的两个召唤按钮箱中的向下召唤按钮，则很有可能是两台电梯同时应答而到达该层站。此时可能其中一台先行把客人接

走，而另外一台梯后到，已无乘客，使该电梯空运行了一次。又如，有两个邻层的向上召唤信号，本来可由其中一台梯顺向应答截车停靠即可，但如果两台梯均有向上召唤信号，则其中一台梯也会因召唤信号而停车。所以，当并排设置 2 台电梯以上时，在电梯控制系统中必须考虑电梯的合理调配问题。

并联控制就是按预先设定的调配原则，自动调配某台电梯去应答某层的召唤信号。这里以两台电梯并联控制为例，说明其调配原则。

① 正常情况下，一台电梯在底层（基站）待命，另一台停留在最后停靠的层站，该梯称"自由梯"（或称"忙梯"）；当某层站有召唤信号时，则"忙梯"立即定向运行去接该层站的乘客。

② 当两台电梯因轿内指令而到达基站后关门待命时，则应执行"先到先行"的原则。例如 A 梯先到基站而 B 梯后到，则经一定延时后，A 梯立即启动运行至预先指定的中间层站待命，成为"自由梯"，而 B 梯成为基站梯。

③ 当 A 梯正在上行时，如其上方出现任何方向的召唤信号或是其下方出现向下的召唤信号，则均由 A 梯的一周行程中去完成，而 B 梯留在基站不予应答；但如在 A 梯的下方出现向上召唤信号，则在基站的 B 梯应答信号而发车上行接客，此时 B 梯也成为"忙梯"。

④ 如当 A 梯正在向下运行，其上方出现任何向上或向下的召唤信号，则在基站的 B 梯应答信号而发车上行接客。但如 A 梯下方出现任何方向召唤信号，则 B 梯不予应答而由 A 梯去完成。

⑤ 如当 A 梯正在运行，其他各层站的厅外召唤信号又很多。但在基站的 B 梯又不具备发车条件，并且在 30～60s 后召唤信号仍存在，则通过延误发车时间继电器而令 B 梯发车运行。同样原理，如本应 A 梯应答的厅外召唤信号，但由于电梯门锁等故障不能运行时，则也经 30～60s 的延迟时间后而令 B 梯（"基站梯"）发车运行。

二、多台电梯的群控工作状态

一幢高级大型饭店、宾馆或办公楼内，根据客流量大小、层楼及其层站数等因素往往设置多台电梯。为了提高电梯的运行效率和充分满足楼内客流的需要，以及尽可能地缩短乘客的候梯时间，建筑师们尽力把所有电梯集中布置在一起，以便把多台梯组合成电梯群，并加以自动控制和自动调度，所以机群自动程序控制系统常简称为"群控"。群控系统能提供各种工作程序或随机程序（或称"无程序"），用来满足如高级大型宾馆大楼内那样客流剧烈变化的典型客流状态。

电梯群控系统有四程序（即四个工作程序）、六程序（即六个工作程序）和"无程序"（即随机程序）的工作状态。过去通过"硬件逻辑"的方式进行控制，群控有四程序和六程序两种；而现在微机控制的电梯则是通过微机系统，也即"软件逻辑"的方式进行控制，因此可以说是"无程序"（即随机程序）。例如瑞士迅达电梯公司的 MICONIC-V 系统、美国奥的斯公司的 ELEVONIC-401、日本三菱电机公司的 OS2100C 系统等。但是，无论用"硬件逻辑"的方式还是用"软件逻辑"的方式，"群控"的调度原则应该是类同的。现就六程序的控制程序及其调度原则做一介绍。

（一）六个工作程序控制状态及其转换

1. 六个工作程序

自动程序控制系统可根据客流量的实际情况加以判断，提供相应于下列六种客流状态的工作程序。

    ① 上行客流顶峰状态（JST）。

    ② 客流平衡状态（JPH）。

    ③ 上行客流量大的状态（JSD）。

    ④ 下行客流量大的状态（JXD）。

    ⑤ 下行客流量顶峰状态（JXT）。

    ⑥ 空闲时间的客流状态（JKK）。

JPH、JSD、JXD 状态也可统称为客流非顶峰状态（JFT）。

2. 六个工作程序的转换方法

群控系统中工作程序的转换可以由自动或人为进行，只要将安装于底层大厅的群控系统综合指示屏上的转换开关（KCT）转向"自动选择"位置，则系统中的电梯在运行时按照当时实际存在的客流情况，自动地选择最适合的工作程序，对乘客提供迅速而有规律的服务。如将程序转换开关（KCT）转向六个程序中的某一程序，则系统将按这个工作程序连续运行，直至程序转换开关转向另一程序为止。

3. 六个工作程序的工作状况及其转换条件

（1）上行顶峰工作程序（JST） 上行顶峰的客流交通特征是：从底层基站向上去的乘客特别拥挤，通过电梯将乘客运送至大楼内各层站，这时各层站之间的客流较小，并且向下外出乘客也较少，各台电梯轿厢在底层端站（基站）顺着到达先后顺序，被选为"先行梯"。这一"先行梯"厅门上方和轿内操纵箱上的"此机先行"灯点亮并发出闪烁灯光信号和断续的钟响，直至发车上行后，信号灯熄，钟声停止。该程序的转换条件是：当电梯轿厢从底层端站（基站）向上行驶时，如连续 2 台梯满载（超过额定载重量的 80%）时，则上行客流顶峰状态被自动选择。如从底层端站（基站）向上行驶的轿厢负载连续降低至小于额定载重量 60% 时，则相应的时间内，上行客流顶峰工作程序被解除。

（2）客流平衡工作程序（JPH） 客流平衡的客流交通特征是客流强度为中等或较繁忙程度，一定数量的客流从底层端站（基站）到大楼内各层；另一部分乘客从大楼中各层站到底层端站外出，同时还有相当数量的乘客在楼层之间上、下往返，上、下往返客流几乎相等。该程序的转换条件是：当上行或下行客流顶峰工作程序被解除后，如有召唤连续存在，则系统转入客流非顶峰状态。在客流非顶峰状态下，如电梯向上行驶的时间与向下行驶的时间几乎相同，而且轿厢负荷也相近，则客流平衡程度被自动选择。如若出现持续的不能满足向上行驶的时间与向下行驶的时间几乎相同的条件，则在相应的时间内客流平衡程序被自动解除。

（3）上行客流量大的工作程序（JSD） 上行客流量大的客流交通特征是：客流强度是中等或较繁忙程度，但其大部分是向上客流。基本运转方式与客流平衡程序的情况完全相同，也是在客流非顶峰状态下，轿厢在顶层、底层端站之间往复行驶，并对指令及召唤信号按顺方向予以停靠。因为向上交通比较繁忙，所以向上运行时间较向下时要长些。该程序转换条件是：在客流非顶峰状态下，如电梯向上行驶的时间较向下行驶时间长，则在相应的时间以上行客流量大的程序被自动选择。若上行轿厢内的载荷超过额定载重量的 60% 时，则该程序应在较短时间内被自动选择。如在该程序中出现持续的不能满足向上行驶时间较向下行驶时间长的条件时，则在相应的时间内，上行客流量大的程序被解除。

（4）下行客流量大的工作程序（JXD） 下行客流量大的客流交通特征及其转换条件正

好与上行客流量大的工作程序相反，只不过将前述的向上行驶换成向下行驶，但该程序也属客流非顶峰范畴内。

（5）下行客流顶峰工作程序（JXT） 下行客流顶峰的客流交通特征是客流强度很大，由各层站向底层端站的乘客很多，而层站间相互往来以及向上的乘客很少。在该工序中，常出现向下的轿厢在高区楼层已经满载的情况，较低楼层区域的乘客等待电梯的时间增加。为了有效地消除这种现象，系统将机群投入"分区运行"状态，即把大楼分为高楼层区域和低楼层区域两个区域，同时也将电梯平分为两组；每组各有两台电梯（例如 A、C 梯为高区梯；B、D 梯为低区梯）分别运行于所属的区域内。高区电梯优先应答高区内各层的向下召唤信号，同时也接受轿厢内的指令信号。高区电梯从底层端站向上行驶后，顺向应答所有的上召唤信号。低区电梯主要应答低区各层站的向下召唤信号，不应答所有的向上召唤信号。但也允许在指令的作用下使电梯驶向低楼层。低层区梯从底层端站向上行驶后，如无高区的轿内指令存在，则在出升到低区的最高层后即反向向下行驶。如有高区的轿厢指令存在，则在高区最高轿厢指令返回的作用下，反向向下行驶。无论高区梯、低区梯，当轿厢到达底层端站时，立即向上行驶；当低区梯到达底层端站时，"此机先行"信号灯熄灭不亮。该程序的转换条件是：当出现轿厢连续两台满载（超过额定载重的 80%）下行到达底层端站，或层站间出现规定数值以上的向下召唤时，下行客流顶峰被自动选择。如下行轿厢的负载连续降低至小于额定载重量的 60% 时，则经过一定的时间，而且这时各层站的向下召唤信号数在规定数值以下，则下行客流顶峰程序被解除。但在下行客流顶峰程序中，当满载轿厢下行时，低楼层区内的向下召唤数达到规定数值以上时，则分区运行起作用，系统将机群中的电梯分两组，每组分别运行在高区和低区楼层区内。在分区运行情况下，如低楼层区内的向下召唤信号数降低到规定值以下，则分区运行被解除。

（6）空闲时间客流工作程序（JKK） 空闲时间的客流交通特征是客流量极少，而且是间歇性的（例如假日、深夜、黎明）。轿厢在底层端站按"先到先行"的原则被选为"先行"。该程序的转换条件是：当电梯群控系统工作在上行客流顶峰以外的各个程序中，如 90～120s 内没有出现召唤信号，而且这时轿厢内的载重小于额定载重量的 40% 时，则空闲时间客流工作程序被自动选择。在空闲时间客流程序中，如在 90s 的时间连续存在一个召唤信号，或在一个较短时间（约 45s）内存在两个召唤信号，或在更短的时间（约 30s）内存在三个召唤信号，则空闲时间客流程序被解除。当出现上行客流顶峰状态时，空闲时间客流程序立即被解除。

上述六个工作程序的自动转换是通过系统中的交通分析器件中的召唤信号计算器、台秒计算器、自动调整计时器、任选对象与元件等实现的。因此在电梯的群控系统中，交通分析器件的优劣及其准确性、可靠性等是至关重要的。

（二）群控系统的调度原则

当今电梯群按系统的调度原则可以分为"硬件逻辑"和"软件逻辑"两大类。固定模式的"硬件"系统，即前面讲述的六种客流程序状况的在两端站按时间间隔发车的调度系统和分区的按需要发车调度系统。这种"硬件"模式的调度系统在近几年的电梯产品中已逐渐淘汰，几乎已绝迹，仅在 20 世纪 60～70 年代的电梯产品中才应用这一调度系统。

在 20 世纪 70 年代后期至今，在高级电梯产品中均已用各类微处理器构成"无程序"的按需发车的自动调度系统。例如美国奥的斯电梯公司的 ELEVONIC301、401 系统，瑞士迅达电梯公司的 MICONIC-V 系统，均属此类。其中尤以瑞士迅达电梯公司的 MICONIC-V 系统的"成本报价"("人·s 综合成本")的调度原则最为先进。该系统不仅考虑了时间因素，还考虑了电梯系统的能量消耗最低及运行效率最大等因素。因此，该系统较其他系统可提高运行效率 20%，节能 15%～20%，缩短平均候梯时间 20%～30%。

综上所述，当今使用微机控制的多台电梯群控控制系统有美国奥的斯电梯公司的 ELEVONIC 系统、瑞士迅达电梯公司的 MICONIC-V 系统、三菱电梯的 OS2100C 系统、日立电梯的 CIP3800 系统和芬兰通力电梯公司的 MAKEⅠ系统等。

三、日立电梯的 CIP 系统

CIP 为英文 Computeried Traffic Information Processing 的缩写，意为微机交通信息处理。系统框图如图 7-9 所示，由两组微机构成，组成双 CPU 热备。当一组微机进行梯群监控调度时，另一组微机，一方面对梯群进行监视，另一方面对工作微机进行监视。当监视微机发现工作微机有故障时，就会进行自动切换，停止故障微机的工作，立即投入调度工作。因此，即使系统发生故障，也不会将乘客困在电梯内，保证了乘客及机件的安全。系统与每台电梯之间采用串行通信。

CIP 系统的灵活性保证了电梯群的高效率运行。系统的逻辑程序控制，能根据客流量及大楼使用性质的改变而进行自动修正。电子技术的发展及应用，使系统趋向小型化，其体积及重量减少 30%，电能节省 7%～10%。

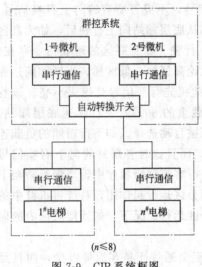

图 7-9　CIP 系统框图

图 7-10 为 CIP 各系统的功能特点示意图。CIP 系统能缩短及均分等候时间，减少空行，消除长时间答候，提高运输能力。通过各项预报指示设施，消除乘客的焦躁感，且具有节能效果。

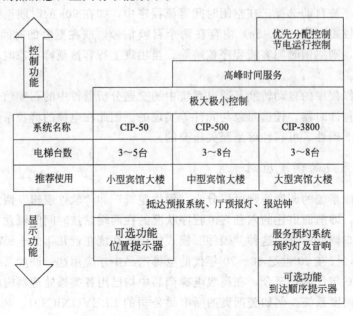

图 7-10　CIP 各系统的功能特点示意图

（一）群控电梯的控制方式

1. 基本方式

（1）单台集选控制　如果只运行一台电梯时，其基本方式为集选控制。这是一种全自动操作方式，与电梯运行同一方向的轿内指令和厅外召唤，电梯依次逐一应答，同向召唤及指令全部应答后，电梯自动换向，应答相反方向的召唤。无任何召唤时，轿厢停在上一次服务完毕的楼层。

（2）并联集选控制　两台并列电梯的全自动操作方式。当有召唤时，能较快提供服务的电梯前往应答，无任何召唤时，一台电梯停在基站，另一台电梯停在最后服务完的楼层。

（3）群监控系统　供三台以上电梯用的群控操作方式。采用"极大极小"控制方式进行电梯机群管理，微机估算候梯时间，并将其均分，缩短候梯时间。

2. 极大极小控制

在"极大极小"控制中，微机首先估算每个候梯厅召唤自召唤登记后电梯前往应召所需的时间，以及电梯抵达所需的时间。

当有新召唤时，虽然某台电梯能最快响应新召唤，但系统并不首先考虑将这个新召唤分配给最快响应的电梯，而是考虑已分配的厅召唤受新召唤影响的待梯时间，将每台电梯应召唤信号的最大待梯时间作比较之后，在不超最大待梯时间的基础上，将新召唤分配给预测到达时间最小的电梯，如图 7-11 所示。

微机对每一个厅召唤都要计算预测到达时间，到达时间由以下因素决定：召唤与轿厢的相对距离，厅召唤的数量及轿内指令的数量，乘客人数及电梯速度，可能产生的新的轿内指令及拥挤程度。这种预测综合了多种因素，准确性较高，为召唤分配提供基础依据。

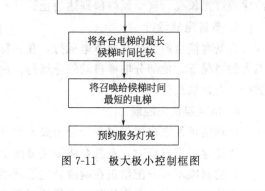

图 7-11　极大极小控制框图

3. 优先分配控制

当某一层发生一个新召唤，而这个召唤刚好与梯群中一台电梯的轿内指令同层时，这个召唤优先分配给该电梯，但最终分配由下列原则决定。

① 如果该梯响应新召唤的预测时间在规定时间范围内，则将召唤分配给该梯。如图 7-12 所示，如电梯 A 有 6 楼轿内指令，当 6 楼厅外发生一个召唤时，优先考虑 A 梯应招，因此计算 A 梯的到达时间，经计算 A 梯的到达时间在规定时间范围内，决定该召唤分配给 A 梯。

② 如果该梯响应新召唤的预测时间超过规定值时，新召唤交由"极大极小"原则分配。如图 7-13 所示，如电梯 A 有 6 楼轿内指令，这时 6 楼厅发生一个新召唤，优先考虑 A 梯应召，经计算，A 梯响应时间超过规定值，交由"极大极小"原则分配。分配结果，6 楼召唤分配给 B 梯。

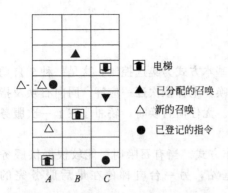

图 7-12 新召唤分配给有同层指令电梯

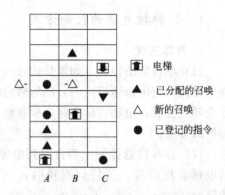

图 7-13 新召唤由"极大极小"原则分配

决定是否分配的规定时间，可根据大楼的情况简单地改变。图 7-14 为优先分配流程。

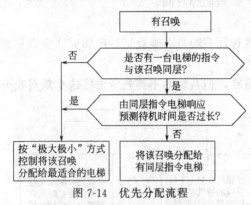

图 7-14 优先分配流程

4. 电梯抵达预报

只要按下厅召唤按钮，候梯厅立即发出灯光及音响信号，提示电梯即将到达，在电梯到达前 4～5s，预约梯的灯再次闪动，同时预报音响再次发出信号，指示预约梯马上就到，使乘客不会产生焦躁感。

在预约梯的灯亮过之后，在非预约梯的轿厢内可能会有人按该层指令，这样，非预约梯可能会比预约梯先到。在这种情况下，非预约梯的灯光会闪动，表示非预约梯将到。同时预约梯的灯光长亮，直至预约梯到达为止。

5. 节省电能运行

根据客流量的变化实行节电运行，在保持一定服务水准的条件下，夜间及假日等客流量不大的情况下，使部分电梯自动停止运行；白天客流量增大时，自动启动电梯，以使梯群的运行节奏达到最佳。

6. 特定层优先控制

此功能可使电梯优先服务于公司要人或其他重要人物，以保证其安全。

当特定层有召唤时，系统会将召唤分配给最短时间到达的电梯，提供优先服务。

新的召唤不再分配给正在响应特定层召唤的电梯，以便该梯能最快到达特定层。

本功能的特点是：它使某一电梯暂时脱离电梯群而为特定层提供优先服务，但系统不必作预先处理，无特定层召唤时，电梯返回群控调度。

图 7-15 为特定层优先控制流程图。当有新召唤发生时，首先判断是否为特定层召唤，如果是，就按特定层优先服务控制，否则新召唤以"极大极小"原则分配；如果所分配的电梯恰好正在执行特定层服务，则新召唤会分配给"极大极小"原则的次佳电梯。

图 7-16 中，第 6 层为特定层，其召唤分配给最快响应的 B 梯。

在图 7-17 中，按"极大极小"原则，5 楼召唤应分配给 B 梯，但 B 梯正在执行 6 楼的特定层服务，因而将 5 楼召唤分配给"极大极小"原则的次佳电梯（A 梯）。

7. 特定层集中控制

本功能用于解决特定层的拥挤问题。在有餐厅、食堂、会议室的楼层，当乘客特别拥挤

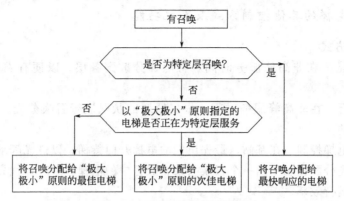

图 7-15　特定层优先控制流程

时，一台电梯恐怕难以应付需求，会发生电梯客满或大量乘客候梯现象。本控制方式可分配多台电梯为特定层的候梯厅召唤提供服务，防止拥挤。

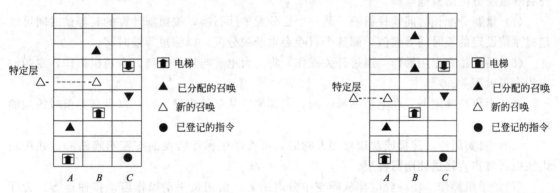

图 7-16　特定层召唤分配给最快响应的电梯　　　　图 7-17　新召唤不分配给特定层服务的电梯

　　图 7-18 为特定层集中控制流程图。当有厅外召唤时，检查应召电梯的人数或是否满载，然后再检查已受令前往的电梯是否足够，如果不够，再增加前往该层的电梯数。

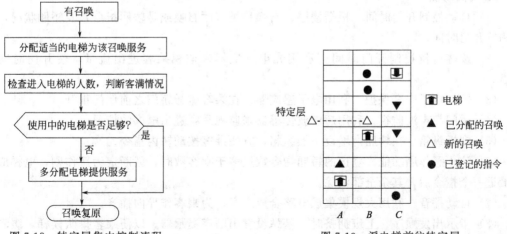

图 7-18　特定层集中控制流程　　　　　　　　　图 7-19　派电梯前往特定层

　　图 7-19 为三台电梯群控的例子。特定层有召唤，由 B 梯提供服务，若根据第 6 层的乘客人数及 B 梯的容量断定难以满足要求，就多派 A 梯前往服务。

（二）群控电梯的其他控制方式及人机功能

1. 其他控制方式

（1）分散功能　在非高峰服务时间，将电梯分散到各层，以便有召唤时能缩短待梯时间。

（2）节电运行　在非高峰服务时间，根据轿厢的状况进行召唤分配，避免启动过多电梯，以达节电目的。

（3）先出发电梯控制　在基站，最先出发的电梯开门待梯，以灯光闪动，引导乘客。

（4）区域优先分配控制　当一个召唤与某台服务中的电梯邻近时，优先考虑将召唤分配给该梯，以提高运行效率。

（5）客满预测控制　根据轿厢内的人数，以及分配到的召唤数，预测轿厢是否将会客满，从而限制新召唤分配给该梯。

（6）轿厢客满控制　轿厢客满时，停止将新的召唤分配给该梯，并将已分配的一部分厅外召唤重新分配给其他电梯。

（7）重新分配长时间候梯召唤　某一个已分配的厅召唤，按照新计算的其等候时间可能超过系统设定的长时间等候值，则这个召唤会重新被分配，以缩短等候时间。

（8）轿厢指令专用操作　通过开关操作，将一台电梯与梯群分离，由司机操作，专为轿内指令提供服务。

（9）上班高峰服务　在上班高峰时间，电梯集中从基站出发上行，以提高拥挤时的运输能力。

（10）贵宾服务　迎接或欢送重要人物时，可按动候梯厅特设的按钮召唤轿厢，并按轿内按钮将贵宾直接送往所需楼层。

（11）司机操作　使一台电梯从群控中分离出来，由司机手动操作启动按钮运行，为厅召唤与轿内指令提供服务。

（12）区间快速运行　在上班拥挤时间，将电梯群分成高层电梯群及低层电梯群，分别进行区间快速运行，以提高运送效率。

2. 人机功能

（1）自动控制开门时间　根据楼层、召唤种类（厅召唤或是轿厢指令）及轿厢状况，自动调节开门时间。

（2）按客流量控制开门时间　利用光电感应器来监视乘客进出流量，使开门时间最适当。

（3）轿门电子安全保护　利用电子感应器，在乘客碰触轿门之前使门重开。

（4）轿门超声波监视　利用超声波传感器来监视乘客进出电梯的情况。

（5）副操纵箱　在轿厢内增设一操纵箱，方便乘客按动轿内指令。

（6）防止恶作剧功能　登记的轿厢指令数过多于乘客数时，就断定为恶作剧，电梯应答完最近一个指令后，其余全部消除。

（7）自动播音　利用大规模集成电路合成声音，为乘客作导向播音。

（8）指示出发顺序　上班拥挤时，基站设发出顺序提示器，以便乘客排队候梯，缓和拥挤状况。

（9）预约轿厢提示　当一个召唤分配给某台电梯时，预约关系成立，这台电梯立即通过显示器提示自己的位置，以便待梯乘客了解。

3. 管理功能

群控电梯可设监视屏，供值班人员使用，监视屏上有各台电梯轿厢位置、运行方向指示，并设置各种操纵开关，如消防开关、地震开关、泊梯开关等。还可与轿内乘客直接通话，特殊配置情况下，还可以将电梯的运行状态数据打印出来。

第三节　电梯远程监控系统和紧急援救系统

随着经济的发展和城市规模的不断扩大，宾馆、酒店、写字楼等高层住宅不断增加，电梯的安装和使用数量也越来越大。电梯的使用在给人们出入高层建筑带来便利的同时，由于电梯故障所造成的人员伤亡和经济损失也越来越大。因此，如何对电梯的安全运行实施有效的监控，及时排除各种电梯故障隐患，已成为各级劳动安全监察部门急需解决的重要课题。

近年来，各地针对电梯作业中经常发生的伤亡事故的原因及特点，采取了各种措施来保证电梯的安全运行。例如，建立健全各种规章制度，加强电梯的安全操作、维修保养及安装使用资格认证等，这些措施取得了一定成效，但电梯安全运行中仍然存在着一系列问题急需解决。

① 电梯运行中突然断电和其他原因造成电梯梯门打不开，人被关在轿厢中，与外界的通信联系不上，给关在电梯内的人造成极大的身心伤害。

② 由于现在的电梯有 70% 左右是无人值守，即使有人值守的电梯大部分也不是全天候在位。当由于电梯机械及电气故障等造成电梯蹾底、电梯不能自动平层、电梯轿厢门夹人等事故时，不能及时报警并得到救助。

随着城市规模不断扩大，电梯数量日益增多，电梯安全检测部门应及时掌握全市各类电梯的运行状态，从而及时有效地预防各类电梯事故的发生。基于以上问题，必须运用计算机控制技术和网络通信技术，建立电梯运行监控与援救系统，从技术上根本解决上述问题。

电梯远程监控技术提出了一种全新的产品概念和服务观念，是当前电梯服务管理领域的前沿技术。电梯远程监控能 24h 全天不间断地对系统中的电梯进行监视，实时地分析并记录电梯的运行状况，根据故障记录自动统计电梯故障率，通过它可对电梯状况和修理单位工作质量实行有效的监督，并为检验考核提供可靠依据。

远程监控的主要目的是：对在用电梯进行远程数据维护、远程故障诊断及处理、故障的早期预告及排除以及对电梯运行状态（如群控效果、使用频率、故障次数及故障类型）进行统计与分析等。概括起来，电梯远程监控系统一般可实现以下功能。

① 进行故障的早期预告，变被动保养为主动保养，使用户的停梯时间减到最少。

② 协助现场维修人员，提供远程的故障分析及处理。

③ 通过远程操作，控制电梯的部分功能，如锁梯、特定楼层呼梯、改变群控原则等。

④ 进行电梯的远程调试，修改电梯的部分控制参数等。

⑤ 进行故障记录与统计，有利于产品性能的改进，同时可对电梯的保养情况进行监督。

⑥ 进行电梯运行频率、停靠层站、呼梯楼层的统计，以便于进一步完善群控原则，并可根据该建筑物电梯的实际使用情况，制订出专门针对该用户的群控原则。

⑦ 实现全区域的紧急援救和支援配合。

由此看来，利用电梯远程监控系统不但可以在监控中心内接收到现场随时发回的电梯故障报警信息，还可通过计算机的监控界面很直观地观察到每台电梯的运行情况，预测电梯故障隐患，变被动的故障维修为主动的维护保养。当电梯出现故障时，一方面及时通知维修人员并进行分析判断，协助维修人员尽快排除故障，减少停机时间。另一方面可实施紧急援救措施，通知就近的电梯技术人员，及时释放被困乘客。该系统给电梯安全运行提供了保障，给电梯管理者以极大的方便，提高了工作效率和服务水平，同时提高了产品和服务的竞争力。目前，国内许多城市已经或正在筹备组建电梯监控专用网络，旨在通过提高电梯服务和管理的智能化、信息化水平，从而提高城市的智能化、信息化水平。

一、远程监控的方式

远程设备的监控包括设备的远程数据采集、设备控制系统的远程调试和配置、设备的远程控制和设备的远程维护。实现设备远程监控不同于设备的本地控制，必须研究对不同设备控制的程度和深度。从控制方式上将远程监控进行如下的分类。

1. 保持型远程监控方式

远程监控仅仅向设备控制系统发出控制命令，而由设备自主地完成这个命令，监控设备只对设备进行监视，在必要时对设备进行干预。这样就要求设备不断向远程监控系统发送设备运行信息，远程监控系统保持对设备的监控能力。因为现场设备有一定的智能，有能力处理现场的意外事件，防止事故和故障的进一步扩展。在事故发生时可及时处理，或暂停任务，等待远程监控系统的解决方法。这种模式可实现远程设备的无人控制，可应用于危险环境和人力不能到达的地方等。图 7-20 为保持型远程监控方式的示意图。

图 7-20　保持型远程监控示意图

2. 完成型远程监控方式

远程监控系统仅仅向设备控制系统发出控制命令，而由设备自主地完成这个命令，远程监控系统不对设备的具体实现过程进行监控，设备完成任务后向远程监控系统报告。设备的操作控制完全由本地进行，设备在本地操作人员的监控下完成各种任务。

3. 完全型远程监控方式

设备的本地控制系统仅仅控制设备的执行机构，全部的操作控制由远程监控系统完成。这种方式设备的控制系统和设备是分离的，而在设备控制系统内，信号的传递速度要求很高，控制系统能够立刻对现场作出反应，要求通信线路高速可靠。这种控制方式用在一些特殊的行业。

4. 人机交互式远程监控方式

设备在本地操作人员和远程监控系统的协同控制下工作，往往在远程监控系统的指挥下工作，由本地操作人员对设备进行控制和维护工作。在任务的执行过程中，可随时建立连接，进行设备之间和人员之间的交互，设备的状态信息可随时在远程监控端采集。

根据电梯这种特殊设备，目前广泛采用的是保持型的远程监控方式。

二、远程监控系统分类

根据监控信号传输方法的不同，远程监控大致可分为两类，即专线传输方式和网络传输方式。

所谓专线方式监控，是指通过专用的线缆（一般为同轴电缆或双绞线）及特定的接口电路（一般为 RS485 或增强 RS232 口），监控中心计算机与电梯微机控制系统组成一个小的局域网，按照一定的通信协议进行信号传输及监控。一般而言，这种专线网的通信距离不长，不超过1km，仅适用于大厦内或住宅小区。

所谓网络传输方式，指利用现有的互联网络，利用互联网传输监控数据。由于利用了互联网络，因而不存在通信距离的问题和干扰的问题。就目前的情况来看，采用互联网传输方式的监控系统已成为电梯远程监控系统的主流，专线传输方式一般只应用在特定的建筑物中，而且要进行专有设计。

三、电梯远程监控的现状

目前美国、日本、欧洲的电梯公司几乎都可提供与自己系统配套的远程监控系统，并能提供比较完善的功能。然而，由于中国特殊的国情，这些国外大公司的远程监控系统在中国的实际应用过程中还存在着一定的局限性。如只能监控本公司的电梯，对其他公司电梯的监控则无能为力，对电话网络的质量要求也比较高。另外，监控系统的价格也比较昂贵，一般用户难以承受。

国内一些企业也尝试开发具有中国特色的远程监控系统，但由于这样一个系统是涉及计算机控制、电梯控制、网络通信、Windows平台下高级语言编程等多个技术较大的系统工程，技术难度较大，同时在设计时还要考虑到中国电话网络的信号传输质量，以及与各个厂家的电梯控制系统（包括微机控制系统、PLC控制系统以及早期的继电器控制系统）的接口问题，还有我国用户对电梯的实际要求，如降低电梯的故障率、减少故障停梯时间、快速判断和排除故障等诸多因素，因此现在国内的电梯监控系统，在一定程度上还存在某些不足。

① 功能简单，如只能进行简单的电梯运行状态监控，同时监控的电梯数量少，只能监视而不能控制管理和远程调试，不能进行电梯故障的早期预警。

② 适用电梯种类少，对可编程控制器（PLC）控制的电梯进行监控比较容易，但是，对微机控制的电梯监控就困难得多（协议开放问题）。综上所述，现在国内急需一种功能完善、适应广且价格廉，同时又包含电梯管理与故障诊断的电梯远程监控系统，以使该系统在电梯物业管理、日常维护等工作中得到广泛应用，提高电梯运行、管理和服务质量。

四、监控系统的实现技术

最早的监控系统是基于DOS操作系统的，随后采用Windows操作系统以及基于Windows的面向对象可视化（Visual）高级语言（如VB、VC等）来开发和研究监控系统，近年来，随着国外成熟组态软件的推出应用，目前许多监控系统以成熟的组态软件为平台，结合实际监控系统的具体需要，借助于组态软件通用性强、良好人机界面与图形工具、完善丰富的RTU设备驱动、高可靠性等优点，开发出监控系统。

考虑到电梯是特殊的机电设备，对其实施远程监控和诊断服务当中，安全应是第一位的，这关系到电梯的安全、乘客的安全和电梯企业的声誉。所以，在对电梯远程监控和诊断中，包括有远程操作和应急操作等功能的处理，为防止网络黑客对电梯实施远程操作和运行干预，确保安全，除小区的电梯可采用LAN技术外，一般采用公共电话网络和MODEM技术进行远程实现，而不采用基于Internet的技术。

在每一台被监控的电梯上设置前端机，采集、监控和故障诊断数据，通过小区的服务中心或直接通过MODEM，借助于公共电话网与监控中心的服务器进行远程连接，实现远程设备和监控中心服务器实时数据库（Real-time database）的数据交换。

由于电梯的监控和故障诊断对网络传输速度没有太高的要求，所以一般 Internet 网的传输速度都能满足要求。结合电梯设备的特点，当监控中心需要在线监控电梯时，可主动连接在线电梯，当某台电梯故障时，通过故障报警信息自动与中心服务器连接，无需时网络线路可断开，图 7-21 为一种电梯远程监控系统的结构示意框图。

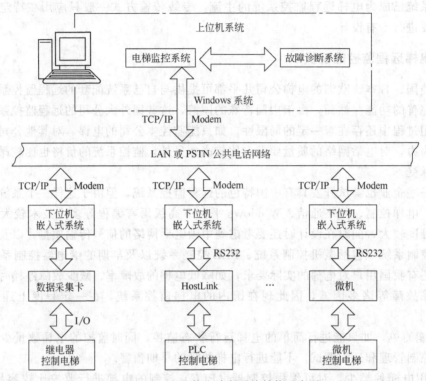

图 7-21 远程监控和诊断系统结构示意图

五、常见监控系统介绍

下面介绍几个常见的电梯远程监控系统。

1. 法国 AUTINOR 公司的电梯远程监控系统

一般的远程监控系统都包括信号采集、信号传输以及信号分析与处理几大部分。该系统由位于控制柜中的信号采集/处理计算机（称为前端机），负责信号传输的内部网络及电话网络与调制解调器，终端机（最多可支持 8 台前端机）和监控端四部分组成。其系统组成的简单示意图如图 7-22 所示。

基本工作过程：由前端机随时采集电梯的运行状况和有关信息，在电梯发生故障时，通过电话网络将故障信息传给位于服务中心的服务器。维护人员可以在服务器上随时拨号接通前端机，并通过监控窗口直观地了解任一电梯的动态运行信息，进行远程的故障查找、诊断或操作。

AUTINOR 电梯远程监控系统通过服务器向操作员提供一个监控窗口，其主要功能包括以下几项。

（1）支持实时多任务操作 用户可以在打开监控窗口的同时进行文字处理等操作，或在进行实时监控时去查找用户的信息库。

（2）支持信息自动转发 当服务中心无人值守时，可以通过设定将前端机传来的信息自

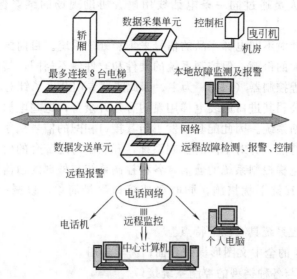

图 7-22 AUTINOR 电梯远程监控系统结构示意图

动转发到用户指定的计算机、固定电话或移动电话上，以实现无需 24h 专人值守的召修热线。

（3）支持对前端机进行远程拨号设置 当服务中心的电话发生变更，操作人员无需到现场，在服务中心就可远程设置前端机的拨号号码，也可将前端机的拨号号码直接设定为某维修人员的移动电话，当前端机打来电话时，维修人员根据电话号码就可以知道哪台电梯出现了故障，以便及时进行处理。

（4）提供故障信息库和用户档案库 以便随时查看、记录或必要的数据更新，为管理部门和维修人员提供全面的详细资料。

（5）提供实时的数据监控窗口 在每台电梯图形化的动态监控界面上，操作人员可以直观地观察到该梯输入/输出端口、所在位置、门状态及呼梯状态等，若电梯正在运行状态，便于进行远程的故障诊断。

2. 凯博电梯远程监控系统

由中国建筑研究院机械化分院专为物业管理而开发的凯博电梯远程监控、管理与故障诊断系统，是集管理与通信于一体的检测维护系统。在国内数十项工程中应用，取得较好效果。

该系统由位于控制柜中的信号采集/处理计算机（称为前端机）、负责信号传输的电话网络与调制解调器（MODEM）和向维护人员（称为操作员）提供监控界面的服务中心计算机（称为服务器）这 3 部分组成，其基本工作过程是：由前端机随时采集电梯的运行状态和有关信息，在电梯发生故障时，通过电话网络将故障信息传送给位于服务中心的服务器。维护人员可以在服务器上随时拨号接通前端机，通过监控窗口可以直观地观察到任意电梯的动态运行信息，并可以进行远程的故障查找或操作。

凯博电梯远程监控、管理与故障诊断系统项目的技术特色：一方面采用高级语言编写电梯远程监控、管理与故障诊断系统的管理软件，解决如下关键技术。

① 电梯运行状况数据库和故障数据库的查询、分析、处理、统计。

② 提高通信速率，减少信号传输过程的时间滞后。

③ 采用语音与数据同传技术，开发故障诊断与排除系统，使得在不影响数据传输的同

时，监控中心的技术人员通过同一条电话线用语音协助现场的维修保养人员诊断和排除故障。

另一方面开发了针对不同电梯产品的信号采集、处理系统。目前国内电梯市场由几大合资企业的产品占据很大的份额。但控制系统的硬件和软件各不相同，其他一些中小电梯厂的电梯控制系统以可编程控制器（PLC）为主。因此凯博专门开发了针对不同梯型的信号采集系统。国际各大电梯公司其进口原装电梯用量约有几万余台，这些电梯多数未装设电梯远程监控、管理与故障诊断系统。因此配套开发了与其接口相配的信号采集系统。凯博研究了以上各梯型控制系统的特点，针对不同的控制系统，开发出与之配套的信号采集系统。分析与了解数据采集系统与电梯控制系统的通信，各种控制系统与外部的通信协议。以及信号采集系统的软硬件设计及其抗干扰措施，同时要使接口尽量简单，以减少现场安装调试的工作量。

凯博电梯远程监控系统具有以下特点。

① 基于 Windows 的全中文图形操作界面，易学易用。

② 通用性强，可与各种类型的控制系统接口。

③ 适应中国电话网络的现状，支持他机拨号。

④ 具有很强的防止误操作能力。

⑤ 具备很强的故障诊断与排除能力，如自动断出断线、错误或对方挂机等。

⑥ 监控系统不影响原电梯控制系统的任何功能。

⑦ 监控的重点是故障的早期报警与实时的故障诊断。

最后一点是凯博电梯远程控制系统最大的特色。由于中国电梯在使用中故障率与国外产品相比相对较高，中国用户对电梯的最大要求是少出故障或出故障后尽快排除，因此，故障的早期报警与实时故障诊断就显得格外重要。当电梯出现故障时，应通过电话网络将故障情况及时通知服务中心，服务中心根据具体情况做出反应，将停梯时间缩减到最少。

3. 上海永大电梯远程监控系统

上海永大机电工业有限公司落实贯彻执行电梯生产企业从制造、销售、安装到维保一条龙的优质管理制度，针对国内电梯使用状况及居住环境特点作为开发指标，率先开发出具有中国特色全中文化的电梯远程监控系统。

上海永大电梯远程监控系统的主要功能如下。

① 远程保养诊断。事先捕捉机器故障前的征兆，防患故障于未然。

② 故障自动发报。故障的早期得知，缩短故障停机时间。

③ 安抚语音播放。安抚乘客焦虑的情绪，防止危险事故的发生。

④ 双方直接通话。确保轿厢能随时对外通话，让使用者更加安心。

⑤ 服务员动态管理。服务员位置回报，形成就近处理服务网络。

⑥ 保养勤务监督。保养时刻自动记录，可监督网点维保工作。

永大电梯远程监控系统的监控主画面如图 7-23 所示，其架构如图 7-24 所示。

上海永大远程监控系统的工作原理如下。

① 监控中心 PC 电脑于先前设定的时间自动拨号至各电梯，以查询电梯侧电话线是否断讯，同时可检测远程监控装置是否正常。且可针对特定的电梯进行手动拨号，查询电梯运转状态或直接和轿厢进行通话，确保电梯处于正常运转状况。

② 当电梯检测到发生故障时，由电梯内建 Modem Chip 发报回传至监控中心，监控中心收到资料后自动显示醒目的故障简历，可经由故障简历进入故障情报明细，监控中心可依

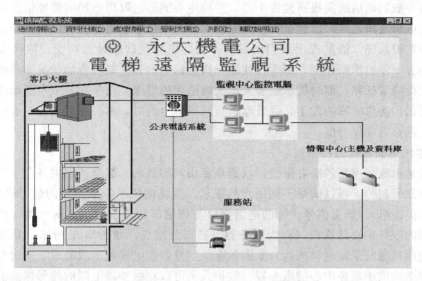

图 7-23 永大电梯远程监控主画面

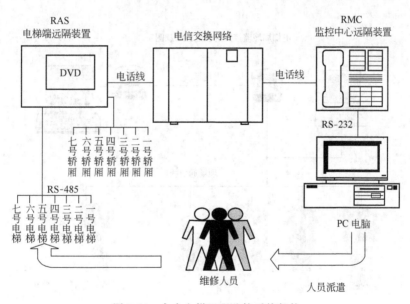

图 7-24 永大电梯远程监控系统架构

据详细情报各项资料判断是否派遣维修人员前往现场。

③ 电梯维保人员根据监控中心提供的故障电梯详细资料，使得电梯维保人员到达现场前掌握电梯故障状况，能让电梯在最短时间内恢复正常运行。

④ 当电梯维保人员排除电梯故障后，电梯远程监控装置自动发报监控中心。远程监控系统自动记录该电梯的故障原因、故障日期及时间、维保人员运动状况、电梯恢复时间等详细资料，以便查询。

⑤ 当电梯发生关人故障时，可先经由轿厢内对讲机向受困乘客播放预先录制的安抚语音及安抚音乐，以减轻乘客等待救援之恐慌和不安。监控中心人员也可视情况需要主动打电话到故障电梯的轿厢进行通话或确认轿厢情况。

远程监控系统 24h 全天候检测电梯的运行状态，当系统检出电梯发生异常时，自动拨出电话，经由一般的电话线发报回监控中心，监控中心能迅速取得电梯的故障信息，往往在客户还未发觉电梯故障之前，已经派员维修完成，能大幅地缩短电梯故障停机时间。拥有人工智慧的远程监控系统，能发挥出人们肉眼做不到的机械化诊断计测功能，取代人工点检作业，进行24h不停机诊断计测，每两秒侦测一次电梯电脑和控制机器的状况，随时捕捉机器故障前的细微异常征兆，即时提示服务人员实施适切的维保，由于作业重点明确化，可缩短维保停机时间，防患故障的发生，提升电梯运行效率。同时，本公司的监控中心也能透过本系统监督各网点的维保力度。

4. 阿尔法电梯远程监控系统

该系统是由珠海市阿尔法有限公司根据众多用户的要求，综合了国内各个生产厂家的电梯产品而开发研制的，可以满足不同用户的需求。系统由位于控制柜中的信号采集/处理计算机（称为前端机）、负责信号传输的电话网络与调制解调器（MODEM）和向维保人员提供监控界面的服务中心计算机（称为服务器）三部分组成，如图7-25所示。其基本工作过程是：由前端机随时采集电梯的运行状态和有关信息，在电梯发生故障时，通过电话网络将故障信息传送给位于服务中心的服务器。维护人员可以在服务器上随时拨号接通前端机，通过监控窗口可以直观地观察到任意电梯的动态运行信息，并可以进行远程的故障查找或操作。

电梯局域监控及远程监控示意图

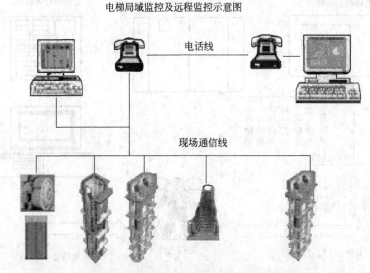

图7-25 阿尔法电梯远程监控系统示意图

阿尔法电梯远程监控系统充分考虑到中国电梯用户的要求及使用习惯，产品具备易学、好用和通用等特点。其主要控制功能如下。

① 支持实时多任务操作。阿尔法电梯远程监控系统软件是基于Windows95操作系统的，支持多任务操作，用户可以在打开监控窗口的同时进行文字处理等其他操作。

② 支持高级电源管理功能。当服务中心无人值守时，服务器可进入休眠（低功耗）状态，此时，来自MODEM远程呼叫信号可将服务器自动唤醒。

③ 支持信息自动转发。当服务中心无人值守时，可以通过设定，将前端机传来的信息自动转发到用户指定的计算机、电话或手机上，利用此功能可实现不需要专人值守的24h招修热线。

④ 支持对前端机进行远程拨号设置。服务器可以远程设置前端机拨号的号码，即如果

服务中心的电话号码发生变更，操作员无须到现场，在服务中心就可以远程设置前端机的向服务中心拨号的电话号码。在服务中心还可以远程设置前端机自动呼叫维修人员手机的号码，维修人员收到前端机打来的电话后，根据电话号码就可知道是哪台电梯出了故障，以便及时进行处理。

⑤ 提供故障信息记录库。服务器将前端机发来的故障信息包展开后，存储在故障信息数据库中，供操作员随时查看。该数据库包括故障类型、故障时间、故障楼层等内容，即使计算机关机，故障记录也不会丢失，操作员可以删除任何过时的故障记录。

⑥ 提供用户档案信息库。服务器中设置了一个电梯用户档案数据库，并提供了针对该数据库的高级数据库操作功能。操作员可随时更新数据库内容，并可根据前端机发来的信息，从该数据库中查找出有关这台电梯的详细资料。

⑦ 提供实时的图形界面监控窗口。服务器可同时提供显示 2 台电梯的全中文、图形化、动态的监控界面，操作员可直观观察到该电梯的输入/输出端口、电梯位置、门状态以及呼梯状态等，如果电梯正在运行，则可动态观测到电梯的运行状态。操作员通过该监控窗口，可进行远程的故障诊断。

⑧ 同一机房的两台电梯可共用 1 根电话线和 1 个 MODEM，节省用户的投资。阿尔法电梯远程监控系统最大的特色是故障的早期报警与实时故障诊断。当电梯出现故障时，通过电话网络将故障情况及时通知服务中心，服务中心根据具体情况做出反应，将停梯时间缩减到最少。

六、电梯监控系统的发展方向

目前国内电梯远程监控、管理与故障诊断系统在研究和应用上仍处于起步阶段，大多数系统在以下功能需要方面要作进一步的完善和提高。

① 故障的早期诊断和预警。在系统故障出现前，根据电梯运行数据进行预测，做到防患于未然。

② 远程调试功能与远程故障排除。调试和维修人员在不能到达现场时，远程进行电梯调试和排除故障。

③ 电梯运行与电梯故障数据库管理。

④ 针对不同电梯公司产品的电梯信号采集系统。

⑤ 需增加同时监控的电梯数量，提高数据的传输速度。

另一方面，随着计算机技术和网络技术的飞速发展，人类生活的方方面面都将实现信息化。而且信息的传播速度越来越快，许多行业都先后成功地开发出自己的信息网络系统，收到了前所未有的效果。电梯的网络化是电梯行业管理发展的必然趋势。

而从更长远考虑，如果我们由各地区的电梯管理部门牵头，组织辖区各电梯企业、物业管理公司、网络技术公司共同投资组建一个容量大、通用性好、兼容性强的电梯专用网络系统，组成地区电梯专用网站，把本地区电梯全部用该网络监管起来。应该说是一个经济、实用的好方法。

采用网络全方位监管电梯，保证电梯安全运行，确保乘客安全。从而把每台电梯及相关单位的资料全部放在网上，形成一个智能化的大网络体系。这样，物业管理公司管理员在其监控室，可以通过电脑随时掌握自己所管理的电梯的运行状况，及时准确得到乘客遇险报警，并且快捷地采取正确解救措施。若电梯发生故障，管理员在监控室会及时掌握电梯发生故障的种类、原因，快速地进行修理或通过网络自动向维护人员发出电梯故障求修信号，告知故障电梯所在位置及故障情况等。维修人员会立即根据情况迅速前往维修。从而提高管理及维修效率，保证电梯正常运行，确保乘客安全。电梯公司只要向电梯网站申请，网站即可以将其所保修的电梯信息传输到该公司的控制中心，使该公司随时可以掌握自己所安装、维保的所有电梯的运行状况，并在电梯发生故障时，向公司和维修人员同时报警，向维修人员提供发生故障电梯的所有信息，使该公司维修人员及时赶到现场处理。减少停梯时间，提高他们的服务质量。地方电梯管理部门通过该网络数据库资源定时统计分析，可以得到管理部门需要的许多数据，从而全面客观地掌握本辖区电梯状况，并有针对性地采取一些有关管理措施，及时预防可能会出现的一些事故隐患，使该辖区电梯运行更安全。促使各电梯公司、电梯用户认真严格地维修保养，管理好自己的电梯，防止事故发生。

七、基于 GPRS/3G/4G 的电梯远程监控系统

在数字化、信息化空前高涨的时代，陈旧的电梯监测系统已经满足不了电梯公司和社会的需求了，取而代之的必然是更加先进的技术和更加科学的方式。随着计算机技术、Internet 技术、无线数据通信技术的高速发展，建立一张覆盖全国或全世界的电梯运行监控网，把各分散点统一监控起来，这是我们电梯监控系统的发展趋势。

GPRS 是通用分组无线业务（General Packet Radio Service），是在现有的 GSM 系统的基础上发展起来的一种新型的数据承载业务。它具有快捷登录、实时在线、按量计费、高速传输、自如切换等特点。

目前，4G 手机号相继在全国各城市放号，代表着 4G 技术正式走上了中国舞台，随着它的不断发展进步，4G 技术在中国乃至全世界会得到更加广泛的应用。同样的，4G 技术应用在电梯远程监控系统上，会给系统带来更加优良的性能。能随时监视电梯的运行状况，通过视频和音频可以了解轿厢中的人数和状况，通过监控数据了解电梯性能和故障状态等。

① 系统组成。

a. 监控中心。监控中心为计算机网络的控制管理中心。由该中心向各监测点发布监测及通信命令；收集处理监测数据；监督或指挥设备的运行状况，并通过数据发布系统为监控中心各部门提供电梯机组信息服务。监控中心的设备包括：数据服务器、Web 发布服务器、监控专用计算机、通信设备、有线通信设备、不间断电源、打印机以及相关设备。

b. 通信系统。通信系统包括专线通信线路、有线通信线路、无线通信线路以及通信软件等。

c. 现场数据采集、通信装置。现场数据采集处理通信装置为设在各监测点的监测通信设备。每个采集通信装置为电梯机组在监控网络上的一个注册监测点。它在监控中心的指令下将测得的监测数据上报。现场数据采集系统包括数据采集通信装置，现场在线测量仪表以及其他辅助控制设备等。

d. 在线监测设备。电梯机组在线监测设备主要是 PLC 可编程控制器或微机控制响应传感器。

e. 现场工作用房。现场工作用房包括可以容纳在线监测仪表、数据采集通信设备的房间。

② 基于 GPRS/3G、4G 的电梯远程监控系统如图 7-26 所示，主要包括以下几部分。

a. 安全保障体系。对采集的数据进行一些必要的安全防护措施是非常必要的，Internet 是开放性的网络，在 Internet 上传输的数据的安全性一直是人们所关心的话题。电梯的运行信息、故障信息等信息的准确性直接关系着远程监控系统性能的好坏，也关系着电梯公司的

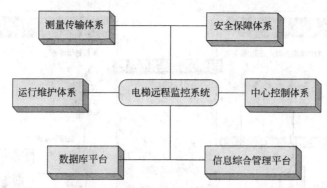

图 7-26　电梯远程监控系统的基本组成部分

长远发展。硬件设备的安全性也是很重要的，要防止设备被偷、损坏等。

b. 测量传输体系，包括信息的采集、信息的传输等部分。

c. 中心控制平台，主要有信息数据的管理，电梯的远程控制，通过短信等方式把故障信息发送到维修人员的手机上。

d. 信息综合管理平台，这部分主要负责对数据进行处理、分析、生成图形报表、事件分析等。

e. 数据库平台，通过开发基于 Webservice 的应用数据库平台，对各种数据进行分类储存，如文档数据、音频数据、视频数据等。

f. 运行维护平台。

③ 电梯远程监控系统信息系统平台的架构。在开发电梯机组在线监控管理信息系统的时候做到构件化、模块化和平台化，以保证各系统及子系统的各项功能，满足可持续性开发的需求，每一个应用程序都做到高度模块化，以便支持跨平台的移植能力，同时具备可扩展的技术框架和标准的对外接口，为与系统外的应用系统和二次开发预留接口。

系统以实时接收管理各监测点数据为中心，集成 GIS 和 MIS 管理功能，使售后服务部门对电梯机组运行情况的监控与数据管理、数据分析形成一体，为售后服务部门提供实时、准确的数据参考，从而达到提高工作效率，有效监测机组运行的目的。本系统功能全面，扩展性好，集成了实时采集、实时控制、信息管理、统计分析、打印输出、GIS 系统、短信服务等功能模块。

④ 电梯远程监控系统的基本系统结构如图 7-27 所示。

服务器可以与移动公司直接相连，也可以与当地维修工通信。其中数据库管理系统平台是采用 B/S 结构，这样方便客户、维修人员、公司开发人员对公司目前电梯的情况的掌握。

八、电梯救援

电梯是机电一体化产品，某个电子电气器件、导线、连接器、继电器等发生故障，某个机械部件、紧固件损坏或者来自某些方面的干扰，如供电异常、软件数据错乱或丢失以及外界环境诸方面的因素都可能导致电梯故障。电梯发生故障时，由于突然停止运行，极易将乘客困在电梯中，从而造成乘客或电梯设备安全事故。虽然，随着电梯技术的发展，电梯的远程监控系统已具有监控、管理和故障诊断的功能，但为保证乘客和电梯设备的安全，电梯的救援系统是现代必不可少的。

电梯救援的首要任务是开门解救乘客。以往，电梯的救援多为人工方式。电梯出现故障

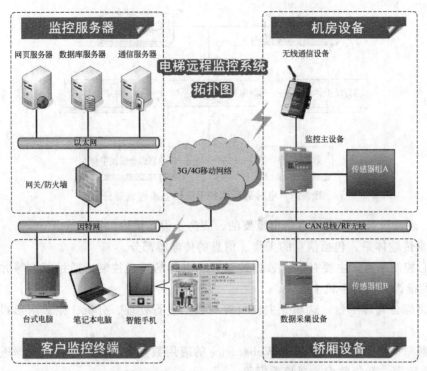

图 7-27 电梯远程监控系统的系统结构

困住乘客时，乘客可通过报警按钮或电话发出求救信息，当维修人员得知信息后，立即到达现场。维修人员首先察看电梯的位置及发生故障的原因，若不是停电事故，维修人员可通过所在位置的上一层的厅门进入轿顶，尝试通过轿顶检修开关将电梯检修运行到就近层开门释放乘客；若电梯控制系统故障严重，检修运行不能实现，或者电梯为停电事故，维修人员可通过机房的盘车手轮，用人力的办法将电梯运行到就近层，人工开门释放乘客，或者通过停电应急救援装置临时对电梯进行供电和控制，将电梯运行到就近层开门释放乘客。

近几年来，计算机技术的广泛应用以及大功率电力电子控制元器件的出现，为提高电梯的安全性、可靠性提供了新的技术保障。电梯的救援系统以计算机技术、交流电机变频调速技术为特点，利用电梯的监控和故障诊断系统对高速运行中的电梯进行监测，准确判断电梯控制系统（包括软件、硬件）故障，若为非正常原因，则自动投入救援工作，启动救援系统、就近平层，开门疏散乘客。电梯应急救援装置的构成和原理，请参见第六章第二节的应急平层装置。

救援驱动系统采用正弦脉宽调制（SPWM）技术，启动力矩大，启动电流小，运行平稳舒适，噪声低。同时救援系统还应具有群控功能，即系统不但可以监控救援一台电梯，如果需要，还可以同时对多台电梯进行分时群控。当系统工作在群控状态时，按照要求对需要群控的电梯分时轮流监控，哪台出现故障就对哪台实施救援，如果全部出现故障，如断电，系统将按照事先安排好的顺序逐个实施救援。救援系统要能全天候全自动工作，无需人为干预，实现无人看管时自动检测、判断故障情况和自动救援。每次救援工作完成后，都能自动实时恢复监控状态。如果系统受到干扰，它会自动复位，不存在死机现象，并且系统对使用环境无特殊要求。

智能化的电梯远程监控、管理、故障诊断和救援系统的出现，不但可以用于电梯应急自动疏散，还具有比较完善的功能，为电梯快速维修提供了一种崭新的手段。例如，无机房电梯首先由意大利制造，当时的无机房电梯的发明，主要是针对古建筑，不破坏原来外观而在内部增加的一种电梯。

九、梯联网

近几年，随着智慧城市建设以及物联网的应用，把电梯联成网络构成"梯联网"逐渐进入行业和专业人士的视野。一方面，通过构建的城市或区域"梯联网"，把城市（或区域）中的电梯构成网络，电梯的维保、年检、运行数据实时上传，业主、维保单位和行业监管部门可远程实时监视电梯的运行状态，行业监管部门可实时对电梯和维保单位进行远程监管。另一方面，"梯联网"数据中心可以开发数据应用，通过建立的多智能体故障诊断系统，当电梯发生故障时进行故障的分析诊断，采用语音方式安抚被困乘客，减少进一步的伤害，更重要的是，系统会给相应的维修技术人员发出维修建议，协助其尽快排除故障，解救乘客，减少停机时间，提升电梯服务的技术水平，提高服务质量和效率，降低服务成本，使电梯变得更可靠、更安全、更便捷，出现故障时恢复运行更快，有利于平安社会建设，具有良好的经济效益和社会效益。

1. "梯联网"的结构模型

图 7-28 是"梯联网"的系统结构模型，包括电梯的实时监测平台、维保监控平台。系统将电梯中安装的很多传感器信号（有平层、开关门、温度、湿度、生命等多种传感器）及电梯的运行数据通过稳定的有线宽带网络或 3G/4G/Wi-Fi 等无线形式，稳定快速实时传输到监控平台上。另外，在可以利用电梯轿厢内安装的摄像头、液晶显示屏等设备，通过有线宽带网络与外部进行联络。同时，这套系统建设有一个大型的监控中心，所有电梯的现场信

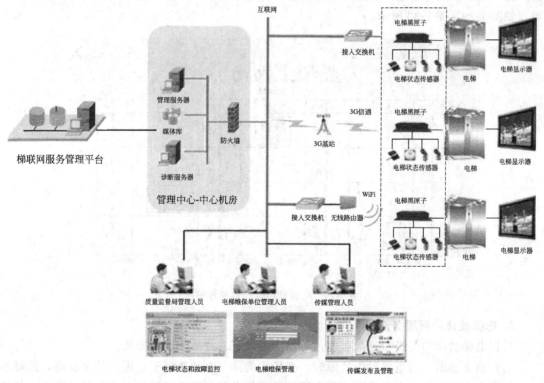

图 7-28　"梯联网"的系统结构

息和意外报警信息、维修保养信息等，均可以在监控中心进行实时了解，使得电梯在出现异常和故障时可以第一时间掌握信息、第一时间发出指令、第一时间实施救援、第一时间调查处理。系统终端和后端数据统一接入到政府 M2M 公共物联网平台中。

政府监管部门（质监局）可以利用该系统实时获取城市所有电梯的运行状态，以及故障统计报表、制订电梯维保计划、了解维保状态。物业单位通过该系统可以了解所辖电梯的维保信息及年检信息。

（1）数据采集部分　电梯内自带传感器或外挂传感器以开关量、RS485/CanBus 等形式接入到采集器中（电梯黑匣子），完成对电梯运行状态的感知，负责数据采集，同时可将告警信息和维修提示信息以 SMS 短信的形式通知维保人员。

（2）传输部分　电梯黑匣子与互联网的对接，可选择 GPRS/3G/4G 网络、Wi-Fi、以太网的方式完成，把电梯相关数据传输到 M2M 平台。

（3）管理中心　管理中心分两大部分，监控管理服务和故障诊断服务，分别由管理服务器和诊断服务器完成。

监控服务结合了计算机技术、信号处理技术和现代通信技术，主要完成电梯远程实时监测、故障发生地 GIS 定位、电梯年检提醒告知、电梯年检管理、电梯维保监管、电梯年检查询统计、电梯故障查询统计、电梯维保查询统计、电梯超期未检且在运行查询统计、双向视频/语音安抚和视频指导脱困等功能。

终端服务采用多智能体分布式故障诊断技术，实施对电梯的故障分析与诊断，判断故障点，给出维修建议，必要时远程进行应急性的操作，如开门放人、就近平层等。

2. 电梯的状态监控

通过"梯联网"不但可以监控到电梯的位置、门状态、运行方向、运行模式等基本信息，还可以采集到每台电梯的内部运行数据，为电梯的故障分析、远程救援提供相关技术参数，如图 7-29、图 7-30 所示。

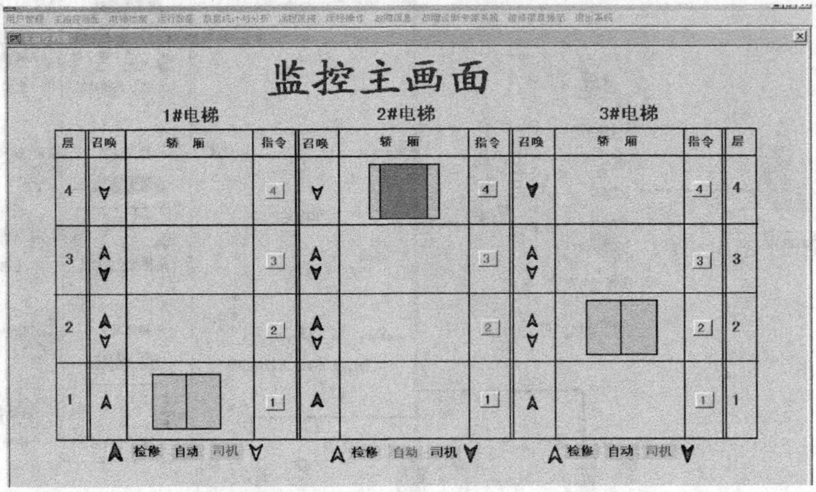

图 7-29　电梯监控运行实验界面图

3. 电梯故障诊断服务应用

根据电梯故障的等级和复杂程度，可以实施以下三种故障诊断方法。

（1）独立诊断　当电梯发生故障时，现场智能体（电梯黑匣子）根据故障征兆，能够独立地根据自身的知识库进行诊断，发出维修提示信息并能迅速提供最有可能的故障点，使维

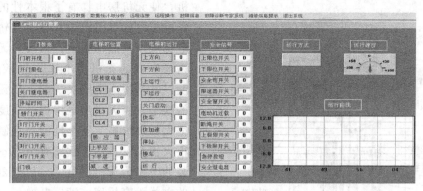

图 7-30　电梯运行数据界面

修人员迅速检测和排除故障。据大量的统计分析，电梯 70% 以上的故障属于门系统故障和外围器件故障等常见故障，因此，将这些常见多发故障的知识经验加入现场智能体知识库，现场智能体能够对电梯的大部分故障进行处理。

（2）协作诊断　当现场出现故障征兆不能准确预测故障点的情况下，现场智能体除其自身进行诊断的同时，还可以通过通信网络由其协调智能体向其他所有的现场智能体发出协作诊断邀请，找出最可能的故障点并得到维修方案。协作诊断可帮助发生故障的某个现场智能体对故障源进行准确的定位。

（3）网络会诊　某些故障尤其是疑难杂症，即使通过联合诊断也不能进行诊断处理时，可由相关领域的维修专家同故障诊断系统一起，通过管理中心的人机界面进行人机协同网络会诊。

三种故障诊断方法的优先级是不同的，可借鉴现行的医疗诊疗模式，即"就近原则"和"独立原则"，在社区医院能医治的病人就不必到大医院，在一个科室或医院能够进行诊断的就不必进行会诊。根据三种故障诊断方法所诊断故障的类型和性质，独立诊断的优先级最高，网络会诊的优先级最低。

4. APP 应用

（1）故障诊断维修提示信息的推送　当电梯发生故障时，由多智能体故障诊断系统得出故障点和维修建议，一方面通过系统自动向维保单位提供基于 PC 的信息服务，与此同时，还可通过 APP 自动向负责维修的技术人员、维修工推送。

（2）年检、维保提醒　系统自动向维保单位进行年检、维保提醒，同时，也会自动将某一阶段的维修、故障统计分析情况向维保单位进行推送，以督促进行针对性的保养或零部件更换。

（3）乘客监督管理　通过 APP 向业主、乘客公布电梯的年检、保养、维修等方面的技术档案，通过公众的监督和督促，促使维保公司加强电梯的保养、维修，确保电梯的完好。

第四节　无机房电梯

在无机房电梯的发展历史中，一共有四代。第一代无机房电梯诞生于意大利，为下置式，蜗轮蜗杆曳引机，井道面积大；第二代无机房电梯是将电梯曳引机合理安排后，增加导向轮，而使曳引机安装在电梯井道中间；第三代无机房电梯采用蝶式马达的永磁同步曳引

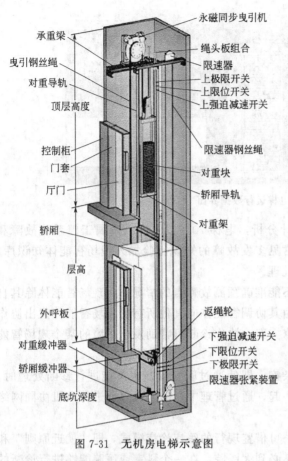

承重梁
曲引钢丝绳
对重导轨
顶层高度
控制柜
门套
厅门
轿厢
层高
外呼板
对重缓冲器
轿厢缓冲器
底坑深度

永磁同步曳引机
绳头板组合
限速器
上极限开关
上限位开关
上强迫减速开关
限速器钢丝绳
对重块
轿厢导轨
对重架
返绳轮
下强迫减速开关
下限位开关
下极限开关
限速器张紧装置

图 7-31 无机房电梯示意图

机，使无机房电梯有了根本性的发展，但是由于电梯曳引机放在导轨或轿厢上，使电梯噪声与震动很大；第四代无机房电梯是最先进的无机房电梯，由 WALESS 发明，并从根本上解决了前三代无机房电梯的缺陷，将无机房电梯提升高度与载重获得大幅度提高，安全性能与控制技术也有很大提高。日本、欧洲有 $70\%\sim80\%$ 新安装的电梯为无机房电梯，只有 $20\%\sim30\%$ 的电梯为有机房或液压电梯。

在中国无机房电梯发展很快。由于它不占用机房空间、绿色环保、节能等优点而被越来越多的人采用。图 7-31 是无机房电梯的结构示意图。

一、曳引机安装位置

① 上置式。即将永磁同步曳引机放置在井道顶部。

② 下置式。即将永磁同步曳引机放置在井道底部。

③ 轿顶驱动式。将曳引机置于轿顶。

④ 对重驱动式。将曳引机置于对重。

二、主机控制柜位置

1. 主机上置式

主机放在井道顶层轿厢和电梯井道壁之间的空间，为了使控制柜和主机之间的连线足够短，一般将控制柜放在顶层的厅门旁边，这样也便于检修和维护。这种方式对机房电梯主机和控制柜的尺寸无特殊要求，但是要求开孔部分的建筑要有足够厚度，并要留有检修门。

2. 主机下置式

主机放在井道的底坑部分，放在底坑的轿厢和对重之间的投影空间内（轿厢和对重之间的空间），控制柜一般采取壁挂形式。这种放置方式给检修和维护也提供了方便。

3. 主机放在轿厢上

主机放在轿厢的顶部，控制柜放在轿厢侧面，这种布置方式，随行电缆的数量比较多。

三、安全要求

一般电梯的曳引机、控制柜、限速器等部件位于机房内，对这些设备的维修保养操作均能在机房完成，工作空间较为宽敞并且安全便利，工作方式也为维修人员所熟悉。无机房电梯由于主要的机器设备全都安装在井道内，对这些设备的维修保养都需要在轿顶区域内进行，不但工作空间狭小，而且增加了许多危险性。因此操作中必须按照特殊的维修保养安全步骤进行。

由于没有机房，无机房电梯的维护保养工作经常需要作业人员在顶层层站出入口和井道顶部，因此作业人员在对无机房电梯进行维护保养时，一定要注意采取相应的安全隔离防护措施。保养作业过程中，不仅需要保障作业人员自身的绝对安全，更要严格防止可能出现的一些无关人员带来的安全隐患。当在顶层层站出入口工作时，应限定在尽可能小的楼面区域内和尽可能短的时间内完成。同时在维修保养的作业过程中，还应尽量避免将保养用工具放置在层站楼面上，并处于无人保管状态。下面以三菱 ELENESSA 电梯为例，介绍一些无机房电梯维修保养中区别于有机房电梯的安全措施。

1. 从层站检修面板操作电梯的安全要求

无机房电梯的很多检修及操作功能都由层站检修面板提供。层站检修面板的钥匙应能够方便地被维护保养人员和营救人员得到。在层站面板进行检修或救援操作应按正确的步骤进行，操纵电梯运行前必须确认轿厢内人员状况，并且只允许电梯运行在手动及应急救援状态下。作业结束后及在没有作业人员看护时，应使层站检修面板处于关闭锁紧状态。不合格人员的随意操作可能会造成巨大的危害，甚至是人身伤害。

2. 在轿顶上工作时的安全注意事项

① 在踏上轿顶前总是先使用紧急停止开关切断电气安全回路，确保电梯不会意外移动。

② 踏上轿顶后立即展开防护栏并固定到位。

③ 确认防护栏电气联锁安全开关被激活。

在轿顶防护栏没有展开之前，禁止踏上轿顶工作，否则会有坠落危险。在轿顶作业过程中，当轿厢移动时，身体任何部件不允许超出防护栏范围。在离开轿顶之前，应确认轿顶上是否有松动的部件，防止活动部件脱落，造成底坑内工作人员受到意外伤害。

3. 使用轿厢机械固定装置

当对无机房电梯的曳引机和控制屏进行维修保养时，由于操作人员是站在井道内的轿顶上而非机房地面，因此轿厢应该以机械方式固定在导轨上，以消除由于轿厢意外移动而产生的危险。为此，ELENESSA 无机房电梯提供了一套轿厢机械固定装置，该装置位于轿顶上靠曳引机的一侧，能够将轿厢固定在以下任一位置。

① 可以对控制屏进行维护保养。在这个位置上，轿顶平面位置大致与顶层平层平齐。

② 可以对曳引机进行维护保养。在这个位置上，轿顶平面位于井道顶部下约 2m 处。

4. 轿厢固定装置的操作步骤

① 将轿厢运行到上述任一位置。这些位置可以通过固定在导轨上的用以插入轿厢固定装置的固定板来辨别。

② 翻动轿厢固定装置，将其从"收拢位置"转换到"设定位置"。固定装置上的固定件应该完全插入导轨上固定板的孔内。

③ 翻动轿厢固定装置，使其脱离"收拢位置"时，轿厢所有的电气操作将自动失效。

④ 在使用轿厢固定装置时，应注意最大允许负载条件，确保安全可靠。

四、技术特点

1. 曳引机的维修保养

由于采用了永磁电动机的无齿轮曳引机，维修保养需要用一些专门的工具和仪器。制动器内嵌在曳引机罩壳里，直接作用在电动机转子机构上，是关系电梯安全运行的最重要装置，其铁芯行程的调整、制动闸瓦间隙的调整都需要使用杠杆式百分表和塞尺等精密仪器来精确设定。无齿轮结构使曳引轮与电动机转子直接连接，曳引轮磨损程度和联结部轴承的运转情况直接影响到电梯运行的舒适性。因此曳引轮必须定期检查、轴承定期加油脂润滑。由于没有机房工作地面，又受到曳引轮位置所限，很难按照传统方式测量其磨损度，这就需要使用针对相应规格的曳引轮槽、专门制作的量具，以准确判定曳引轮槽的现状。如果需要拆卸、更换曳引机，则需要将轿厢可靠固定在井道顶层附近，以轿顶为工作平台，在井道顶部安装承重梁及起吊设备后实施曳引机的拆装。对曳引机的维修保养工作结束后，应注意不能将工具、备件等物品遗漏在井道内（如支架上），防止落下后造成意外的损害。

2. 控制柜的维修保养

无机房电梯的控制柜一般也安装在井道内，一旦电梯元件或电路接线等发生故障损坏，检修与更换操作将会比较困难，因此日常的维修保养比安装在机房内的控制柜装置要求更高。接插件、接线端子及断路器、熔断保护器等应经常检查，尽可能防止意外故障发生。进出控制柜的电线电缆的布置和连接要求规范、可靠固定，避免与轿厢等运行部件发生碰擦而导致破裂故障。无机房电梯由于没有手动机械松闸条件，因此发生困人故障时必须有一套应急松闸系统。以三菱 ELENESSA 电梯为例，可以在没有外部电源的情况下在层站外实施松闸救援操作。该救援操作装置电气回路的可靠性应该得到充分保障，在日常维修保养工作中对回路中的电源（即蓄电池）的充放电情况以及线路导通情况必须确认良好。在控制柜检修工作完成后应确保其盖板可靠关闭并固定，同样也应注意，不能将工具、备件等物品遗漏在井道内。

3. 利用井道以外的机器设备进行故障检修

电梯故障的查找与判断通常都需要在控制柜内进行，因为控制柜是控制电梯各项运行状态，汇集数据信息和发送指令的中枢机构。一般来说，驱动、控制和管理电梯运行的各种工作电压、回路构成、状态显示等都能在控制柜内进行检查。对于无机房电梯，一旦发生故障，有时候无法或很难直接接近控制柜装置，因此一般的无机房产品都会在井道以外的设备中提供一些故障判断与应急处理方式，如层站检修面板或远程监控设备等。

另外，通过层站检修面板观察窗还可以在紧急排故时确认轿厢位置和状态。无机房电梯的维修作业要求熟练掌握利用这些设备功能，以准确、高效、安全地进行排故障操作。

综上所述，无机房电梯的维修保养工作与传统的机房式电梯有很大区别。定期地对电梯进行维修保养将有利于保证电梯乘坐的安全性，提高电梯乘坐的舒适感与乘客的满意度，延长电梯设备的使用寿命。

五、结构特点

① 无机房电梯使用了许多业界前沿的技术，电梯的无齿轮曳引机由于采用了多项先进小型化技术，如永磁式电动机、独特的定子结构和内嵌式双制动器布局等，体形极为小巧。

② 优化的电动机设计还大大减小了直接影响电梯运行舒适感的转矩脉动，紧凑的机械结构运行起来却比以前的产品更平滑、安静与舒适。

③ 在电梯驱动方面，高存储大规模集成电路和低噪声 PWM 逆变元件等先进技术的应用，使驱动装置对曳引机的变压变频控制更为精确、平滑，作为电机驱动回路电源系统的 IPU（集成功率单元）和 PM（永磁）电动机又大大降低了能耗。

④ 新型的直接驱动式门系统同样采用永磁电动机并布置在门机结构内部，不仅节省空间，而且使开关门动作更加平稳、安静。门回路的控制使用高性能芯片强化灵敏度，能根据各楼层间的不同情况进行精确控制。

集这些高科技成果于一身的无机房电梯对用户来说意味着更安全可靠、更舒适的乘梯享受，而对于电梯维修保养单位来说，则要求更高技术含量、更准确规范的工作。

第五节 液压电梯

液压电梯（hydraulic lift）是通过液压动力源，把油压入油缸使柱塞作直线运动，直接或通过钢丝绳间接地使轿厢运动的电梯。

一、液压电梯的组成

液压电梯是机、电、液压一体化的产品，由下列相对独立但又相互联系配合的系统组成。包括液压（泵站）系统、驱动（柱塞）系统、导向系统、轿厢、门系统、电气控制系统、安全保护系统。其结构如图 7-32 所示。

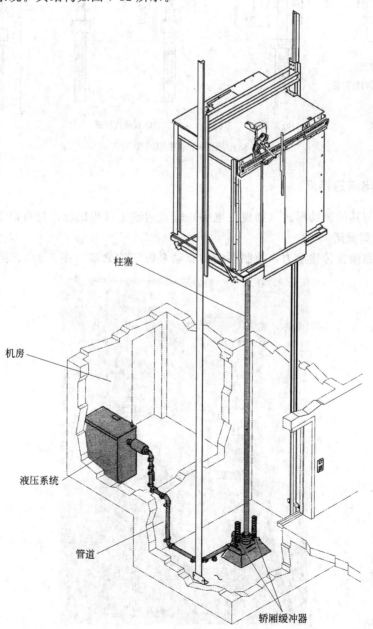

图 7-32 直顶式液压电梯原理

液压油从油泵经各种阀流入油缸，由柱塞推动轿厢上升，当油缸内的液压油返回油箱时轿厢便下降。适用于提升高度小载重量大，速度小且要求下置机房的场合。

如图 7-33 所示，液压电梯常用的驱动方式包括直顶式、侧顶式、双侧直顶式、背包式、倒拉式等。因液压电梯运行平稳、舒适、低噪声、井道利用率高等优点，近几年在商场、办公楼、停车场、车站与机场等公共场合广泛使用。

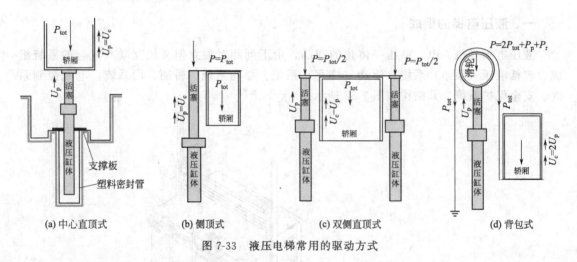

图 7-33　液压电梯常用的驱动方式

二、液压电梯的特点

液压电梯与其他驱动形式（如曳引电梯）垂直运输工具相比较，具有以下特点。

1. 机房设置灵活

液压电梯靠油管传递动力，控制系统和驱动系统结构紧凑（图 7-34）。因此机房位置在

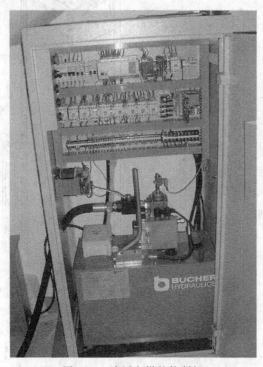

图 7-34　液压电梯的控制柜

离井道周围 20m 的范围内，不需要用传统方式将机房设在井道上部。井道利用率高。一般液压电梯不设置对重装置，故可提高井道面积利用率。井道结构强度低。因液压电梯轿厢自重及载重等负荷，均通过液压缸全部作用于井道底坑地基上，对井道地面、墙体及顶部的建筑性能要求低。

2. 运行平稳、乘坐舒适

液压系统传递动力均匀平稳，且利用比例阀和变频器可实现无级调速，电梯运行速度曲线变化平缓，因此舒适感优于曳引调速梯。

3. 安全性好、可靠性高、易于维修

液压电梯除装备有普通曳引式电梯具备的安全装置外，还设有液压相关的保护措施，如图 7-35 所示。

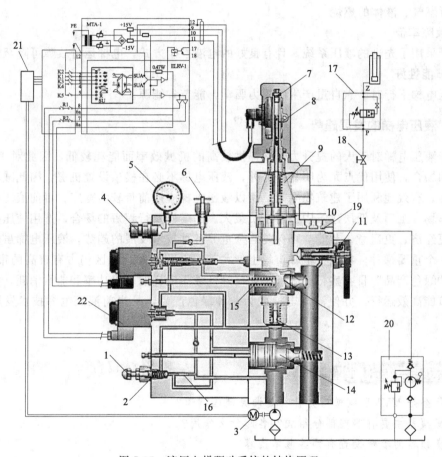

图 7-35 液压电梯驱动系统的结构原理

1—最大压紧螺栓；2—溢流阀；3—电机；4—实验接头；5—压力表；6—压力表截止阀；7—排气阀；8—压力传感器；9—主过滤器；10—流量测定系统；11—应急手动阀；12—下活塞；13—止回阀；14—压力限制活塞；15—特种入口喷嘴；16—缓冲喷嘴；17—管路破裂阀；18—球阀；19—压力开关；20—手动泵；21—变频器；22—紧急停止阀

① 溢流阀，可防止上行时压力过高。

② 应急手动阀，电源发生故障时，可使轿厢应急下降到最近的层楼位置，自动开启层门轿门，使乘客安全走出轿厢。

③ 手动泵，当系统发生故障时，可操作手动泵打出高压油，使轿厢上升到最近的层楼位置。

④ 管路破裂阀，液压系统管路破裂轿厢失速下降时，可自动切断油路。

⑤ 油箱油温保护，当油箱中油温超过某一值时，油温保护装置发出信号，暂停电梯使用，当油温下降后方可启动电梯。

4. 载重量大

液压系统的功率重量比大，因此同样规格的电梯，载重量相对较大。

5. 噪声低

液压系统可采用低噪声螺杆泵，同时油泵、电机可设计成潜油式工作，构成一个泵站整体，大大降低了噪声。

6. 防爆性能好

液压电梯采用低凝阻燃液压油，油箱又为整体密封，电机、油泵浸没在液压油中，能有效防止可燃气、液体的燃烧。

7. 故障率低

由于采用了先进的液压系统，且有良好的电液控制方式，电梯运行故障可降至最低。

8. 节能性好

液压电梯下行时，靠自重产生的压力驱动，能节省能源。

三、液压电梯的发展趋势

由于液压电梯对于大的提升力可以提供较高的机械效率而能耗较低，因此对于短行程、重载荷的场合，使用优点尤为明显。另外，液压电梯不必在楼顶设置机房，因此减小了井道竖向尺寸，有效地利用了建筑物空间，所以液压电梯应用前景较为宽广。目前液压电梯广泛用于停车场、工厂及低层建筑中。对于负载大、速度慢及行程短的场合，选用液压电梯比曳引电梯更经济、更适意。节能与环保是当今世界各种技术发展的趋势，液压电梯虽然仍是电梯中的一个重要梯种，在整个电梯市场上，尤其是在欧美发达地区仍占有较高的市场份额，但是在"绿色产品"日益盛行的今天，如何降低液压电梯的装机功率和能量消耗，实现液压电梯的节能高效运行，并使液压电梯成为一种绿色产品，是当前液压电梯技术发展的重要方向。

 思考与练习题 ➡➡➡

1. 什么是 VVVF 电梯？为什么要调频调压调速？
2. 变频器主要有哪些部分组成？各起什么作用？
3. 变频器的参数设置有哪些基本内容？
4. 群控电梯有哪几种工作状态？
5. 群控电梯的控制方式有哪些？
6. 电梯远程监控系统应该有的功能是什么？
7. 最先进的远程监控系统包括哪些内容？利用什么技术？
8. 无机房电梯有何特点？
9. 液压电梯的使用特点是什么？

第八章

自动扶梯

第一节 概 述

自动扶梯可连续工作，因此，在人流集中的公共场所如商店、车站、机场、码头、医院、城市过街地道和天桥及地铁车站等处，要在较短时间内连续输送大量人流，常采用自动扶梯作为不同建筑层高间的运输设备，较采用间歇工作的电梯，自动扶梯具有如下的优点。

① 生产率（即输送能力）大。

② 人流均匀，能连续运送人员。

③ 可以逆转，能向上和向下运转。

④ 当停电时或重要零件损坏需要停车时，可作普通扶梯使用。

但自动扶梯与电梯相比较，也有一些缺点。

① 自动扶梯结构有水平区段，有附加的能量损失。

② 大提升高度自动扶梯，人员在其上停留时间长。

③ 造价较高。

自动扶梯是由一台特种结构形式的链式输送机和两台特殊结构形式的胶带输送机组合而成的，用以在建筑物的不同层高间运载人员上下的一种连续输送机械，如图8-1所示。一系列的梯级与两根曳引链条连接在一起，再按一定轨迹布置的导轨上运行便形成自动扶梯的梯路。曳引链绕过上牵引链轮、下张紧装置，并通过上、下分支的若干直线、曲线区段构成闭合环路。环路的上分支中的各个梯级应严格保持水平，以供乘客站立。上曳引链轮通过减速器等与电动机相连以获得动力。扶梯两旁装有与梯路同步运行的扶手装置，以供乘客手扶，扶手装置与梯级由同一电动机驱动。为了保证自动扶梯乘客绝对安全，扶梯还配设有多种安全装置。

1959年，上海电梯厂生产了我国第一台自动扶梯，目前许多企业已经能够生产多种型号的自动扶梯。按照不同标准，自动扶梯有不同的分类。有双人自动扶梯、单人自动扶梯；端部驱动自动扶梯（链条式）、中间驱动自动扶梯（齿条式）；全透明扶手、半透明扶手和不透明扶手自动扶梯；小提升高度（3～10m）、中提升高度（10～45m）、大提升高度（45～65m）等自动扶梯。如中国迅达电梯公司上海电梯厂的SWE型、上海三菱电梯公司的J型、上海自动扶梯厂的SEF型、苏州迅达电梯公司的SWE型、中国天津奥的斯电梯有限公司的506型、东芝苗条型TC系列、日立MX系列自动扶梯等，具有较高的水平。

自动扶梯的发展趋势是：结构紧凑，减少占用空间；减轻设备自重，减少阻力，节约能

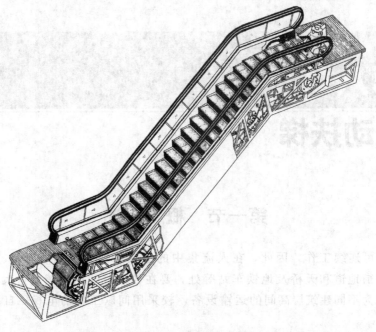

图 8-1　自动扶梯的结构

耗；外形美观，兼可作建筑物的装饰用；运转平稳，减少噪声。

自动人行道也是一种运载人员的连续输送机械。它与自动扶梯不同之处在于：运动路面不是形成阶梯形式梯路，而是平的路面；自动人行道主要用于平面输送，也能进行一定倾斜角度（一般小于 12°）的输送。自动人行道同样适用于人流集中的公共场所，如机场、超市等。

如上所述，自动扶梯由梯级、曳引链、梯路导轨系统、驱动装置、张紧装置、扶手装置和金属结构等若干部件组成。其中梯级、曳引链条以及梯路导轨系统可称自动扶梯梯路。另外，为完成扶梯的自动运行及安全，自动扶梯还包括电气设备和安全装置。

第二节　梯级与牵引构件

一、梯级的结构和性能

梯级是供乘客站立的特殊结构形式的四轮小车，梯级的结构如图 8-2 所示。梯级的主轮轮轴与曳引链活套在一起，这样可以做到梯级在上分支保持水平，在下分支进行翻转。由于

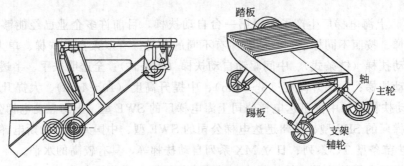

图 8-2　梯级结构

梯级数量多，且为运动部件，因此自动扶梯性能和质量很大程度上取决于梯级。目前，梯级绝大多数采用铝合金材料压铸而成，国外也有采用不锈钢材料冲压而成的梯级。

从结构上看，梯级有整体式和组装式两种。梯级由踏板、踢板、主轮、支架、支撑板和主轴组成，梯级结构的主要几何尺寸是主、辅轮之间的基距。梯级的其他尺寸与梯路的设计、曳引链节距有关。各组成部分的特点与作用如下。

1. 踏板

踏板表面应具有槽深大于 10mm、槽宽为 5～7mm、齿顶宽为 2.5～5mm 的等节距的齿形，其作用除防滑外，还使梯级顺利通过上、下出入口时，能嵌入梳齿槽中，以保证乘客安全上下。

2. 踢板

踢板的圆弧面是为两梯级在倾斜段运行中保证间隙一致而设计的。小提升高度的自动扶梯踢板要做成有齿槽的，其要求同踏板，可以使后一个梯级踏板的齿嵌入前一个梯级的齿槽内。而大提升高度的自动扶梯的踢板一般做成光面。

3. 主轮

梯级主轮的特点是工作转速不高，但工作负载却很大，外形尺寸又受到限制（直径为180mm），它的运转平稳性和噪声大小对整机性能影响很大。决定主轮使用寿命的主要因素是承载轮压的大小，而影响承载轮压的因素在于轴承材料及主轮成形工艺。我国目前的轮圈材料已从丁腈橡胶向聚氯酯材料过渡，并且提升高度在 6m 以下的梯级主轮有取代曳引链金属滚子的趋势，使梯级运行更加平稳，噪声更小。

4. 支架

梯级支架一般为铝合金压铸件，梯级主轴从支架中穿过。梯级主轴与支架有几种不同的连接方式：对开轴承盖式的支架盖式；整体尼龙轴套式；锥套用圆柱销固定式。它们的共同特点是装拆方便，允许梯级在驱动端和张紧端翻转时有微量的转动。

5. 支承板

梯级支承板在组装式梯级中起到把踏板、踢板、支架连接在一起的作用，一般采用厚度为 2～3mm 钢板折成形；而整体式梯级不需要支承板，所以重量可减轻约 1/3。

6. 主轴

梯级主轴起到与曳引链连接的作用。为减轻重量，多采用空心钢管，也有采用梯级主轮而两支架中间不用钢管连接的。

二、牵引构件

曳引链是自动扶梯传递牵引力的主要构件，一般采用套筒滚子链结构，也可采用齿条式结构。目前也大量采用梯级主轮（直径 70～100mm）替代套筒滚子链中的金属滚子，如图 8-3 所示。

由于两根曳引链条长度偏差会在运行中造成梯级的偏斜，故对此要进行配对处理。

由于曳引链条的可靠性很大程度上决定扶梯的可靠性，所以每根曳引链条安全系数必须大于 5。大提升高度除满足安全系数大于 7 外，还必须配置防折叠的结构，如图 8-4 所示。

如果梯级主轮在曳引链条里，则主轮的耐疲劳性

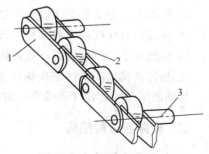

图 8-3　曳引链结构
1—外链板；2—梯级主轮；3—连接销轴

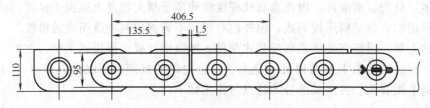

图 8-4　曳引链的防折叠结构

能必须满足扶梯运转性能的要求。

第三节　梯路导轨系统

自动扶梯的梯路导轨系统的作用是：保证梯级按一定的轨迹运行，保证乘客上下安全，运行平稳并支撑梯路的负载，防止梯级跑偏，因此，梯路导轨系统是自动扶梯的关键之一。梯路导轨系统包括主辅轮的全部导轨、反轨以及相应的支撑物等。

一、梯路区段划分

梯路是个封闭的循环系统，分成上分支和下分支。上分支用于运输乘客，是工作分支；下分支是返程分支，是非工作分支。图 8-5 为自动扶梯梯路各区段划分图。

上分支由以下区段组成：7—8 为下水平区段，8—9 为下曲线区段，9—10 为直线区段，10—11 为上曲线区段，11—12 为上水平区段。

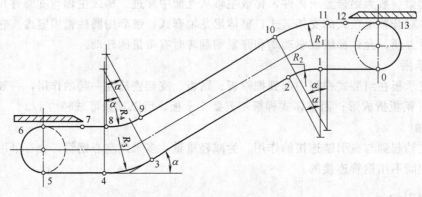

图 8-5　自动扶梯的梯路区段划分

为了使乘客顺利登梯与下梯，梯级在上分支必须保证符合下列要求。

① 梯级在上分支各个区段应严格保持水平，且不绕自身轴转动。

② 梯级在直线区段内各梯级应形成阶梯状。

③ 梯级在上、下曲线段，各梯级应有从水平到阶梯状态的逐步过渡过程。

④ 相邻两梯级间的间隙在梯级运行过程中应保持恒值，它是保证乘客安全的必备条件。

梯路的下分支，由于不载客，对上述条件可以不作要求。

二、梯路各区段结构

1. 上分支主轴轮中心轨迹

梯级具有两只主轮和两只辅轮，要使梯级达到上述要求，主辅轮必须有各自运行轨迹才能保证，如图 8-6 所示。

由图 8-6 可知，主轮中心轨迹方程为：

$$x_1^2 + y_1^2 = R_1^2$$

辅轮中心轨迹方程为：

$$(x_5 - b)^2 + (y_5 + a)^2 = R_1^2$$

上下曲线区段主辅轮中心运行轨迹加上各自轮子的半径就成了主辅导轨工作面的轨迹。上下水平区段主辅轮导轨分别布置在平行平面内，它们间的高度按梯级基距 L 的垂直投影距离确定。直线区段的主、辅轮导轨布置在同一倾斜的等距离平面内。

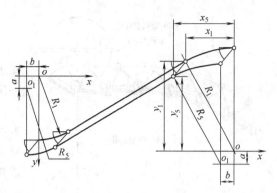

图 8-6 主辅轮运行轨迹

2. 驱动端水平区段的结构

这段长度包括梳齿板前缘至上曲段 R_1 起点的距离 L_1（即水平梯级的长度），以及梳齿板前缘至驱动主轴中心的距离 L_2，其结构如图 8-7 所示。驱动端水平区段的作用是：使运行到该区段的梯级形成水平平面，以方便乘客上下。

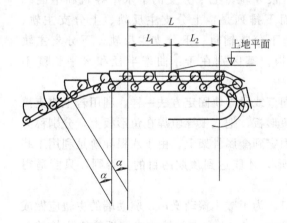

图 8-7 梯路驱动端水平区段示意图

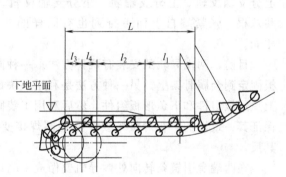

图 8-8 梯路张紧端水平区段示意图

3. 张紧端水平区段的结构

当自动扶梯的驱动装置在上端时，梯路的上水平区段为驱动端水平区段，另一端为张紧端水平区段，张紧端水平区段的结构如图 8-8 所示。张紧端水平区段的作用是：使自动扶梯的曳引链条获得恒定的张力，以补偿在运转过程中曳引链条的伸长，同时使运行到该区段的梯级形成水平平面，以方便乘客上下。

4. 转向壁偏心距

当梯级由上分支通过曳引链轮回转到下分支水平区段，一直运行到下分支曲线区段直至直线段，各梯级间的间隙逐步减小，甚至卡死。为了避免这种情况发生，最好的方法是将下分支辅轮导轨适当提高，使其（辅轮回转导轨即为转向壁）中心与曳引链轮中心出现一个偏心距 e，如图 8-9 所示。

由于梯级主辅轮在该处的回转半径相差较大，加上梯级惯性，所以翻转噪声较大，因此 e 值越小越好。依据梯级特性参数，偏心距 e 在 $5 \sim 8$mm 范围内较为适宜。

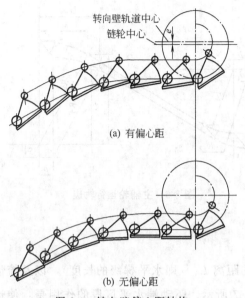

转向壁轨道中心
链轮中心

(a) 有偏心距

(b) 无偏心距

图 8-9 转向壁偏心距结构

三、梯路导轨系统

导轨系统不但要保证梯路符合设计参数的要求，还应使工作面光滑、平整、耐磨，且有一定的尺寸精度。

导轨相当于多跨度的连接梁，在水平段和直线段内，每个梯级主轮、辅轮的轮压由自重、乘客重量、这段曳引链条重量组成；而曲线区段除上述重量外，还需增加曳引链条通过此段时由张力分量所增加的载荷。导轨所承受的水平载荷是由梯级跑偏而形成的，一般很小，可忽略不计。

为了准确地保证各轨间的尺寸一致性，在直线区段一般做成若干块支撑板，把同一侧有关的轨安装在同一支撑板上，利用导轨组装工装固定到金属骨架上。而驱动端和张紧端，则把上分支的上水平导轨和上曲线导轨弯制成一根导轨，把下分支的下水平导轨和下曲线导轨也弯制成一根导轨。这样，驱动端自上而下排列是：上分支主反轨、上分支主轨、上分支辅反轨、上分支辅轨、下分支辅反轨、下分支辅轨、下分支主反轨、下分支主轨共八根。张紧端自上而下排列也有同样的八根。其区别在于：曲率半径和水平长度不相同。

目前，两端导轨的安装有两种方法。一种同直线段导轨固定方法一样，利用若干块支撑板固定到金属骨架上。另一种方法是利用一块鱼形板，把八根导轨焊在鱼形板上，分别称为上鱼形板组件和下鱼形板组件，然后利用工装固定到金属骨架上。由于八根导轨是利用工装保证其一致性的，在焊接中要严格控制焊接变形，才能达到顶期的目的。否则，只能适得其反。

在两端曳引链条转向处，导轨要做成喇叭口。为了减小振动噪声，驱动端的主轨应做成与曳引链轮齿根圆半径相近的圆弧，在超出链轮中心 1～2 个齿的地方去接近梯级主轮的到来。应尽量避免曳引链轮与主轨由于加工、安装尺寸的差异而发生有节奏的撞击声。

在两端曳引链条转向处，辅轮的转向壁的槽宽应大于辅轮直径 0.2～0.4mm，过大极易在转向时发生有节奏的撞击声。

导轨材料采用冷拉角钢，近期大量采用多品种、多规格的冷拉异型材，并有取代冷拉角钢的趋势。

第四节 驱动与张紧装置

驱动装置的作用是产生动力并将其传递给梯路系统和扶手系统，它是整台扶梯的动力源，也是主要振动噪声源，它的性能直接影响扶梯的性能。驱动装置包括驱动机组、驱动主轴、制动器、驱动链轮及驱动链条几个部分。

根据驱动装置的安装位置，驱动装置分为端部驱动装置和中间驱动装置两种，端部驱动装置安装在扶梯的端部（一般在上端部），中间驱动装置安装在扶梯的中间，图 8-10 为端部驱动装置的结构。

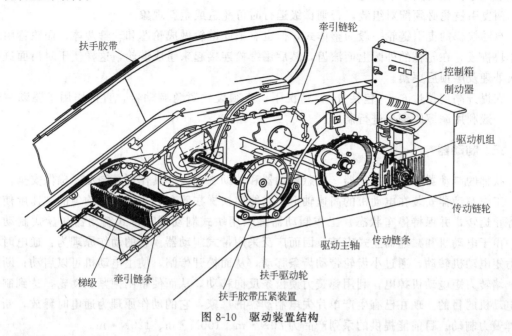

图 8-10　驱动装置结构

驱动装置的安装方式分直立式和卧式两种，它的连接形式分直连式和分装式两种，连接方式分刚性连接和挠性连接两种。

一、驱动机组

驱动机组包括驱动电动机与减速器。

电动机采用笼型异步电动机。过去常采用 Y 系列电动机，由于噪声过大，不能满足现代自动扶梯的需要，日趋淘汰。国内已经有厂家研制出低噪声、大启动转矩的 YZTD160L 系列电动机，已批量生产 8kW、11kW、15kW 系列电动机，代替进口产品。

减速器有阿基米德蜗杆减速器、齿轮减速器和针轮减速器等几种。阿基米德蜗杆减速器由于效率低、噪声大，已被淘汰；齿轮减速器国内产品由于噪声大，只在大提升高度的自动扶梯上采用，国外进口自动扶梯上也有采用；针轮减速器由于效率高、体积小，前几年被广泛采用，但因噪声大、使用寿命短，而日趋淘汰。国外广泛采用圆弧圆柱蜗杆（也称尼曼蜗杆）减速器和平面双包络蜗杆减速器，它们承受负载的能力大、效率高、噪声低，特别是平面双包络蜗杆减速器，其承载能力是阿基米德蜗杆的 4 倍，但价格相当昂贵，目前，国内也已试制成功并批量生产。

二、驱动主轴

装曳引链轮的轴称为驱动主轴。主轴由一对曳引链轮、扶手驱动链轮、与减速器相连的多排滚子链的链轮等组成，如图 8-11 所示。

当曳引链条采用小节距的套筒滚子链时，其曳引链轮的端面齿形采用标准的三圆弧一直线凹形齿形；当采用大节距链条，其金属滚子由梯级主轮替代时，链轮端面齿形采用直线-圆弧齿形，其齿顶圆直径可

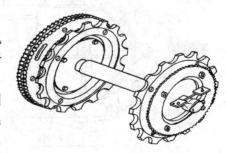

图 8-11　驱动主轴

以减小尺寸，只要大于节圆直径 10～15mm 即可。

两曳引链轮必须配对组装，否则梯级运行时可能造成歪斜现象。

自动扶梯的曳引链轮一般为整体式，但也有把此链轮做成轮芯和轮箍两体。而轮箍由若干小块拼成，在轮箍的外圆上面滚齿，然后用螺栓连接起来组成链轮，这样便于对齿面进行淬火处理及磨损后更换。

在提升高度超过 6m（包括 6m）情况下，必须设置紧急制动器，直接作用于驱动主轴上，一般利用摩擦原理来进行制动。

三、制动器

扶梯的制动器有工作制动器、紧急制动器和辅助制动器，其作用是制动，确保安全。

工作制动器安装在电动机的高速轴上，它能使扶梯在停车中，以几乎均匀的减速度使扶梯停止运转，并保持停车状态。工作制动器常采用块式制动器、带式制动器和盘式制动器等，由于电动机和减速器立式安装，因而广泛采用带式制动器。它的动作原理为：通电时堵转力矩电动机转动，通过小齿轮带动齿条移动，从而松开带闸，使主电动机可以启动；断电时，堵转力矩电动机掉电，利用弹簧力使齿条反向移动，从而使带闸抱紧制动轮，达到制动主电动机的目的。现在已有生产单片失电制动器的厂家，它的动作原理为通电时释放，断电时弹簧力制动。目前能提供的系列产品为 80N·m、100N·m、120N·m。

紧急制动器是防止传动链发生断裂而导致乘客人身伤害设置的。它安装在驱动主轴上，一旦传动链发生断裂，紧急制动器动作，用机械方法使驱动主轴停止并卡死，不再转动，梯路和梯级也不会上升或下滑，确保扶梯上乘客的安全。

辅助制动器的作用是：自动扶梯停车时起保险作用，尤其是在满载下降时，其作用更为显著。工作制动器的配置是必需的，而辅助制动器是根据用户的要求增设的。

四、驱动链条

驱动链条大多数采用标准多排套筒滚子链，安全系数大于 5。如果采用 V 带时，安全系数大于 7，且不少于三根。

为使各齿均匀磨损驱动链轮，应优选下列齿数：17、19、21、23、25、38、57、76、95、114。

随着改革开放的不断深入，先进技术的消化、吸收和科研成果的不断转化，国内驱动装置的性能指标已经接近国际先进水平。

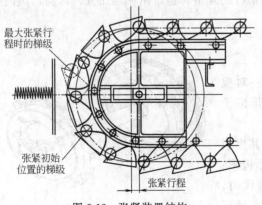

最大张紧行程时的梯级

张紧初始位置的梯级

张紧行程

图 8-12　张紧装置结构

五、张紧装置

张紧装置的作用：使自动扶梯的曳引链条获得恒定的张力，以补偿在运转过程中曳引链条的伸长。

目前大多数自动扶梯采用压簧张紧装置，这种结构形式的张紧轴的两端各装有 V 形滑块，在 V 形滑块的 V 形槽内装有钢球，可定向滑动，借助弹簧力的作用使曳引链条获得足够的张力。梯级辅轮在转向壁内运行有两种形式：一种形式是转向壁与辅轨连接在一起。当曳引链条在张紧轮上滚动时，梯级辅轮在转向壁内运行。当张紧位置发生变化时，转向壁并不随之移动，梯级以它翻转时倾斜角度的不同来适应位移的要求，从而达到张紧的目的，如图 8-12 所示。另一种形式是转向壁与辅轨不连接在一起。当张紧位置发生变化时，转向壁和主轨一起随位置变化而变化，而辅轨和主轨的接口利用叉口的形式进行过渡。

第五节 扶手装置

扶手装置的一个功能是供站立在梯级上的乘客安全乘梯扶手之用，另一个功能是装潢自动扶梯乃至整个商场。

常用的扶手系统有两种结构形式：一种是传统使用的摩擦轮驱动形式；另一种是压滚驱动形式。摩擦轮驱动扶手装置如图 8-13 所示。

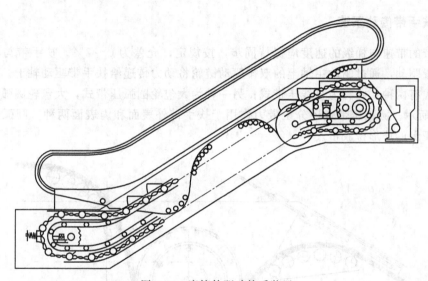

图 8-13 摩擦轮驱动扶手装置

扶手装置由护壁板、围裙板、内外盖板、斜角盖板、扶手支架、扶手带及其传动系统等组成。

一、护壁板

护壁板分成透明和不透明两种，透明的护壁板一般用 $\delta=10mm$ 的钢化玻璃制成，适用于小高度自动扶梯；不透明的护壁板一般用厚度为 $1\sim2mm$ 的不锈钢材料制成，适用于大、中高度自动扶梯。

二、围裙板、内外盖板、斜角盖板

它们是自动扶梯运行的梯级与固定部分的隔离板，用于保护乘客的乘梯安全。

围裙板一般采用厚度为 $1\sim2mm$ 的不锈钢材料制成，它与梯级的单边间隙小于 4mm，两边间隙之和小于 7mm。

内、外盖板，斜角盖板一般采用铝合金型材或不锈钢制成。在上、下水平段与直线段的拐角处，有的采用圆弧过渡，有的采用折角过渡。

三、扶手支架

在护壁板上方支持扶手带的金属支架称为扶手支架。它是由铝合金挤压件或不锈钢液压而成的。大型铝合金扶手支架型材适用于中、大提升高度；小型铝合金扶手支架型材适用于小提升高度；不锈钢扶手支架型材适用于豪华型小提升高度自动扶梯。在铝合金型材的扶手支架内，可配置扶手照明。

四、扶手带

扶手带是边缘向内弯曲的封闭型橡胶带制品，外层是丁酯橡胶层，中间是多股钢丝或薄钢带，里层是帆布或锦纶丝制品。这种扶手带既有一定的抗拉强度，又能承受反复不断的弯曲。目前，国产扶手带为了适应多家合资企业的需要，已有不同品种、不同规格和多种颜色可供选择。

五、扶手带传动系统

扶手带的带速与梯级的速度应保持同步，按规定，允差为 $0\sim2\%$。扶手带与梯级为同一驱动装置驱动，通过驱动主轴上的双排驱动链轮将动力传递给扶手带驱动轴上。目前扶手带驱动方式有两种：一种为直线压带式；另一种为大包轮圆弧压带式，大包轮圆弧压带装置如图 8-14 所示。圆弧压带式还分压带力作用于扶手带外表面和内表面两种。圆弧压带式的压带为多楔形的环形橡胶带。

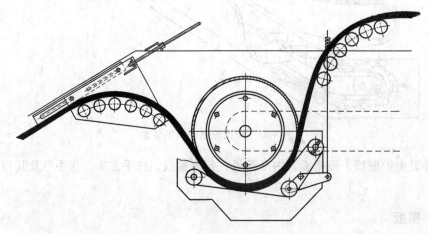

图 8-14　大包轮圆弧压带装置

扶手带整条圆周长度少则十几米，多则上百米，所需的驱动力也相当大。为了减小摩擦力，必须在直线段有扶手带导向件给予支撑减少摩擦；在扶手带转向处，改滑动摩擦为滚动摩擦；在扶手带返程区域内全部增加导向条，以减少由于扶手带抖动弯曲而增加的运动阻力。

扶手带驱动链条由于结构的限制，往往比较长，特别是直线压带式传动机构。为了降低噪声，增加运转平稳性，应在链条的最长悬臂区域设置导向机构。

第六节　金属骨架

自动扶梯的金属骨架是自动扶梯内部结构的安装基础，它的整体刚性及局部刚性的好坏直接影响扶梯的性能。所以要求挠度控制在两支撑距离的 1/750 范围内,对于公共型自动扶梯,要求控制在两支撑距离的 1/1000 范围内。

对于中、大提升高度的自动扶梯,其驱动装置应单独设立机房。金属骨架常采用多段结合式结构,而且在下弦杆处有一系列支撑,形成多支撑结构。

对于小提升高度的自动扶梯金属骨架。只要运输、安装条件许可,一般把驱动段、中间段、张紧段三段骨架在厂家拼装在一起或焊成一体。两端利用承载角钢支撑在建筑物的大梁上,形成两端支撑结构。

自动扶梯的金属骨架是个桁架结构,按节点载荷进行设计计算,要求结构紧凑,留有装配和维护空间。国内外有两种主材的结构形式,一种采用热轧型 125mm×80mm×10mm 角钢作为主梁钢,6、3 号槽钢作为主材;另一种采用 110mm×80mm×10mm 异型矩形管材作为主梁钢,80mm×60mm×10mm 异型矩形管材作为主材。

自动扶梯的金属骨架都采用焊接方法进行拼装,其焊接的变形量和焊缝质量至关重要。要控制和消除变形,常规做法是采用自然时效,但时间与占地受到制约。目前,国内有些广家采用振动时效方法消除焊接后的残余应力,效果相当不错。

第七节　梳齿前沿板

为了确保乘客上下扶梯的安全,必须在自动扶梯进出口处设置梳齿前沿板,它包括前沿板、梳齿板、梳齿三个部分,如图 8-15 所示。

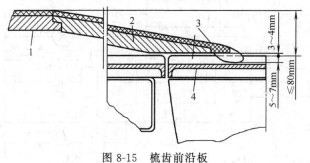

图 8-15　梳齿前沿板
1—前沿板;2—梳齿板;3—梳齿;4—梯级踏板

1. 前沿板

前沿板上表面就是地平面的延伸。为保证乘客安全,其高低不能发生差异。它与梯级踏板上表面的高度差应≤80mm。

2. 梳齿板

梳齿板的一边支撑在前沿板上,另一边作为梳齿的固定面。它的水平倾角小于 10°。梳齿板的结构应为可调式,以保证梳齿的啮合深度大于 6mm。

3. 梳齿

梳齿的齿应与梯级的齿槽相啮合,齿的宽度不小于 2.5mm,端部修成圆角,做成在啮合区域不至于发生夹脚等危险情况的形状,它的水平倾角不超过 40°。

梳齿的强度既要能承受乘客脚踏、脚踢等载荷,又要低于踏板齿的强度。当异物卡入时,产生不影响正常啮合的变形,否则梳齿的齿发生断裂。梳齿是易损件,要求更换安装方便。

第八节　电气控制设备

由于自动扶梯基本上不带载启动，直接启动时启动转矩不会超过额定转矩的 1.8 倍。所以，驱动电机可采用具有深槽转子的三相交流笼式电动机，也可使用双槽转子电动机。自动扶梯的电气线路包括：主电路、安全保护电路、控制回路、制动器电路及照明电路等。图 8-16 为自动扶梯常用的电气控制原理。

自动扶梯及自动人行道的电气设备部件和电气安装应符合国家规范中的有关规定。

自动扶梯及自动人行道电气设备部件包括：动力电路的主开关和附属电路；照明电路的开关和附属电路。有关电源电路的国家规范仅适用于上述的开关输入端为止，但适用于各机房的全部照明电路。在各机房内必须采用防护罩，以防直接触电。

对于控制电路和安全电路，导体之间或导体对地之间的直流电压平均值和交流电压的有效值均应为 250V。零线和接地线要始终分开。

自动扶梯的控制屏（柜）要经耐压试验。耐压试验电压值为电路最高电压值的 2 倍再加 1000V，历时 1min，不能有击穿或闪烁现象。控制屏安装后，外壳要可靠地接地。

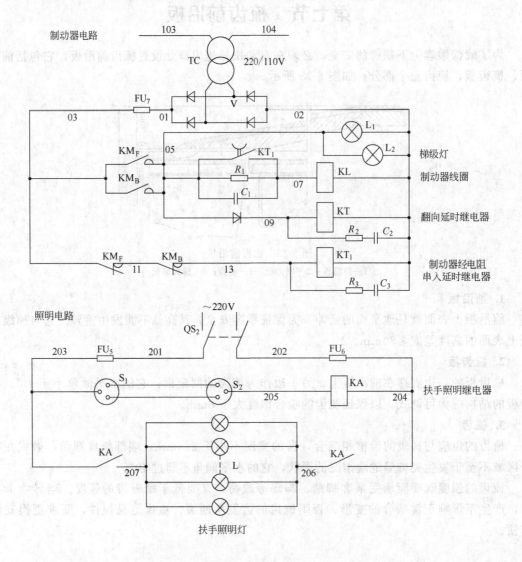

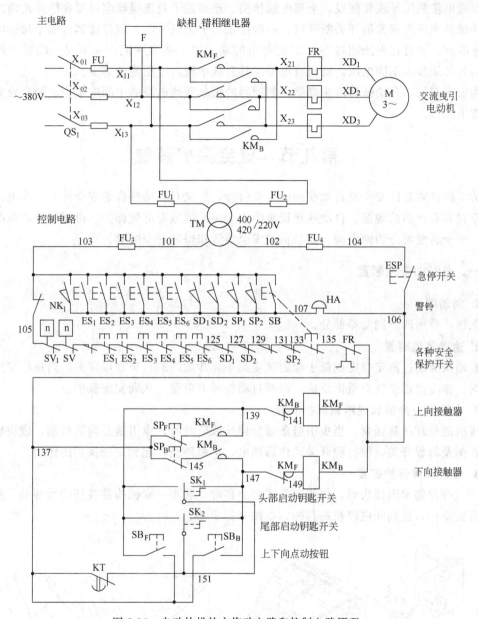

图 8-16　自动扶梯的主拖动电路和控制电路原理

　　直接与电源连接的电动机要有保护，并要采用手动复位的自动开关进行过载保护，该开关应切断电动机的所有供电。当过载控制取决于电动机绕组温升时，则开关装置可在绕组充分冷却后自动地闭合，但只有在符合对自动扶梯有关规定情况下才能再行启动。

　　在驱动机房、改向装置机房或是在控制屏附近，要装设一只能切断电动机、制动器的释放器及控制电路电源的主开关，但该开关不应切断电源插座以及维护检修所必需的照明电路的电源。当暖气设备、扶手照明和梳齿板等照明是分开单独供电时，则应设单独切断其电源的开关。各相应的开关应位于主开关旁边，并有明显标志。主开关的操作机构在活门打开之后，要能迅速而方便地接近。操作机构应具有稳定的断开和闭合位置，并能保持在断开位置。主开关应能有切断自动扶梯及自动人行道在正常使用情况下最大电流的能力。如果几台自动扶梯的各主开关设置在一个机房内，各台的主开关应易于识别。

导线电缆采用导线管敷设。全部电线接头、连接端子及连接器应设置在柜或盒内。如果自动扶梯的主开关或其他开关断开后，一些连接端子仍然带电，则应将其他端子与带电端子明显地隔开，并且在电压超过50V时仍带电的端子注上适当标记。如果同一线管中的导线或电缆各芯线接入不同电压，则所有电缆应具有其中最高电压绝缘等级。

为安全起见，自动扶梯的主电路、制动器的供电回路电源的中断应至少由两套独立的电气装置来实现。

第九节　安全保护装置

为了保证乘客的安全及自动扶梯的安全运行，各国对自动扶梯的安全性和垂直电梯一样极其重视并有严格的规范。自动扶梯设置的安全保护措施有电气保护、机械保护和机电联锁保护。安全装置可分为两大类，即必备的安全装置和辅助安全装置。

一、必备的安全装置

1. 制动器

见第八章第四节制动器部分。

2. 速度监控装置

自动扶梯超过额定速度或低于额定速度都是非常危险的，应加以保护。当扶梯发生上述情况时，速度监控装置会做出反应，切断自动扶梯的电源，从而实现保护。

3. 曳引链过分伸长或断裂保护装置

曳引链条靠压簧张紧。当曳引链条过分伸长或断裂时，曳引链条向后移动，碰块也随之后移，触及行程开关，使行程开关动作后断电，从而停机，起到安全保护的作用。

4. 梳齿异物保护装置

一旦有异物卡阻梳齿时，梳齿向后或向上移动，利用一套机构使拉杆向后移动，从而使安全开关动作，达到断电停机的目的，如图8-17所示。

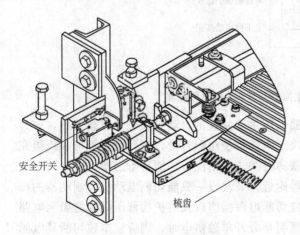

图8-17　梳齿异物保护装置

图8-18　扶手带进入口安全保护装置

1—扶手带；2—毛刷；3—检测板；4—行程开关

5. 扶手带进入口安全保护装置

一旦有异物从扶手带1经过毛刷2进入进入口时，碰到板3，板3利用杠杆原理放大行程后触及行程开关 4，使行程开关动作，达到断电停机的目的，如图 8-18 所示。

6. 梯级下沉保护装置

梯级是载人的重要部件，一旦发生支架断裂、主轮破裂、踏板断裂等现象时，会造成梯级下沉故障，将发生重大人身伤亡事故。如图 8-19 所示，一旦发生故障，下沉部位碰及检测杆 1，使检测杆摆动带动轴 2 旋转一个角度，轴上的凹块 3 也随之旋转一个角度，伸入凹块的行程开关 4 的触头动作，从而达到断电停机的目的。

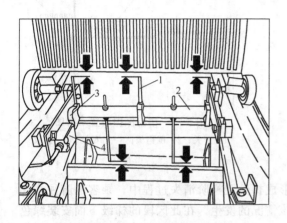

图 8-19　梯级下沉保护装置
1—检测杆；2—轴；3—凹块；4—行程开关

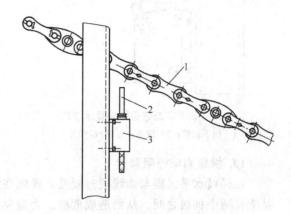

图 8-20　驱动链断保护装置
1—驱动链条；2—检测杆；3—行程开关

7. 驱动链断保护装置

自动扶梯的驱动装置都是通过双排套筒滚子链或 3~4 根 V 带，将动力通过减速器传递给驱动主轴的。如果发生链条断裂或皮带断裂现象，后果相当严重。因此，按规定提升高度超过 6m，应配置此保护装置，如图 8-20 所示。当驱动链条 1 断裂后，触及行程开关 3 的检测杆 2，使行程开关动作，主电动机断电停机；同时，紧急制动器的电磁铁有电，卡爪伸出，插入棘轮的齿槽内。由于紧急制动器直接装在驱动主轴上，从而达到制动驱动主轴的目的。

8. 扶手带断带保护装置

当扶手带没有经过大于 25kN 的破断力试验时，必须设置此保护装置，如图 8-21 为扶手带断带保护装置示意图。扶手胶带 1 通过驱动轮使之传动，一旦扶手带断裂，受扶手带压制的行程开关 3 上的滚轮 2 向上摆动，行程开关动作，从而达到断电停机的目的。作为保护开关的信号传感器，一般采用行程开关。作为高档的自动扶梯也有大量采用接近开关作为传感器件。此种器件具有动作可靠、精确度高、无噪声、使用寿命长等优点。上述六种为必备的联锁保护开关，另外还有特殊要求的安全保护开关。在 EN115 标准中，不作强行规定。如围裙板保护装置、速度监控装置、静电放电装置、围裙板上的安全刷等。

9. 裙板保护装置

自动扶梯正常工作时，裙板与梯级之间应保持一定间隙，单边为 4mm，双边之和为 7mm。为保证乘客的安全，在裙板的背面安装有 C 型钢，距 C 型钢一定距离处设置有电气开关。当异物进入裙板与梯级之间的缝隙后，裙板发生变形，C 型钢随之移动，当碰到电气开关时，扶梯立即停车，如图 8-22 所示。

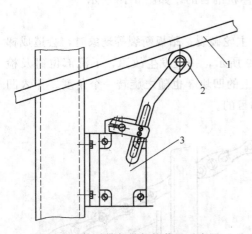

图 8-21　扶手带断带保护装置示意图
1—扶手胶带；2—滚轮；3—行程开关

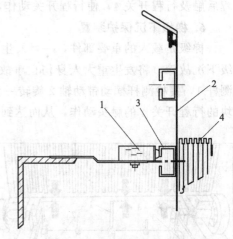

图 8-22　裙板保护装置示意图
1—开关；2—围裙板；3—C型钢；4—梯级

10. 梯级间隙照明装置

在梯级水平区段与曲线段过渡处，梯级在形成梯阶及梯阶消失过程中，乘客的脚往往会站立在两个梯级之间，从而造成危险。为避免该情况的发生，在此区段的梯级下面安装绿色荧光灯，提醒乘客及时调整站立位置。

11. 驱动电动机保护

当超载或电流过大时，开关自动断开使扶梯停车。在充分冷却后，开关装置自动复位。直接与电源连接的电动机应配置短路保护，该电动机应采用手动复位的自动开关进行过载保护，该开关应切断电动机所有的供电电源。

12. 相位保护

当电源发生错相或缺相时，自动扶梯不能运行。

13. 急停按钮

紧急停车按钮装在醒目而又容易操作的位置，当发生紧急情况时可立即停车。

二、辅助安全装置

1. 辅助制动器

见第八章第四节制动器部分。

2. 机械锁紧装置

在自动扶梯运输过程中或长期不运行时，可使用机械锁紧装置将驱动机组锁紧。

3. 梯级上的黄色边框

梯级是运载乘客的重要部件，为确保安全，在梯级上标记黄色边框，告知乘客只能站立在非黄色边框区域。

4. 裙板上的安全刷

为防止梯级与裙板之间夹住异物，除上述安全措施外，还要求设置安全刷或橡胶条。如图 8-23 所示，安全刷或橡胶条安装在裙板底座上，乘客就不会站立在与裙板太近的位置，可防止夹伤。

5. 扶手胶带同步装置

扶手胶带正常工作时应与梯级保持同步。如果运动速度相差太大，就失去作为移动扶手

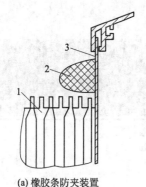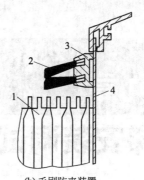

(a) 橡胶条防夹装置　　　　　　　(b) 毛刷防夹装置
1—梯级；2—橡胶条；3—壁板　　1—梯级；2—毛刷；3—毛刷底座；4—壁板

图 8-23　裙板上的橡胶条和安全刷

这个重要安全设施的意义，特别是在扶手胶带速度过慢时，会将乘客的手臂向后拉，造成后仰，乘客易失去重心引起危险。为此，设置扶手胶带同步装置，确保扶手胶带与梯级的同步。

 思考与练习题 ▶▶

1. 自动扶梯由哪些部件组成？各起什么作用？
2. 自动扶梯是如何牵引运行的？
3. 扶梯的驱动主机由哪些部件组成？
4. 扶梯必要的安全保护装置有哪些？如何保护？
5. 扶梯辅助安全装置有哪些？

第九章

电梯安装调试技术

电梯是一种比较复杂的机电综合设备。电梯产品具有零碎、分散，与安装电梯的建筑物紧密相关等特点。电梯的安装工作实质上是电梯的总装配，而且这种总装配工作大多在远离制造厂的使用现场进行，这就使电梯安装工作比一般机电设备的安装工作更重要、更复杂。因此，从事电梯安装必须是经过考核取得电梯安装维护资质专业队伍和电梯安装维护资格的人员。负责安装的主要人员应有比较丰富的理论知识和实践经验，而且在开始进行电梯安装之前，还必须认真了解要安装的电梯结构和工作原理，把准备工作做好。

第一节 电梯安装前的准备工作

一、安装班组的组成

电梯可由电梯制造厂或专业安装单位进行安装。根据不同用途电梯的技术要求、规格、层站数、自动化程度不同建立安装小组。安装小组一般由4～6名经国家技术监督部门考核取得资格的人员组成，其中必须有熟悉电梯产品的电工和钳工各一名，以便全面负责电梯的安装和调试工作。

电梯安装小组负责人应向小组成员介绍有关电梯的基本情况、施工现场、电源、报警、医疗、工作周期等事项，并作必要的安全教育。

二、安装技术资料的熟悉

安装人员应熟知电梯安装、验收的国家标准、地方法规，企业产品标准，同时还应阅读土建资料及随机技术文件。随机技术文件应包括电梯安装说明书、使用维护说明书、易损件图册、电梯安装平面布置图、电气控制说明书、电路原理图和电气安装接线图、装箱单、合格证书等。

三、施工进度安排

为了提高安装进度，安装组内可分为机和电两个施工作业组。电梯机械和电气两个系统的安装工作，可由两个作业组采用平行交叉作业，同时进行施工。根据电梯的控制方式、层站数，具体确定施工方案，编制施工进度计划表。同时编制安装电梯的施工预算，提出用工用料计划。电梯在安装过程中，需要根据施工期的不同阶段，配备一定数量辅助工，保证安装工作的顺利进行。一般一台十层以下的电梯，工程进度在一个月，甚至更短。

四、施工现场的检查及工具准备

事先检查电梯的施工现场，包括通道是否畅通，是否需要清理现场，仓库及零部件存放地点的干燥和安全，机房、井道是否符合电梯安装规程中的各项规定及有无安全隐患等。

认真核对和测量机房、井道位置、尺寸，曳引机在机房内的位置和方向，控制柜的位置，引入机房的电源位置和配置，并做好记录。

清查或购置安装工具和必要的设备。安装电梯时必备的一般工具和设备有以下几类。

钳工工具：钳子、扳手、螺丝刀、钢锯、榔头、锉刀等。

电工工具：万用表、兆欧表、电烙铁、电工刀、拨线钳、试电笔等。

磨削工具：手枪钻、冲击钻、砂轮机、角向磨光机、丝锥等。

起重工具：手动葫芦、液压千斤顶、撬杠、绳索及其夹头等。

测量工具：水平仪、塞尺、钢卷尺、线锤、直尺、游标卡尺、直角尺等。

调试工具：示波器、声级计、转速表、秒表、弹簧秤、加速度测试仪等。

其他工具：电梯安装的吊线架、导轨粗校卡板、导轨精校卡板等，还有电气焊、喷灯、油枪、手电筒、36V手提行灯等。

五、电梯井道的测量

电梯井道测量是电梯安装之前对电梯土建布置图尺寸的复核。测量内容包括井道平面净尺寸、垂直度、井道留孔、预埋件位置、底坑深度、顶层高度、提升高度等，如发现不符，应及时通知使用单位予以修正。

对高层建筑，用以下步骤进行井道测量。

① 了解有关门口的井道内壁抹灰层的形式及厚度。

② 井道样板架上标出导轨的中心线和轿厢中心线，尺寸应按土建图纸中的规定，并考虑抹灰层厚度而定。

③ 应预先标好固定垂线的位置。

④ 测量各层井道尺寸，做好详细记录。

⑤ 确定个别尺寸的最大偏差，按最佳方案重新确定铅垂线的位置。

六、电梯设备的开箱验收

安装人员在开始安装前，应会同用户及制造厂家的代表一起开箱。根据装箱单开箱清点、核对电梯的零部件和安装材料，并将核对结果做好记录，由三方代表当场签字，限期内补齐缺损件。清理、核对过的零部件要合理放置和保管，避免压坏或使楼板的局部承受过大载荷。可以根据部件的安装位置和安装作业的要求就近堆放，尽量避免部件的重复搬运，以便安装工作的顺利进行。例如可将导轨、对重铁块及对重架堆放在一层楼的电梯厅门附近，各层站的厅门、门框、踏板堆放在各层站的厅门附近。轿厢架、轿底、轿顶、轿壁等堆放在上端站的厅门附近。曳引机、控制柜、限速装置等搬运到机房，各种安装材料搬进安装工作间妥为保管，防止损坏和丢失。

七、清理井道，搭脚手架

安装电梯是一种高空作业，为了便于安装人员在井道内进行施工作业，一般需在井道内搭脚手架。搭脚手架之前必须先清理井道，特别是底坑内的杂物，必须清理干净。脚手架可用竹竿、木杆、钢管搭成。脚手架的形式与轿厢和对重装置在井道内的相对位置有关，对重装置在轿厢后面和侧面的脚手架一般可搭成图 9-1 的形式。如果电梯的井道截面尺寸或电梯的额定载重量较大，采用单井式脚手架不够牢固时，可增加图 9-1（b）中所示的虚线部分，称为双井式脚手架。对于层站多且提升高度大的电梯，在安装时也有用卷扬机作动力，驱动轿厢架和轿厢底盘上下缓慢运行，进行施工作业。也可以把曳引机先安装好，由曳引机驱动轿厢架和轿底来进行施工作业。

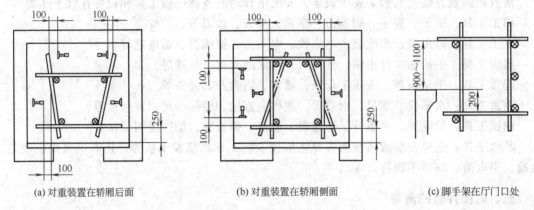

(a) 对重装置在轿厢后面　　　　(b) 对重装置在轿厢侧面　　　　(c) 脚手架在厅门口处

图 9-1　脚手架结构形式

搭脚手架时必须注意以下几点。

① 应用扣件或铁丝捆绑牢固，便于安装人员上下攀登。其承载能力必须在 $2.45 \times 1000\text{Pa}$ 以上。横梁的间隔应适中，一般为 1300mm 左右。每层横梁应铺放两块以上脚手板，各层间的脚手板应交错排列，脚手板两端应伸出横梁 150～200mm，并与横梁捆扎牢固。

② 脚手架在厅门口处应符合图 9-1(c) 的要求。

③ 采用竹竿或木杆搭成的脚手架，应有防火措施。

④ 不要影响导轨、导轨架及其他部件的安装，防止堵塞或影响吊装导轨和放置铅垂线。

⑤ 脚手架立管最高点位于井道顶板下 1.5～1.7m 处为宜，以便稳放样板。脚手架搭到上端站时，立杆应尽量选用短材料，以便组装轿厢时先拆除。

在井道内应设置工作电压不高于 36V 的低压照明灯，并备有能满足施工作业需要的供电电源。照明灯设置点应根据井道高度和结构形式、作业点的位置选定。

八、样板架制作及挂线工艺

制作和稳固样板架与悬挂铅垂线时，必须以电梯安装平面布置图中给定的参数尺寸为依据。由样板架悬挂下放的铅垂线是确定轿厢导轨和导轨架、对重导轨和对重导轨架、轿厢、对重装置、厅门门口等位置，以及相互之间的距离与关系的依据。因此制作的样板架必须牢固、尺寸准确。从样板架上悬挂和下放铅垂线是一件重要而又细致的工作，切不可粗心大意。安装人员在制作样板架、稳固安装样板架、悬挂铅垂线之前，必须认真核对安装平面布置图所给定的参数尺寸与有关零部件的实际尺寸之间是否协调，如果发现有不协调之处，应及时采取相应措施，确保安装工作顺利进行。为了便于安装和保证安装质量，样板架分为上样板架和下样板架，如图 9-2 所示。

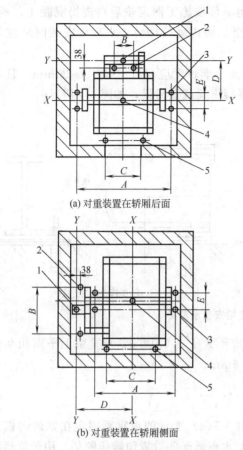

(a) 对重装置在轿厢后面

(b) 对重装置在轿厢侧面

图 9-2　样板架及铅垂线示意图

A—轿厢导轨架面距；B—对重导轨架面距；C—厅门净门口尺寸；D—轿
厢和对重装置中心距；E—轿厢导轨固定孔中心距；

1—对重装置中心垂线；2—对重导轨架导轨固定孔中心垂线；3—轿厢导
轨架导轨固定孔中心垂线；4—轿厢中心垂线；5—厅门净门口宽铅垂线

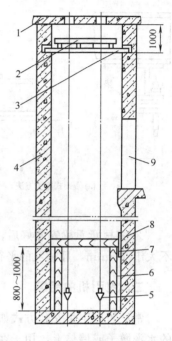

图 9-3　上和下样板架稳固示意图

1—机房楼板；2—上样板架；3—木梁；
4—井道墙壁；5—铅垂；6—撑木；
7—木楔；8—底坑样板架；
9—厅门入口处

上样板架位于井道上方距离机房楼板 1m 左右处，用膨胀螺栓将角钢水平牢固地固定于井道壁上（或沿水平方向剔洞），稳放样板木支架，并且端部固定。样板支架方木端部应垫实找平，水平度误差不得大于 3/1000。样板架木梁用断面为 100mm×100mm、干燥、不易变形、四面刨平、互成直角的木料制成。

下样板架水平地固定在井道底坑内距离底坑地面 800～1000mm 处。样板架一端顶着厅门对面的墙壁，另一端用木楔固定在厅门口下面的井道墙壁上。固定后的上和下样板架如图 9-3 所示。

以上准备工作做好后，安装小组的机、电人员就可以分为两个施工作业小组，对电梯的机械和电气两部分进行平行交叉作业施工。在施工过程中，应做到既有分工又有协作，遇到问题共同协商解决。

第二节　机房内机械设备的安装

一、承重梁的安装

承重钢梁大多采用槽钢或工字钢，安放于机房的楼面之上。过去也有放在楼板下面的布置方式，因这种方法要在土建施工时，由土建单位按施工图定位后再浇捣混凝土，成本高，故不宜采用。楼面上安装时，只要将钢梁运至机房内就位即可。承重梁安装时应注意以下几点。

① 承重梁需超过支撑体或埋入墙体内，其支承长度应超过支撑中心 20mm，且不应小于 75mm。梁下应垫以能承受其载荷的钢筋混凝土梁或金属梁，如图 9-4 所示。

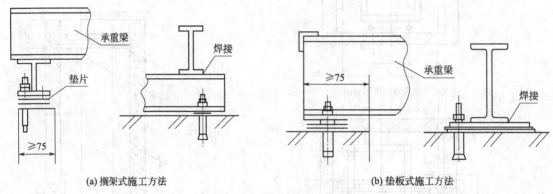

(a) 搁架式施工方法   (b) 垫板式施工方法

图 9-4　承重梁安装示意图

② 多根承重梁安装好后，上平面水平度应不大于 0.5/1000，承重梁上平面相互间高差不大于 0.5mm，且相互的平行度误差不大于 6mm。

二、曳引机的吊装

常见的曳引机安装方式如图 9-5 所示。图 9-5（a）所示的承重梁固定在井道向机房延伸的水泥墩子或墙体上，用于客梯时，承重梁与水泥墩子间放置防震橡胶垫。用于货梯时则可不用橡胶垫而将钢梁与墩子浇牢。这种方式的钢梁与机房楼面间距只有 30～50mm。图 9-5（b）所示的承重梁两端支承在与井道向机房延伸的水泥墩子上，承重梁与机房楼面间距为 400～600mm，这种方式导向轮或复绕轮安装方便。安装时，根据机房净高度和曳引形式决定其安装方式。

曳引机可借助手拉葫芦进行吊装就位（图 9-6）。安放到基座后，必须进行定位。可在曳引轮居中的绳槽前后各放一根铅垂线直至井道样板上的绳轮中心位置，移动曳引机位置，直至铅垂线对准主导轨（轿厢）中心和对重导轨（对重）中心，然后将曳引机座与承重梁定位固定。

三、限速器的安装

限速器应装在井道顶部的楼板上，其具体位置可根据安装布置图要求定位。

为了保证限速器与张紧装置的相对位置，安装时在限速器轮绳槽中心挂一铅垂线至轿厢横梁处的安全钳拉杆的绳接头中心；再从这里另挂一根铅垂线到底坑中张紧轮绳槽中心，要求上下垂直重合，然后在限速器绳槽的另一侧中心到底坑中的张紧轮槽再拉一根线，如果限速器绳轮的直径与张紧轮直径相同，则这根线也是铅垂的，如图 9-7 所示。

限速器绳中的张力是通过增加或减少张紧装置中的配重来调整。采用悬臂重锤式的张紧装置时，其重锤是整体式的，只要按要求就位即可。

限速装置经安装调整后，应注意以下几点。

① 限速器绳轮的铅垂度，应不大于 0.5mm。

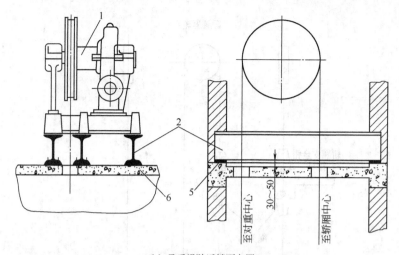

(a) 承重梁贴近楼面布置

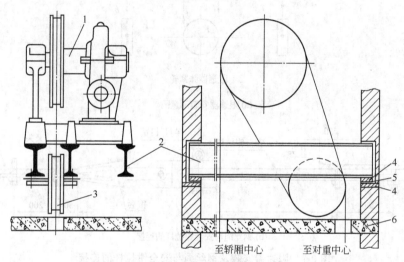

(b) 承重梁高位布置方式

图 9-5　曳引机安装方式

1—曳引机；2—工字梁；3—导向轮；4—钢板；5—橡胶垫；6—楼板

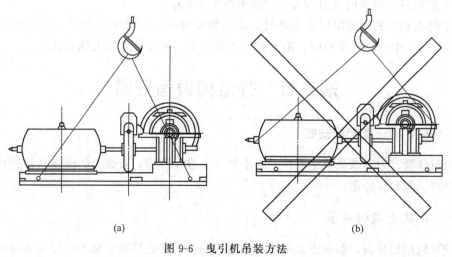

(a)　　　　　　　　　　　　　　　(b)

图 9-6　曳引机吊装方法

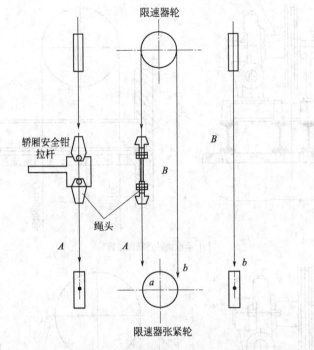

(a) 限速器安装示意图

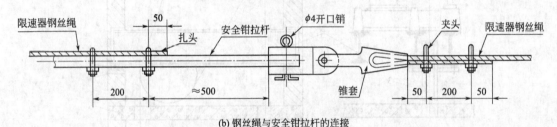

(b) 钢丝绳与安全钳拉杆的连接

图 9-7　限速器安装及钢丝绳与安全钳拉杆的连接

② 按安装平面布置图的要求，限速器的位置偏差在前后和左右方向，应不大于 3mm。

③ 限速装置绳索与导轨的距离，按安装平面布置图的要求，偏差值应不超过 5mm。

④ 张紧装置对绳索的拉力，每分支应不小于 15kg。

⑤ 当绳索伸长到预定限度或脱断时，限速器断绳开关应能断开控制电路的电源，强迫电梯停止运行。电梯正常运行时，限速装置的绳索不应触及装置的夹绳机件。

第三节　井道内设备安装

一、导轨、导轨支架的安装

导轨与导轨支架安装是整个电梯安装中的一个重要环节，安装上的误差必将造成轿厢运行中的噪声、振动与冲击。

（一）导轨支架的安装

一般导轨用压导板、圆头方颈螺栓、垫圈、螺母固定在导轨支架上，导轨支架与井道墙固定。

1. 对穿螺栓固定法

当井道墙厚度小于150mm时，可用冲击钻或手锤，在井道壁上钻出所需大小的孔，用螺栓通过穿孔将支架固定，如图9-8(a)所示。固定时在井道壁背面放置一块厚钢板垫片。

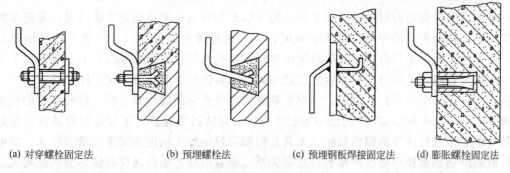

(a) 对穿螺栓固定法　　　(b) 预埋螺栓法　　　(c) 预埋钢板焊接固定法　　　(d) 膨胀螺栓固定法

图9-8　导轨支架安装

2. 预埋螺栓法

采用这种方法，要求在土建时井道墙上留有预留孔，或者在安装时先凿孔，然后将预埋螺栓按要求位置固定好，埋入深度不小于120mm，最后用较高标号的混凝土浇灌牢固，如图9-8(b)所示。

3. 预埋钢板焊接固定法

这种方式适用于混凝土井道墙。在土建时按要求预埋入带有钢筋弯脚的钢板，安装时将导轨支架焊接在钢板上即可，如图9-8(c)所示。

4. 膨胀螺栓固定法

适用于混凝土或空心砖墙墙体的井道。安装时用冲击钻或墙冲在井道墙上钻一与膨胀螺栓规格相匹配的孔，放入膨胀螺栓将支架固定即可，如图9-8(d)所示。

导轨架全部固定好，采用埋入式稳固时浇注的水泥沙浆完全凝固，并经全面检查校正后，可吊装导轨。轿厢导轨和对重导轨应分别吊装。

导轨架经稳固和调整校正后，应符合下列要求。

① 任何类别和长度的导轨架，其水平度应不大于5mm，导轨架端面$a < 1$mm，如图9-9所示。

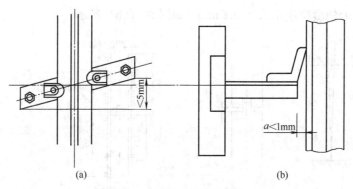

图9-9　导轨支架安装要求

② 采用焊接式稳固导轨架时，预埋钢板应与井壁的钢筋焊接牢固。

③ 由于井壁偏差或导轨架高度误差，允许在校正时用宽度等于导轨架的钢板调整井壁与导轨架之间的间隙。当调整钢板的厚度超过 10mm 时，应与导轨架焊成一体。

④ 浇灌预埋钢板、预埋螺栓、对穿螺栓的水泥必须在 400# 以上。

(二) 吊装导轨

吊装轿厢导轨之前需按样板架上悬挂的导轨架和导轨铅垂线确定导轨位置，先把底坑槽钢安装好，然后再吊装导轨。吊装导轨时，一般通过预先装置在机房楼板下的滑轮和尼龙绳，由下往上逐根吊装对接，并随时用压导板和螺栓把导轨固定在导轨架上。导轨的下端应与底坑槽钢连接，上端与机房楼板之间的距离和电梯运行速度有关，按 GB 7588—2003《电梯制造与安装安全规范》的规定，当对重装置完全坐在它的缓冲器上时，轿厢导轨的长度应能提供不小于 $0.1+0.035V^2$ 的进一步制导行程。导轨吊装完后，不管是轿厢导轨还是对重导轨，都必须进行认真的调整校正，尤其是轿厢导轨的加工精度和安装质量的好坏，对电梯运行时的舒适感和噪声等性能都有着直接关系，而且电梯的运行速度越快，影响就越大。而电梯的对重导轨也是加工精度和安装质量越高越好，特别是对快速梯和高速梯的对重导轨要求仍然是很严格的。导轨应用压板固定在导轨支架上，不应采用焊接或螺栓连接。

导轨安装前应清洗导轨工作表面及两端端头，并检查导轨的直线度，不符合要求的导轨应予以校正，导轨之间用连接板固定。

导轨吊装定位后，观测导轨端面、铅垂线是否在正确的位置上，校正时常用图 9-10 所示的导轨卡规（找导尺）定位，自上而下进行测量校正。

图 9-10 导轨校正示意图

导轨经精校后应达到以下要求。

① 两列导轨要垂直，而且互相平行，在整个高度内的相互偏差应不大于 1mm。

② 导轨接头不宜在同一水平面上，或按厂家图纸要求施工。

③ 两列导轨的侧工作面与导轨中心铅垂线偏差，每 5m 应不大于 0.6mm。

④ 导轨接头处的缝隙应不大于 0.5mm，如图 9-11(b) 所示。

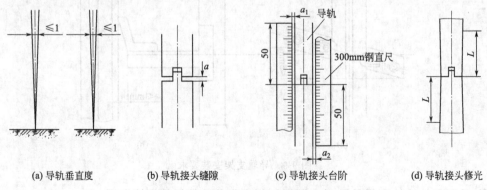

(a) 导轨垂直度　　(b) 导轨接头缝隙　　(c) 导轨接头台阶　　(d) 导轨接头修光

图 9-11 导轨主要部位调整示意图

⑤ 导轨接头处的台阶，用 300mm 长的钢板尺靠在工作面上，用厚薄规检查。在 a_1 和 a_2 处应不大于 0.04mm，如图 9-11(c) 所示。

⑥ 导轨接头处的台阶应按 GB/T 10060—2011 规定修光。修光后的凸出量应不大于 0.02mm，如图 9-11(c) 所示。修光长度如表 9-1 所示。

表 9-1　修光长度

电梯速度/(m/s)	2.5 以上	2.5 以下
修光长度/mm	≤300	≤200

⑦ 最下一层导轨架距底坑 1000mm 以内，最上一层导轨架距井道顶距离≤500mm，中间导轨架间距≤2500mm 且均匀布置，如与接导板位置相遇，间距可以调整，错开的距离≥30mm，但相邻两层导轨架间距不能大于 2500mm。

⑧ 电梯导轨严禁焊接，不允许用气焊切割。

二、轿厢、安全钳及导靴的安装

轿厢一般都在井道内最高层位置安装，在轿厢架进入井道前，首先将最高层的脚手架拆去，在端站层门地槛对面的墙上平行地固定两个角钢托架（图 9-12），或平行地凿两个 250mm×250mm 的洞，孔距与门口宽度相近。然后用两根截面不小于 200mm×200mm 的方木作支承梁，并将方木的上平面找平，加以固定。最后通过井道顶的曳引绳孔，并借助于楼板承重梁，用手拉葫芦悬吊轿厢架。

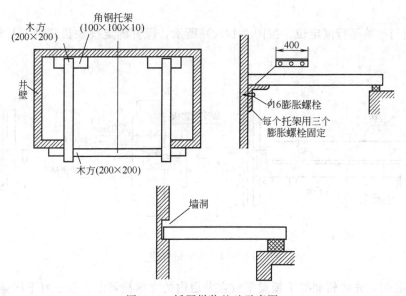

图 9-12　轿厢拼装基础示意图

通常的轿厢安装顺序为：下横梁→立柱→上梁→轿底→轿壁→轿顶→门机→轿门（图 9-13）。

安全钳在装下横梁时应事先装好，并作如下调整。

① 将底梁放在架设好的木方或工字钢上，保证下梁水平度 $|A-B|$≤1.0，如图 9-14(a) 所示。

② 安装单侧动作安全钳楔块，调整安全钳口（老虎嘴）与导轨面间隙为 5mm，按图 9-14

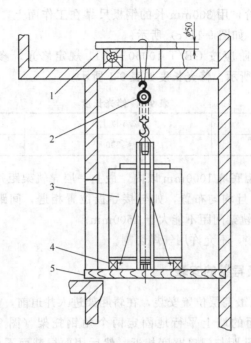

图 9-13 轿厢组装示意图

1—机房；2—2～3t 手动葫芦；3—轿厢；4—木块；5—200×200 方木

（b）所示分别在两个安全钳的固定侧楔块与导轨之间衬垫 3mm 厚的垫片，提升滑动侧楔块夹持住导轨。

③ 楔块与导轨平行度定位，按图 9-14(c) 所示，保证固定楔块齿顶面与导轨之间 $|C-D| \leqslant 0.2$。

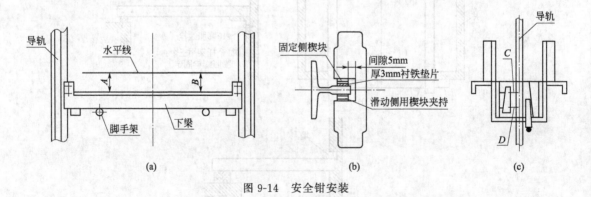

图 9-14 安全钳安装

具体安装时，先将轿厢架下横梁平放在井道内的支承横梁上，校正好下横梁平面的水平度、导轨端面与安全钳端面间隙。其次吊起两侧立柱，用搭接板与下梁固定。再用葫芦将上梁吊起，然后将其与两立柱用螺栓固定好。轿底安装时，根据不同形式的轿底结构（固定式、带减震元件的活络轿底）特点确定安装工艺。通过轿架斜拉杆上的双螺母调整轿底水平度（图 9-15），轿底安装好后应保证其水平度不大于 2/1000。

轿底安装好后装轿壁。一般先装后壁，后装侧壁，再装前壁。

轿顶预先组装好，用吊索悬挂起来，待轿壁全部装好后再将轿顶放下，并按设计要求与轿壁固定。

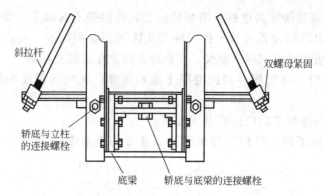

斜拉杆

双螺母紧固

轿底与立柱
的连接螺栓

底梁　轿底与底梁的连接螺栓

图 9-15　轿厢架装配示意图

轿厢架及厢体组装完后再进行轿内其他机件的安装。安装其他机件时，对表面已装饰好的零部件应倍加小心，切不可把装饰弄坏。对贴有粘纸保护的零部件，安装时应尽量不要撕去，以避免不必要的表面损伤。

导靴安装时，应使同一侧上下导靴保持在一个垂直平面内。导靴与导轨顶面应保留适当的间隙。固定式导靴，使其两侧间隙各为 $0.5\sim1$mm。滚轮导靴外圈表面与导轨顶面应紧贴。弹性导靴与导轨顶面应无间隙。弹性导靴对导轨顶面的压力应按预定的设计值调整合适。过紧或过松均会影响电梯乘坐的舒适性（图 9-16）。

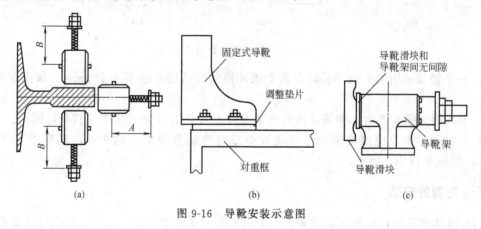

固定式导靴

调整垫片

对重框

导靴滑块和
导靴架间无间隙

导靴架

导靴滑块

(a)　　　　　　　(b)　　　　　　　(c)

图 9-16　导靴安装示意图

三、安装轿门

① 轿门门机安装于轿顶，轿门导轨应保持水平，轿门门板通过 M10 螺栓固定于门挂板上。门板垂直度误差不大于 1mm。轿门门板用连接螺栓与门导轨上的挂板连接，调整门板的垂直度，使门板下端的门滑块与地坎上的门导槽相配合。

② 安全触板（或光幕）安装后要进行调整，使之垂直。轿门全部打开后安全触板端面和轿门端面应在同一垂直平面上。安全触板的动作应灵活，功能可靠。其碰撞力不大于 5N。在关门行程 1/3 之后，阻止关门的力不应超过 150N。

③ 在轿门扇和开关门机构安装调整完毕，安装开门刀。开门刀端面和侧面的垂直偏差全长均不大于 0.5mm，并且达到厂家规定的其他要求。

四、安装缓冲器

① 对于设有底坑槽钢的电梯，通过螺栓把缓冲器固定在底坑槽钢上。

② 对于没有设底坑槽钢的电梯，缓冲器应安装在混凝土基础上。安装时，应根据电梯安装平面布置图确定的缓冲器位置，把缓冲器支撑到要求的高度，校正校平后穿好地脚螺栓，再制作基础模板和浇灌混凝土砂浆，把缓冲器固定在混凝土基础上。

③ 安装缓冲器时，固定缓冲器的混凝土基础高度，视底坑深度和缓冲器自身的高度而定。

缓冲器经安装调整校正后应达到以下要求。

a. 采用油压缓冲器时，经校正校平后活动柱塞的铅垂度应不大于 0.5mm，如图 9-17(a) 所示。

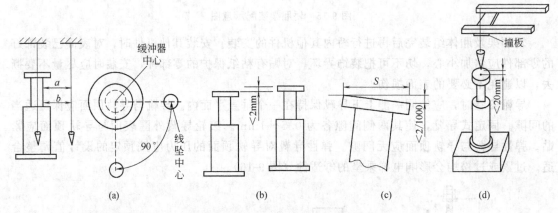

图 9-17　缓冲器安装示意图

b. 一个轿厢采用两个缓冲器时，两个缓冲器间的高度差应不大于 2mm，如图 9-17(b) 所示。

c. 采用弹簧缓冲器时，弹簧顶面的水平度应不大于 2/1000，如图 9-17(c) 所示。

d. 缓冲器的中心应对准轿架下梁缓冲板或对重装置缓冲板的中心，其偏差应不大于 20mm，如图 9-17(d) 所示。

五、对重的安装

（1）安装对重时，应先在底坑架设一个由木方构成的木台架，其高度为底坑地面到缓冲越程位置时的距离 S（弹簧缓冲器 S 值为 200～350mm，油压缓冲器 S 值为 150～400mm），如图 9-18(a) 所示。

（2）先拆卸下对重架一侧上下两个导靴，在电梯的第 2 层左侧有吊挂一个手拉葫芦将对重架吊起就位于对重导轨中，下面用方木顶住垫牢，然后将拆卸下的两个对重导靴装好。

（3）根据每一对重铁块的重量和平衡系数，计算（计算方法已讲述）并装入适量的对重铁块。铁块要平放、塞实，并用压板固定，防止运行时由于铁块窜动而发出噪声。

（4）对重如设有安全钳，应在对重装置未进入井道前，将有关安全钳的部件装妥。

（5）安装底坑安全栅栏。底坑安全栅栏的底部距底坑地面应为 500mm，安全栅栏的顶部距底坑地面应为 1700mm，一般用扁钢制作，如图 9-18(b) 所示。

如果有滑轮固定在对重装置上时，应设置防护罩，以避免伤害作业人员，又可预防钢丝绳松弛时脱离绳槽、绳与绳槽之间落入杂物。这些装置的结构应不妨碍对滑轮的检查维护。

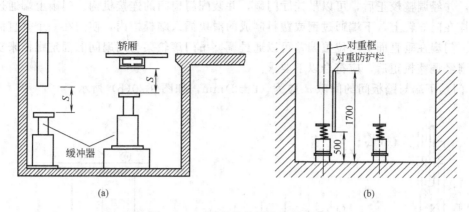

图 9-18　对重及防护栏安装示意图

六、安装厅门及门锁

最常见的厅门有手动开关门和自动开关门两种。这里主要介绍一下怎样安装采用自动开关门机构的厅门。

1. 安装厅门踏板

安装厅门踏板时，应根据精校后的轿厢导轨位置，计算和确定厅门踏板的精确位置。并按这个位置校正样板架悬挂下放的厅门口铅垂线，然后按厅门口铅垂线的位置，用 $400^{\#}$ 以上的水泥砂浆把踏板稳固在井道内侧的牛腿上。安装后，厅门踏板的水平度不得大于 $1/1000$mm。踏板应高出抹灰后的楼板地平面 $5 \sim 10$mm，并抹成 $1/1000 \sim 1/50$mm 的过渡斜坡。厅门踏板与轿门踏板的距离，与平面布置图中所规定尺寸的偏差应不大于 ± 1mm。层门地坎下为钢牛腿时，应装设 1.5mm 厚的钢护脚板，钢板的宽度应比层门口宽度两边各延伸 25mm，垂直面的高度不小于 350mm，下边应向下延伸一个斜面，使斜面与水平面的夹角不得小于 $60°$，其投影深度不小于 20mm。如楼层较低时，护脚板可与下一个层门的门楣连接，并应平整光滑。

2. 安装左右立柱和上坎架

厅门踏板的水泥砂浆凝固后，开始装门框的左、右立柱和上坎架（滑门导轨）。

踏板、左右立柱、上坎架通过螺栓连成一体，并通过地脚螺栓把左右立柱和上坎架固定在井道墙壁上。上坎架的位置，滑门导轨的水平和铅垂度，可以通过调整固定上坎架和左右立柱的地脚螺栓来实现，如图 9-19 所示。

滑门导轨经调整校正后，应符合以下要求。

① 导轨与踏板槽在导轨两端和中间三处间的偏差值 a 均不得大于 ± 1mm。

② 导轨 A 面对踏板槽 B 面的平行度不得大于 1mm。

③ 导轨的铅垂度 b 不得大于 0.5mm。

3. 安装门扇和门扇连接机构

踏板、左右立柱或门套、上坎架等构成的厅门框

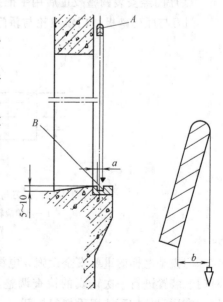

图 9-19　门导轨与踏板调整示意图

安装完，并经调整校正后，可以吊挂厅门扇，并装配门扇间的连接机构。门扇上端通过吊门滚轮吊挂在门导轨上，下端通过钢或塑料制成的滑块插入踏板槽内，使门在一个垂直面上左右运行。门扇在垂直面上的位置偏差可以通过调整吊门滚轮架与门扇间的固定螺栓来实现。

门扇经调整校正后，应符合以下要求。

① 门扇下端与踏板间的间隙 d 应为 （6±2)mm，如图 9-20(b) 所示。

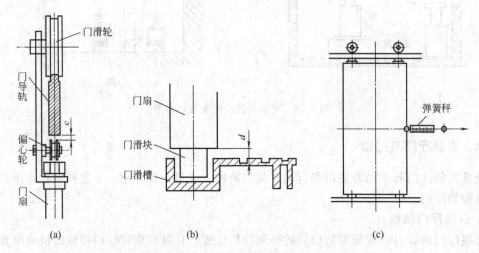

图 9-20　门扇安装调整示意图

② 吊门滑轮装置的偏心挡轮与导轨下端面间的间隙 c，不得大于 0.5mm，如图 9-20(a) 所示。

③ 门扇未装联动机构前，在门扇的中心处沿导轨的水平方向任何部位牵引时，其阻力应不大于 2.9N，如图 9-20(c) 所示。

④ 门扇与门套，门扇与门扇的间隙均应为 （6±2)mm。

⑤ 中分式门扇间的对口处，其水平误差应不大于 1mm。

⑥ 厅门经安装调整校正后用手推拉，不应有噪声和不轻快现象。

门刀与厅门踏板，门锁滚轮与轿门踏板，门刀与门锁滚轮之间的关系如图 9-21 所示。

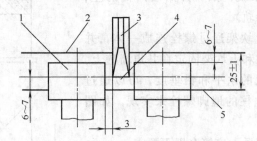

图 9-21　门刀与门锁滚轮和厅轿门踏板调整示意图
1—门锁滚轮；2—轿门踏板边线；3—门刀；
4—铅垂线；5—厅门踏板边线

门锁是电梯的重要安全设施，电梯安装完后试运行时，应先使电梯在慢速运行状态下，对门锁装置进行一次认真的检查调整，把各种连接螺栓紧固好。当任一层楼的厅门关闭妥后，在厅门外均不能用手把门扒开。

七、安装曳引绳锥套和挂曳引绳

曳引绳锥套和曳引钢丝绳是连接轿厢和对重装置的机件。对于非自锁楔式锥套的曳引绳，通过巴氏合金浇固在曳引绳锥套的锥套里，曳引绳锥套通过拉杆与轿厢架或对重架连接。截曳引绳之前，需先计算曳引绳的长度。为了避免截错，一般采用实地测量的方法。根据不同的曳引方法，按曳引绳的走向和位置，在分段测量的基础上，计算出每根曳引绳的总长度。测量和计算曳引绳长度是件细致的工作，一般需由两人配合进行。曳引绳的长度经测量和计算出来后，可把成卷的曳引钢丝绳放开拉直，然后按根测量截取。截取前应在截取点两端用铁丝扎紧，以免钢丝绳截断后造成松散现象。曳引钢丝绳全部截取完后可进行绳头制作和浇灌巴氏合金。制作时将被制作的绳头穿过曳引绳锥套的锥套，并松开端头上的铁丝，擦去油污，做好花结，再把做花结的绳头拉入锥套内，把花结摆正摆好，用布带将锥套小口堵扎缠好，防止浇灌巴氏合金时从小口漏出。浇灌巴氏合金时，需把巴氏合金加热到 300℃ 左右，然后进行浇灌，为了保证质量，必须做到一次浇灌而成，如图 9-22 所示。

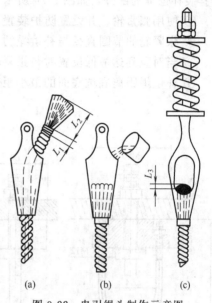

图 9-22　曳引绳头制作示意图

采用自锁楔式锥套的曳引绳头的制作如图 9-23 所示。制作时将被制作的绳头穿过曳引绳锥套的绳头体，包裹楔块后穿回、拉紧，注意保持主绳的垂直方向。最后至少用三个绳夹板将绳头夹紧。

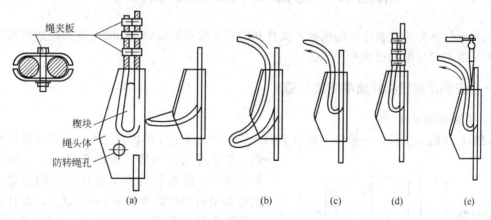

图 9-23　自锁楔式锥套绳头制作示意图

全部曳引绳的绳头制作好后，开始挂绳。挂绳时可以从机房往下挂。当曳引方式为 1∶1 时，把绳的一端从曳引轮一侧放至轿厢架并固定在轿架的绳头板上，另一端经导向轮下放至对重装置并固定在对重架绳头板上。当曳引方式为 2∶1 时，曳引绳需从曳引轮两侧分别下放至轿厢和对重装置，穿过轿顶轮和对重轮再返到机房，并固定在绳头板上。绳挂好后可借助手动葫芦把轿厢吊起，再拆除支撑轿厢的方木，放下轿厢并使全部曳引绳受力一致。

八、补偿装置的安装

电梯井道设备安装完成后，须将补偿绳（缆、链）挂装到位。轿厢和对重的底部都有用于挂装补偿绳的部件，如图 9-24 所示。挂装后必须符合下列条件。

① 使用张紧轮，并设置防护装置。

② 张紧轮的节圆直径与补偿绳的公称直径之比不小于 30，并设置防护装置。

③ 当对重到达最低位置时与张紧轮间的垂直距离不小于 300mm。

④ 补偿绳距离底坑底面的最小距离不小于 100mm，如图 9-25 所示。

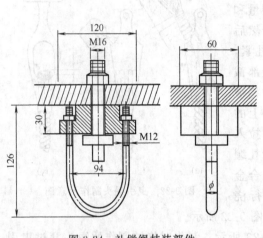

图 9-24 补偿绳挂装部件

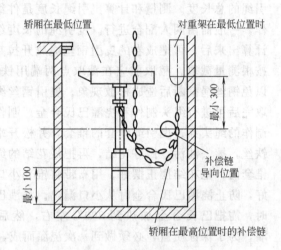

图 9-25 补偿绳挂装示意图

第四节 电梯电气部分安装技术

电梯电气部分的安装应按随机技术文件和国家标准 GB 7588—2003《电梯制造与安装安全规范》及有关标准的要求开展工作。

一、安装控制柜和井道中间接线箱

1. 控制柜的安装

控制柜跟随曳引机，一般位于井道上端的机房内。确定控制柜位置时，应便于操作和维修，便于进出电线管、槽的敷设。为了便于操作和维修，控制柜周围应有比较大的空地，背面与墙壁的距离必须在 600mm 以上，而且最好把控制柜稳固在高 100～150mm 的水泥墩上。稳固控制柜时，一般先用砖块把控制柜垫到需要的高度，然后敷设电线管或电线槽，待电线管或电线槽敷设完后再浇灌水泥墩子，把控制柜固定在混凝土墩子上，如图 9-26 所示。

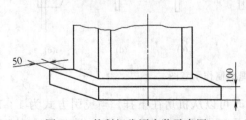

图 9-26 控制柜稳固安装示意图

2. 井道中间接线箱和随行电缆的安装

井道中间接线箱（或楔形插座）安装在井道高度 1/2 往上 1.5～1.75m 处。确定接线箱的位置时必须便于电线管、槽或电缆的敷设，使跟随轿厢上、下运行的软电缆在上、下移动过程中不至于发生碰撞现象（图 9-27）。

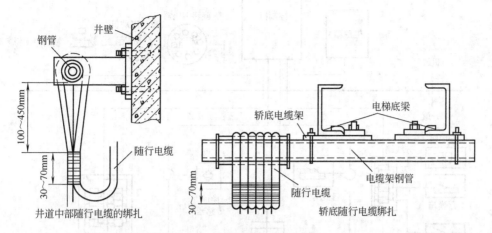

图 9-27　随行电缆安装示意图

近年来，由控制柜引至轿厢的导线大多采用电梯专用随行电缆，这样井道中间接线箱就可省去，而采用楔形插座（图 9-28）。

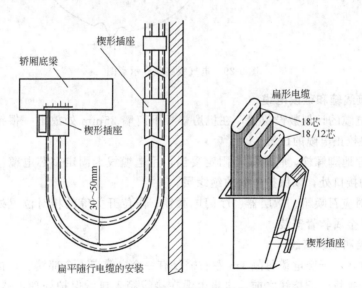

图 9-28　电梯专用随行电缆安装示意图

二、安装分接线箱和敷设电线槽或电线管

根据随机技术文件中电气安装管路和接线图的要求，控制柜至极限开关、曳引电动机、制动器线圈、层楼指示器或限位开关、换速传感器、井道中间接线箱、井道内各层站分接线箱、各层站分接线箱至各层站召唤箱、指层器、厅门电联锁等均需敷设电线槽、管、金属软管，在电梯安装过程中，常采用电缆和金属软管混合方式敷设的电气控制线路。敷设主干线时常采用多芯电缆，由主干电缆至各电气部件则采用金属软管。在一般情况下，常在厅门两侧的井道壁各敷设一路主干电缆，分别敷设由控制柜至井道中间接线箱、分接线箱、召唤箱、指层器、厅门电联锁开关、限位开关、换速传感器等（图 9-29）。

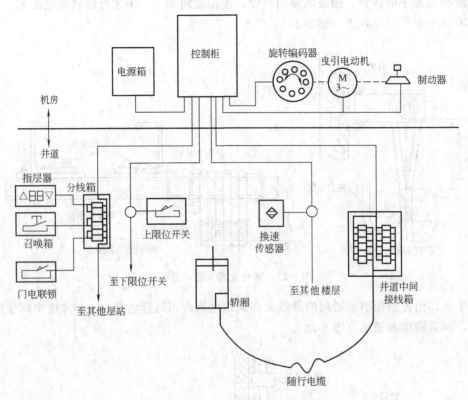

图 9-29 电气线路敷设示意图

1. 安装分接线箱和敷设电缆

① 按多芯电缆的计划敷设位置，在机房楼板下离墙 25mm 处放下一根铅垂线，并在底坑内稳固，以便校正电缆的位置。

② 凿墙孔埋地脚螺栓，将分线箱固定妥当，用电缆线卡固定多芯电缆，注意处理好电缆与分接线箱的接口处，以保护电缆的绝缘层。

③ 在各层对应召唤箱、指层器、厅门电联锁、限位开关等的相对位置处，根据引线的数量选择适当的金属软管安装。

2. 分接线箱和电缆接线

敷设电缆时，对于竖电缆每隔 1m 左右需设有一个电缆卡。全部路、段的线缆截完敷设好后，可开始配接线。配接线之前，应将电缆在接线箱入口做保护处理，然后进行配接线。配接线时应按路、段进行，每路或段配接完并经检查无误后再配接另一路或段。接每一根线时，都要核对电缆号、线的色号或线号，另一方面，还要核对电气零部件上引出端子的符号或号码，当两者一致后方可接线，以免接错，给最后的调试造成困难。配接线时两端应留有足够的余量，配接线完后应进行整理和包扎，做到既便于今后的维修又要美观。对于采用电子器件的电气部件，如电子触钮、接近开关、微处理机等易受外来信号干扰的电子线路，应根据随机技术文件的要求，对部分引出、入线需采用金属屏蔽线，以免相互干扰而发生误动作。

三、安装极限开关、限位开关或端站强迫减速装置

极限开关、限位开关或端站强迫减速装置都是设在两端站的安全保护装置。极限开关和限位开关均适用于各类电梯。近年来，极限开关多被限位开关和接触器所取代。限位开关包括上第一、二限位开关和下第一、二限位开关等四只限位开关。四只限位开关按安装平面布置图的要求，和极限开关的上、下滚轮组同装在井道内两端站轿厢导轨的一个方位上。经安装调整校正后，两者滚轮的外边缘应在同一垂直线上，使打板能可靠地碰打两者的滚轮，确保限位开关和极限开关均能灵活可靠地动作。端站强迫减速装置包括一个开关箱和碰压开关箱的两副打板构成。安装时根据安装平面图的要求，把开关箱固定在轿厢顶上，碰打开关箱滚轮的两副打板安装在井道内两端站的轿厢导轨上。轿厢上、下运行时，开关箱的滚轮左或右碰打上、下打板，强迫电梯到上、下端站时提前一定距离自动将快速运行切换为慢速运行。经调整校正后，上、下两副打板中心应对准开关箱的滚轮中心，滚轮按预定距离碰打上、下打板，滚轮通过连杆推动开关箱内的两套接点组按预定距离准确可靠地断开预定的控制电路。

四、安装召唤箱、指层器、换速平层装置

根据安装平面布置图的要求，把各层站的召唤箱和指层器稳固安装在各层站厅门外。一般情况下，指层器装在厅门正上方距离门框 250～300mm 处。召唤箱装在厅门右侧，距离门框 200～300mm，距离地面 1300mm 处。也有把指层器和召唤箱合并为一个部件装在厅门侧面的。指层器和召唤箱经安装调整校正校平后，面板应垂直水平，紧贴墙壁的装饰面。换速平层装置允许在动梯后，使电梯在慢速运行状态下，边安装边调整校正。经调整后，隔磁板（或遮光板）应位于干簧管（或光电）传感器凹形口中心，与底面的距离应为 4～6mm，确保传感器安全可靠。

五、电气控制系统的保护接地或接零

保护接地就是把电气设备的金属外壳、框架等用接地装置与大地可靠连接，这一做法适用于电源中性点接地的三相五线制低压供电系统。

保护接零就是在电源中性点接地的三相四线制低压系统，把电气设备的金属外壳、框架与中性线相连接。

接地和接零都具有当电气设备的绝缘电阻损坏，造成设备的外壳带电时，防止人体碰触外壳而发生触电伤亡事故。但是采用保护接地时，接地电阻不得大于 4Ω，而且采用保护接零的电气设备不应又作保护接地。

电梯的电气设备也必须作接地保护。其接地线必须用不小于 $4mm^2$ 的黄绿双色铜线。机房内的接地线必须穿管敷设，与电气设备的连接必须采用线接头，并设有防松脱的弹簧垫圈。井道内的电气部件、接线箱、过线盒与电线槽或电线管之间也可用 $4mm^2$ 的黄绿双色铜线焊成一体。轿厢的接地线可根据软电缆的结构形式决定，采用钢芯支持绳的电缆可利用钢芯支持绳作接地线，采用尼龙芯的电缆则可把若干根电缆芯线合股作为接地线，但其截面应不小于 $4mm^2$。每台电梯的各部分接地设施应连成一体，并可靠接地。

第五节　电梯安装后的试运行和调整技术

电梯的全部机、电零部件经安装调整和预试验后，拆去井道内的脚手架，给电梯的电气控制系统送上电源，控制电梯上、下作试运行。试运行是一项全面检查电梯制造和安装质量好坏的工作。这一段工作，直接影响着电梯交付使用后的效果，因此必须认真负责地进行。

一、试运行前的准备工作

为了防止电梯在试运行中出现事故，确保试运行工作的顺利进行，在试运行前需认真做好以下准备工作。

① 清扫机房、井道、各层站周围的垃圾和杂物，并保持环境卫生。

② 对已经安装好的机、电零部件进行彻底检查和清理，打扫擦洗所有的电气和机械装置，并保持清洁。

③ 检查下列润滑处是否清洁，并添足润滑剂。

a. 曳引机置于室内，环境温度保持在 −5～40℃之间，减速箱应根据季节添足润滑剂。其中夏季用 HL-30 齿轮油（SYB 1103-62S），冬季用 HL-20 齿轮油（SYB 1103-62S）。油位高度按油位线所示。

b. 擦洗导轨上的油污。采用滑动导靴，而导靴上未设自动润滑装置，导轨为人工润滑时，应在导轨上涂适量的钙基润滑脂。采用滑动导靴，但导靴上设有自动润滑装置时，在润滑装置内应添足够的 HJ-40 机械油。

c. 缓冲器采用油压缓冲器时，应按规定添足油料，油位高度应符合油位指示牌标出的要求。

④ 清洗曳引轮和曳引绳的油污。

⑤ 检查导向轮、轿顶轮、对重轮、限速器和张紧装置等一切具有转动摩擦部位的润滑情况，确保处于良好的润滑工作状态。

⑥ 检查所有电气部件和电气元件是否清洁，电气元件动作和复位时是否自如，接点组的闭合和断开是否正常可靠，电气部件内外配接线的压紧螺钉有无松动，焊点是否牢靠。

⑦ 检查电气控制系统中各电气部件的内外配接线是否正确无误，动作程序是否正常。这是安装电工在电梯试运行前必须做的重要工作，通过这一工作可以全面掌握电气控制系统各方面的质量情况，发现问题及时排除，确保试运行工作的顺利进行。为了便于全面检查和安全起见，这一工作应在挂曳引绳和拆除脚手架之前进行。已挂好曳引绳的一般应将曳引绳从曳引轮上摘下，摘绳之前应在井道底坑可靠地支起对重装置，在上端吊起轿厢，以便摘绳。采用机械选层器的电梯也应摘下钢带。若认为摘下已挂好的曳引绳太麻烦，也可以采取不摘下曳引绳，而采取甩开曳引电机电源引入线的方法解决。但是甩开电机电源引入线后，进行电气控制系统的程序检查时，由于不能确定电机的运转方向是否和控制系统的上下控制程序一致。因此在检查结束后，接上电机的电源引入线，准备试运行前，必须用盘车手轮盘车，使轿厢向下移动一定距离，再通过慢速控制系统点动控制轿厢上、下移动，确认电机电源引入线的接法符合控制系统的要求后，方能开始试运行。曳引绳从曳引轮上摘下或电机电源引入线甩掉后，可开始对电气控制系统进行全面检查。检查时应有两名熟识电气控制系统的技工参加，其中一名位于轿厢内，另一名位于机房内。位于轿厢内的技工按机房内技工发出的命令，模拟司机或乘用人员的操作程序逐一进行操作，机房内的技工根据轿厢内技工的每一项操作，检查和观察控制柜内各电气元件的动作程序，分析是否符合电气控制说明书或电路原理图的要求，曳引电动机的运转情况是否良好，运转方向是否正确。检查工作应认真而又全面进行，发现问题应利用脚手架未拆除之前分析、寻找原因，正确处理，直至正常为止，切不可急于送电试车。

⑧ 牵动轿顶上安全钳的绳头拉手，检查安全钳的动作是否灵活可靠，导轨的正工作面与安全嘴底面，导轨两侧的工作面与两楔块间的间隙是否符合要求。

以上准备工作完成后，将曳引绳挂在曳引轮上，然后放下轿厢，使各曳引绳均匀受力，并使轿厢下移一定距离后，拆去对重装置支撑架和脚手架，准备进行试运行。

二、试运行和调整

① 先用盘车手轮使轿厢向下移动一定距离，确信可以通电试车时，方能准备通电试运行，试运行工作只能在慢速状态下进行。

② 通过操纵箱上的钥匙开关或手指开关，使控制系统处于慢速检修运行状态，准备在慢速检修状态下试运行。进行电梯的试运行工作应有三名技工参加。其中机房、轿内、轿顶各有一人，由具有丰富经验的安装人员在轿厢顶指挥和协调整个试运行工作。试运行时可以通过轿内操纵箱上的指令按钮或轿顶检修箱上的慢上或慢下按钮，分别控制电梯上、下往复运行数次后，对下列项目逐层进行考核和调整校正。

a. 厅、轿门踏板的间隙，厅门锁滚轮和门刀与轿厢踏板和厅门踏板的间隙各层必须一致，而且应符合随机技术文件的要求。

b. 干簧管平层传感器和换速传感器与轿厢的间隙，隔磁板与传感器盒凹口底面及两侧的间隙、双稳态开关与磁豆的间隙应符合随机技术文件的要求。

c. 极限开关、上下端站限位开关等安全设施动作应灵活可靠，起安全保护作用。

d. 采用层楼指示器或机械选层器的电梯，在电梯试运行过程中，应借助轿厢能够上下运行之机，检查和校正三只动触头或拖板与各层站的定触头或固定板的位置。

③ 经慢速试运行和对有关部件进行调整校正后，才能进行快速试运行和调试。作快速试运行时，先通过操纵箱上的钥匙开关，使电气控制系统由慢速检修运行状态，转换为额定快速运行状态。然后通过轿内操纵箱上的内指令按钮和厅外召唤箱上的外指令按钮控制电梯上下往复快速运行。对于有/无司机控制的电梯，有司机和无司机两种工作状态都需分别进行试运行。在电梯的上下快速试运行过程中，通过往复启动、加速、平层、单层和多层运行，到站提前换速，在各层站平层停靠开门等过程，根据随机技术文件、电梯技术条件、电梯安装验收规范的要求，全面考核电梯的各项功能，反复调整电梯在关门启动、加速、换速、平层停靠、开门等过程的可靠性和舒适感，反复调整轿厢在各层站的平层准确度、自动开关门过程中的速度和噪声水平等，提高电梯在运行过程中的安全、可靠、舒适等综合技术指标。

三、试运行和调整后的试验与测试

电梯经安装和全面试运行及认真调整后，根据电梯技术条件、安装规范、制造和安装安全规范的规定做以下试验和测试。

① 按空载、半载（额定载重量的 50%）、满载（额定载重量的 100%）三种不同载荷，在通电持续率为 40% 的情况下，往复开梯各 1.5h。电梯在启动、运行和停靠时，轿内应无较大的振动和冲击。制动器的动作应灵活可靠，运行时制动器闸瓦不应与制动轮摩擦，制动器线圈的温升不应超过 60℃。减速器油的温升不应超过 60℃，且温度不应高于 80℃。电梯的全部零部件工作正常，元器件工作可靠，功能符合设计要求。主要技术指标符合有关文件的规定。

② 经空载、半载、满载试验和检查，在确认完全符合有关技术文件的规定和要求的基础上，可进行超载试验。进行超载试验时，轿厢内应装有 110% 的额定载重量，在通电持续率为 40% 的情况下运行 30min。电梯应能安全地启动和运行，制动器作用可靠，曳引机工

作正常。

③ 使轿厢处于空载和在检修慢速运行的情况下，做安全钳的动作试验。试验时使轿厢处于空载，并以检修速度下降。当轿厢运行到合适位置时，用手扳动限速器，人为地使限速器和安全钳动作。安全嘴内的楔块应能可靠地夹住导轨，轿厢停止运行，安全钳的联动开关也应能可靠地切断控制电路。

④ 采用油压缓冲器的电梯，需做缓冲器动作试验。试验时，使轿厢处于空载并以检修速度下降，将缓冲器全压缩，然后使轿厢上升，从轿厢开始离开缓冲器一瞬间起，直至缓冲器恢复到原状态止，所需时间应不大于 90s。

⑤ 使轿厢处于额定载重量的情况下，控制电梯上下运行，电梯实际升降速度的平均值与额定速度的差值需满足：交流双速梯不大于±3％，直流梯不大于±2％。

⑥ 使轿厢分别处于空载和满载情况下，控制电梯上下运行，在底层的上一层、中间层、顶层的下一层，分别测量平层准确度，交流调压调速（ACVV）电梯平层允差一般为±10mm，交流调频调压调速（VVVF）电梯平层允差一般为±5mm。

⑦ 使轿厢位于底层，连续平稳地加入载荷，以 150％的额定载重量。经 10min 后各承重机件应无损坏，平层状态应不变化，即曳引绳在槽内应无滑移，制动器应可靠地刹住。

⑧ 在条件允许和可能的情况下，对于较高级的电梯，需对电梯的加减速度、振动加减速度、机房和轿内的噪声进行测试，其结果也应符合有关技术文件的规定。

⑨ 分别以 40％和 50％的额定载荷，控制电梯上下运行若干次，当电梯轿厢和对重装置处于水平位置时，检测曳引电动机的三相电流值。两种载荷下的下行电流均应略大于上行电流，根据电流差值判定平衡系数所在区间。

第六节　电梯安装的安全注意事项

安装电梯是在高空，工作场地狭小，多层次的脚手架上进行多层次的交叉作业，安装人员不但要随身带多种工具，还要使用带电的电气工具和电气设备，因此，必须对每个安装人员进行安全知识教育，制定必要的安全工作制度和安全操作规程，提高每个安装人员执行安全工作制度和安全操作规程的自觉性，使大家充分注意安装过程中的安全注意事项。

为了避免人身和设备事故的发生，在安装电梯的过程中，需特别注意以下几点。

① 开箱检查后的部件应有计划的、合理的堆放和保管，防止丢失、雨淋、严重挤压等造成零部件的损坏。

② 安装前应认真检查脚手架是否牢固可靠，是否符合要求，使用的工具和起重设备是否可靠，井道是否有充分照明。

③ 清理好施工场地，在各层站的门洞处应设置防止闲人进入的围栏和护栏。

④ 进入井道时应戴好安全帽，并携带工具袋。在安装作业过程中，所使用的螺丝刀、扳手、钳子、锤子等工具应随时放进工具袋，防止不慎失落时伤人。

⑤ 使用手持电动工具和设备时，要有可靠的保护接地或接零措施，并应戴绝缘手套，穿绝缘鞋。

⑥ 施工中使用的汽油、煤油、电石、油漆等易燃物品要妥善保管，远离火源，并备有一定数量的消防器材。

⑦ 需在充分做好准备工作，确定正确无误时，方能通电试运行。试运行时应有 2～3 名熟识电梯产品的安装技工参加，并由一人统一指挥，没有指挥者的命令任何人不得乱动。

⑧ 在轿顶上调整换速平层装置和其他零部件时，应在电梯完全停稳并按下轿顶检修箱上的急停按钮后进行。电梯运行时，手应扶住上梁或其他安全牢固的机件，不能抓曳引钢丝绳，而且必须把整个身体置于轿厢尺寸之内，以防被其他机件碰伤。

⑨ 给轴承、摩擦、滑动部位加润滑油时，必须在电梯停稳后进行，并避免油外溢到地面上，使人滑倒或引起火灾。

⑩ 在多台电梯共用的井道里作业时应加倍小心，安装人员不但要注意本电梯的位移，还要注意相邻电梯的动态。

⑪ 浇灌巴氏合金时，要带防护眼镜和手套。

除以上各点外，应注意的安全问题还很多。

 思考与练习题 ▶▶

1. 电梯安装前需要哪些准备工作？
2. 电梯机房安装的部件有哪些？
3. 电梯井道安装的部件有哪些？
4. 电梯安装的安全注意事项有哪些？
5. 电梯安装完成后的试运行包括哪些内容？

第十章

电梯的保养和维修

随着高层建筑的崛起，电梯的使用日趋广泛，人们和电梯的关系越来越密切。一部电梯使用效果的好坏，固然取决于电梯的制造、安装质量，但电梯一经运行，其使用效率、寿命和故障率，却往往取决于平日的管理和保养。如果使用得当，有专人管理和专业保养，出现故障能及时彻底的修理，其使用效率、寿命都将提高。相反，则不但不能发挥电梯的正常作用，还会降低电梯的使用寿命，甚至会出现人身和设备事故，造成严重后果。

实践证明，对于一部经安装调试合格的电梯，使用效果的好坏，关键在于对电梯的管理、安全合理使用、日常维护保养和修理等环节的质量了。

怎样管理、维护和保养电梯呢？这就是本章要讲述的重点问题。

第一节　电梯的管理与安全操作

使用单位接收一部经安装、调试、检验合格的新电梯后，要做的第一件事就是指定专职或兼职的管理人员，以便电梯投入运行后，妥善处理使用、维护保养、检查修理等方面的问题。

电梯数量少的单位，管理人员可以是兼管人员。电梯数量多而且使用频繁的单位，管理人员、司机等应分别由一个以上的专职人员或小组负责，最好不要兼管，特别是司机，必须是经培训、在技术监督部门取得操作证的专职人员。电梯的保养、维修必须交由有资质的电梯安装维修单位负责。

在一般情况下，管理人员需开展下列工作。

① 收取控制电梯厅外自动开关门锁的钥匙、操纵箱上电梯工作状态转换开关的钥匙、机房门锁的钥匙等。

② 根据本单位的具体情况，确定司机人选，并送到有合适条件的单位代培。选择维修单位。

③ 收集和整理电梯的有关技术资料，具体包括井道及机房的土建资料、安装平面布置图、产品合格证书、电气控制说明书、电路原理图和安装接线图、易损件图册、安装说明书、使用维护说明书、电梯安装及验收规范、装箱单和备品备件明细表、安装验收试验和测试记录以及安装验收时移交的资料和材料，国家有关电梯设计、制造、安装等方面的技术条件、规范和标准等。资料收集齐全后应登记建账，妥为保管。只有一份资料时，应提前联系复制。

④ 收集并妥善保管电梯备品、备件、附件和工具。根据随机技术文件中的备品、备件、附件和工具明细表，清理校对随机发来的备品、备件、附件和专用工具，收集电梯安装后剩

余的各种安装材料，并登记建账，合理保管。除此之外，还应根据随机技术文件提供的技术资料编制备品、备件采购计划。

⑤ 根据本单位的具体情况和条件，建立电梯管理、使用、维护保养和修理制度。

⑥ 熟悉收集到的电梯技术资料，向有关人员了解电梯在安装、调试、验收时的情况，条件具备时可控制电梯作上下试运行若干次，认真检查电梯的完好情况。

⑦ 做好必要的准备工作，而且条件具备后可交付使用，否则应暂时封存。封存时间过长时，应按技术文件的要求妥当处理。

一、电梯的安全使用

电梯是楼房里上下运送乘客或货物的垂直运输设备。根据电梯的运送任务及运行特点，确保电梯在使用过程中人身和设备安全是至关重要的。要确保电梯在使用过程中人身和设备安全，必须做到以下几点。

① 重视加强对电梯的管理，建立并坚持贯彻切实可行的规章制度。

② 有司机控制的电梯必须配备专职司机，无司机控制的电梯必须配备管理人员。除司机和管理人员外，还应委托适应的电梯专业安装维修单位维修保养。

③ 制定并坚持贯彻安全操作规程。

④ 依据维保合同，监督维修人员的日常维护和预检修制度的执行情况。

⑤ 司机、管理人员、维修人员等发现不安全因素时，应及时采取措施直至停止使用。

⑥ 停用超过一周后重新使用时，使用前应经认真检查和试运行后方可交付继续使用。

⑦ 电梯电气设备的一切金属外壳必须采取保护性接地或接零措施。

⑧ 机房内应备有灭火设备。

⑨ 照明电源和动力电源应分开供电。

⑩ 电梯的工作条件和技术状态应符合随机技术文件和有关标准的规定。

二、电梯的安全操作规程

制定并严格贯彻司机、乘用人员、维修人员的安全操作规程，是安全使用电梯的重要环节之一，也是提高电梯使用效果和避免发生人身设备事故的重要措施之一。其安全操作规程的主要内容一般如下。

（一）和乘用人员有关的安全操作规程

1. 行驶前的准备工作

① 在多班制的情况下，司机在上班前应做好交接班手续，了解电梯在上一班的运行情况。

② 开启厅门进入轿厢之前，需注意电梯的轿厢是否停在该层站。

③ 开始工作前（开放电梯前），对于有司机控制的电梯，司机应控制电梯上下试运行数次，观察并确定电梯的关门、启动、运行、选层、换速、平层停靠开门、上下端站限位装置、安全触板、信号登记和消号等性能和作用是否正常，有无异常的撞击声和噪声等。对于无司机控制的电梯，上述工作应由管理人员负责进行。

④ 做好轿厢、厅轿门及其他等乘用人员可见部分的卫生工作。

2. 使用过程中的注意事项

① 有司机控制的电梯，司机在工作时间内需要离开轿厢时，应将电梯开到基站，锁梯

后方可离开。

② 严格禁止乘用人员随便扳弄操纵箱上的开关和按钮等电气元件。

③ 轿厢载重应不超过电梯的额定载重量。

④ 装运易燃易爆等危险物品时，需预先通知司机或管理部门，以便采取稳妥的安全措施。

⑤ 严禁在开启轿门的情况下，通过按应急按钮，控制电梯以慢速作正常运行的行驶。除在特殊情况下，不允许用电梯的慢速检修状态当做正常运送任务行驶。

⑥ 不得通过扳动电源开关或按急停按钮等方法，作为一般正常运行中的消号。

⑦ 不得通过开启安全窗去搬运长件货物。

⑧ 乘用人员进入轿厢后，切勿依靠轿厢门，以防电梯启动关门或停靠开门时碰撞乘用人员或夹住衣物等。

⑨ 轿厢顶部除电梯自身的设备外，不得放置其他货物。

⑩ 电梯在运行过程中不得突然换向。必须换向时应在电梯停靠后再换向行驶。

⑪ 运送重量大的货物时，应将物件放置在轿厢的中间位置上，防止轿厢倾斜。

⑫ 司机、乘用人员及其他任何人员，均不允许在厅、轿门中间停留或谈话。

⑬ 载货电梯在装货过程中发生溜车时，轿内司机或乘用人员不允许从轿门跳离轿厢。

3. 发生下列现象之一时应立即停机并通知维修人员检修

① 作轿内指令登记和关闭厅门、轿门后，电梯不能启动，或司机关闭厅门、轿门后，电梯不能启动。

② 在厅门、轿门开启的情况下，在轿内按下指令按钮时能启动电梯。

③ 到达预选层站时，电梯不能自动提前换速，或者虽能自动提前换速，但平层时不能自动停靠，或者停靠后超差过大，或者停靠后不能自动开门。

④ 电梯在额定速度下运行时，限速器和安全钳动作刹车。

⑤ 电梯在运行过程中，在没有轿内外指令登记信号的层站，电梯能自动换速和平层停靠开门，或中途停车。

⑥ 在厅外能把厅门扒开。

⑦ 人体碰触电梯部件的金属外壳时有麻电现象。

⑧ 熔断器频繁烧断或空气开关频繁跳闸。

⑨ 元器件损坏，信号失灵，无照明。

⑩ 电梯在启动、运行，停靠开门过程中有异常的噪声、响声、振动等。

4. 关闭电梯时注意事项

使用完毕关闭电梯时，应将电梯开到基站，把操纵箱上的电源、信号、照明等的开关复位，将电梯门关闭妥当。

5. 发生下列情况之一时应采取相应措施

① 电梯运行过程中发生超速，超越端站楼面继续运行，出现异常响声和冲击振动，有异常气味等，并对准备企图跳离轿厢的乘客进行严肃的劝阻。

② 电梯在运行中突然停车，在未查清事故原因之前应切断电源，指挥乘客撤离轿厢，若轿厢不在厅门口处，应设法通知维修人员到机房用盘车手轮盘车，使电梯与门口停平。

③ 发生火灾时，司机和乘用人员要保持镇静，把电梯就近开到安全的层站停车，并迅速撤离轿厢，关闭好厅门，停止正常使用。

地震和火灾后，要组织有关人员认真检查和试运行，确认可继续运行时方能投入使用。

（二）维修人员的安全操作规程

1. 维护修理前的安全准备工作

① 轿厢内或入口的明显处应挂上"检修停用"标牌。

② 让无关人员离开轿厢或其他检修工作场地，关好厅门，不能关闭厅门时，需用合适的护栅挡住入口处，以防无关人员进入电梯。

③ 检修电气设备时，一般应切断电源或采取适当的安全措施。

④ 一个人在轿顶上做检修工作时，必须按下轿顶检修箱上的急停按钮，关好厅门，在操纵箱上挂"人在轿顶，不准乱动"的标牌。

2. 检修过程中的安全注意事项

① 给转动部位加油、清洗，或观察钢丝绳的磨损情况时，必须停闭电梯。

② 人在轿顶上工作时，站立之处应有选择，脚下不得有油污。否则应打扫干净，以防滑。

③ 人在轿顶上准备开动电梯以观察有关电梯部件的工作情况时，必须牢牢握住轿厢绳头板、轿架上梁或防护栅栏等机件。不能握住钢丝绳，并注意整个身体置于轿厢外框尺寸之内，防止被其他部件碰伤。需由轿内的司机或检修人员开电梯时，要交代和配合好，未经许可不准开动电梯。

④ 在多台电梯共用一个井道的情况下，检修电梯应加倍小心，除注意本电梯的情况外，还应注意其他电梯的动态，以防被其碰撞。

⑤ 禁止在井道内和轿顶上吸烟。

⑥ 检修电气部件时，应尽可能避免带电作业，必须带电操作或难以在完全切断电源的情况下操作时，应预防触电，并有主持和助手协同进行，应注意电梯突然启动运行。

⑦ 手灯必须采用带护罩的、电压为36V以下的安全灯。

⑧ 严禁维修人员站在井道外探身到井道内，以及两只脚分别站在轿厢顶与厅门上坎之间或厅门地坎与轿厢踏板之间进行长时间的检修操作。

⑨ 进入底坑后，应将底坑检修箱上的急停开关或限速张紧装置的断绳开关断开。

第二节 电梯的一般保养

维修保养的目的是使电梯始终保持良好的工作状态，这是一项长期细致的工作，做得好，就能减少故障，延长使用寿命，因此这也是一项十分重要的工作。

电梯使用单位，首先要与在国家技术监督部门取得电梯安装维护资质的法人单位签订电梯维修保养合同。由电梯维修保养单位指派专人负责。而一个好的电梯维护保养工，首先应当取得国家技术监督部门颁发的特种设备《电梯安装、维护作业证》，能熟知电梯各电气部件的原理，能熟练地处理电气线路所发生的一般问题。能对电梯各机械部件，熟练地检查和维护。同时，又是一名合格的电梯司机，能熟练地操纵电梯运行。检修电梯的主要技术负责人还要掌握电梯的设计、制造、安装等国家标准和行业标准以及修订情况，才能做好电梯的检修（维修）工作。

电梯保养工作，主要是做好清洁、润滑、紧固和调整工作。保证电梯安全、高效地运行。通过眼看、耳听、鼻闻、手摸，乃至用必要的工具和仪器检测等手段，掌握电梯运行及各部件的技术状态。发现问题和故障应及时排除并做好记录。

电梯的维修工作主要是查找和排除电梯的故障及故障隐患，保证电梯安全、正常运行。

新安装的电梯，投入运行后，若有司机，维修人员应与司机同心协力，密切配合，经常向司机了解电梯运行中的情况。若无司机，维修人员应经常随轿厢运行，亲自查看电梯的运行情况。

每天，无论有无司机，维护人员应查看机房1~2次。除保持机房各部件的整洁外，还要闻一下有无出现异常气味。摸一下电动机、曳引机等温升是否过高。听一下有无异常响声和异常震动。查看一下制动器、继电器、接触器等动作是否正常。检查一下钢丝绳有无断丝。在日常检查中，若发现有不正常的现象发生，能修理的，应及时修理、调整或更换。若一时不能处理，而又允许等待的，应密切注意其发展情况，严防事态恶化。一旦情况严重，要立即报告主管人员，以便及早设法处理。

每周，至少检查一次抱闸间隙。要求两闸瓦同时松开，间隙小于0.7mm。间隙过大，应予以调整，并紧固连接螺栓。至少要检查一次电梯的平层装置，并进行适当的调整。曳引、安全钳、极限开关等钢丝绳的工作和连接情况，每周亦应检查一次，并检查一次轿厢内各项设备的工作情况。

每月，应对电梯的减速器和各安全保护装置、井道设施、自动门机构、轿顶轮、导向轮的滑动轴承间隙等，都要认真、细致地盘查一番。

每季，应认真、细致地检查调整一次电梯的各个传动部分，如曳引机、导向轮、曳引绳、轿顶轮、门传动系统、各个安全装置。电磁制动器、限速器张紧装置、安全钳及电控系统中的电器，如接触器、继电器、熔断器、行程开关、电阻等，每个季度都应认真、细致地检查调整一次。既要清除各元件上的灰尘和油污，又要进行适当的调整。发现有问题的部件，能修的修，能换的换，坚决杜绝"带病"工作。

每年，电梯运行一年后，要进行一次全面性的技术检查。由专业技术人员，带领电梯维修工，对电梯的机械、电器、各安全装置的现状，主要零部件的磨损程度，进行详细地检查。修理、调换磨损量超过允许值的零部件。损坏的，立即修复。必要时，可适当改造。测量电器的绝缘电阻和接地装置的接地电阻。检查电梯的供电线路。

在电梯的日常保养中，还有一项极其重要的工作——有关部件的润滑，必须给予高度的重视。否则，润滑保养不善，机件极易磨损。由此带来的损失，将无法估量。各有关部件对于润滑的要求，添加润滑剂的型号等，请参阅表10-1。

表10-1 电梯各主要机件、部位润滑及清洗换油周期

机件名称	部位	加油及清洗换油时间	油脂型号
曳引机	油箱	新梯每年换油1次。头半年，应经常检查，发现杂质，立即更换	
	蜗轮轴滚动轴承	每月挤加一次，每年换油一次	钙基润滑脂
曳引机制动器	制动器销轴	每周加油一次	机油
	电磁铁可动铁芯与铜套之间	半年检查一次，每年加一次	石墨粉
曳引电动机	电动机滚动轴承	每月挤加一次，每季至多半年换油一次	钙基润滑脂
	电动机滑动轴承	每周加油一次，每季至多半年换油一次	温度为30~45℃的透明油

续表

机件名称	部位	加油及清洗换油时间	油脂型号
导向轮、轿顶轮、对重轮、复绕轮	轴与轴套之间	每周给油杯挤加一次,每年拆洗换油一次	钙基润滑脂
无自动润滑装置的滑动导靴	导轨工作面	每周涂油一次,每年清洗加油一次	钙基润滑脂(GB 491—65)
有自动润滑装置的滑动导靴	导靴上的润滑装置	每周加油一次,每年清洗导轨工作面一次	HJ-40 机械油(GB 443—64)
滚轮导靴	滚轮导靴轴承	每季挤加一次,每半年至一年清洗换油一次	钙基润滑脂
限速器	限速器旋轴轴销、张紧轮轴与轴	每周挤加一次,每年清洗换油一次	钙基润滑脂
开关门系统	吊轮滚轮及自动门锁各滚动轴承和轴箱	每月挤加一次,每年清洗换油一次	钙基润滑脂
	门导轨	每周,至少每月擦洗并加少量润滑油一次	机油
	开关门的直流电动机轴承	每季挤加一次,每年清洗换油一次	钙基润油脂
	自动开关门传动机构上的各种滚动轴承、轴销	每周挤加一次,每半年清洗换油一次	钙基润滑脂,机油
限速器	限速器旋转轴销、张紧轮轴与轴	每周挤加一次,每年清洗换油一次	钙基润滑脂
安全钳	传动机构	每月加润滑油一次	机油
安全钳	安全钳内的滚、滑动部位	每月涂油一次	适量凡士林
选层器	导轨和传动机构	每月至少加油一次,每年清洗换油一次	钙基润滑脂
油压级冲器		每月检查和补油一次	

第三节 电梯零部件维修保养技术

一、曳引机的减速箱、制动器、曳引轮、曳引电动机的保养

1. 减速箱的保养

① 箱体内的油量应保持在油针或油镜的标定范围,油的规格应符合要求。

② 润滑油脂润滑的部位,应定期拧紧油盖。一般一个月应加油一次。

③ 应保证箱体内润滑油的清洁,当发现杂质明显时,应换新油。一般对新使用的减速箱,半年应更换新油。

④ 应使蜗轮蜗杆的轴承保持合理的轴向游隙,当电梯在换向时,发现蜗杆轴与蜗轮轴出现明显窜动时,应采取措施,调整轴承的轴向游隙,使其达到规定值。

⑤ 应使轴承的温升不高于 60℃,箱体内的油温不超过 80℃,否则应停机检查原因。

⑥ 当轴承在工作中出现撞击、磨切等不正常噪声,并通过调整亦无法排除时,应考虑更换轴承。

⑦ 当减速箱中蜗轮蜗杆的齿磨损过大,在工作中出现很大换向冲击时,应进行大修。内容是调整中心距或换掉蜗轮蜗杆。

2. 制动器的保养

① 应保证制动器的动作灵活可靠。各活动关节部位应保持清洁，并用润滑油定期润滑。对电磁铁，必要时可加石墨粉润滑。

② 制动瓦在松开时，与制动轮的周向间隙应均匀，且最大不超过 0.7mm。当间隙过大时，应调整。

③ 制动器应保持足够的制动力矩，当发现有打滑现象时，应调整制动弹簧。

④ 当发现制动带磨损，导致铆钉头外露时，应更换制动带。

3. 曳引轮的保养

应保证曳引绳槽的清洁，不允许在绳槽中加油润滑。

① 应使各绳槽的磨损一致。当发现槽间的磨损深度差距最大达到曳引绳直径的 1/10 以上时，要修理车削至深度一致，或更换轮缘，如图 10-1 所示。

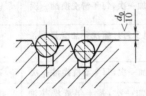
图 10-1 绳槽磨损差

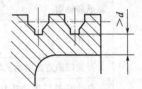
图 10-2 最小轮缘厚度

② 对于带切口半圆槽，当绳槽磨损至切口深度少于 2mm 时，应重新车削绳槽，但经修理车削后切口下面的轮缘厚度应大于曳引绳直径 d，如图 10-2 所示。

4. 曳引电动机的保养

① 应保证电动机各部分的清洁，不应让水或油侵入电动机内部。应经常吹净电动机内部和换向器、电刷等部分的灰尘。

② 对使用滑动轴承的电动机，应注意油槽内的油量是否达到油线，同时应保持油的清洁。

③ 当电动机转子轴承磨损过大，出现电动机运转不平稳，噪声增大时，应更换轴承。

④ 每季度应检查一次直流测速发电机，如炭刷磨损严重，应予更换，并清除电机内炭屑，在轴承处加注润滑脂。

二、曳引绳与绳头组合的保养

① 应使全部曳引绳的张力保持一致，当发现松紧不一致时，应通过绳头弹簧加以调整（相互拉力差应在 5% 以内）。

② 曳引绳使用时间长了，绳芯中的润滑油耗尽，导致绳的表面干燥，甚至出现锈斑，此时可在绳的表面薄薄地涂一层润滑油。

③ 应经常注意曳引绳有无机械损伤，有无断丝、爆股及锈蚀，磨损程度如何等。如已达到更换标准，应立即停止使用，更换新绳。

④ 应保持曳引绳的表面清洁，当发现表面粘有砂尘等异物时，应用煤油擦干净。

⑤ 在截短或更换曳引绳，需要重新对绳头锥套浇注巴氏合金时，应严格按工艺规程操作，切不可马虎从事。

⑥ 应保证电梯在顶层端站平层时，对重与缓冲器间应有足够间隙。当由于曳引绳伸长，使间隙过小甚至碰到缓冲器时，可将对重下面的调整垫摘掉。如不能以此解决问题，则应截

短曳引绳，重新浇注绳头。

三、限速器与安全钳的保养

① 应保证限速器的转动灵活，对速度变化的反应灵敏。其旋转部分润滑应保持良好，一般一周应加油一次，当发现限速器内部积有污物时，应加以清洗（注意不要损坏弹簧上的铅封）。

② 应使限速器张紧装置转动灵活，一般每周应加油一次，每年清洗一次。

③ 应保证安全钳动作灵活，提拉力及提升高度均应符合要求，在季度检查中应加以检查。

四、导轨和导靴的保养

① 对配用滑动导靴的导轨，应保持良好的润滑。要定期在油匣中添加润滑油，并调整油毛毡的伸出量及保持清洁。

② 滑动导靴靴衬工作面磨损过大，会影响电梯的运行平稳性。一般对侧工作面、磨损量不超过1mm（双侧），内端面不超过2mm，超过时应更换。

③ 应保证弹性滑动导靴对导轨的压紧力，当因靴衬磨损而引起松弛时，应加以调整。

④ 应使滚动导靴滚轮滚动良好，当出现磨损不均匀时，应加以修理；当出现脱圈，过分磨损时，应更换。

⑤ 在年检中，应详细检查导轨连接板和导轨压板处螺栓的紧固情况，并应对全部压板螺栓进行一次重复拧紧。

⑥ 当安全钳动作后，应及时修光钳块夹紧处的导轨工作面。

五、轿门、厅门和自动门锁的保养

① 当门滚轮的磨损导致门扇下坠及歪斜时，应调整门滚轮的安装高度或更换滚轮，并同时调整挡轮位置，保证合理间隙。

② 应经常检查厅门联动装置的工作情况，对于钢丝绳式联动机构，发现钢丝绳松弛时，应予张紧。对于摆杆式和撑臂式联动机构，应使各转动关节处转动灵活，各固定处不应发生松动，当出现厅门与轿门动作不一致时，应对机构进行检查调整。

③ 应保持自动门锁的清洁，在季检中应检查保养。对于必须作润滑保养的门锁，应定期加润滑油。

④ 应保证门锁开关的工作可靠性，应注意触头的工作状况，防止出现虚接、假接及粘连现象。

六、自动门机的保养

① 应保持调定的调速规律，当门在开关时的速度变化异常时，应立即作检查调整。

② 对于带传动的开门机，应使传动带有合理的张紧力，当发现松弛时应加以张紧。对于链传动的开门机，同样应保证链条合理的张紧力。

③ 自动门机各转动部分，应保持有良好的润滑，对于要求人工润滑的部位，应定期加油。

七、缓冲器的保养

① 对于弹簧缓冲器，应保护其表面不出现锈斑，使用时间长了，应视需要加涂防锈

油漆。

② 对油压缓冲器，应保证油在液压缸中的高度，一般每季度应检查一次，当发现低于油位线时，应添加油（保证油的黏度相同）。

③ 油压缓冲器柱塞外露部分应保持清洁，并涂抹防锈油脂。

④ 当发现补偿链在运行时产生较大噪声，应检查消音绳有无折断。

⑤ 对于补偿绳，其设于底坑的张紧装置应转动灵活，上下浮动灵活。对需要人工润滑部位，应定期添加润滑油。

八、导向轮及反绳轮的保养

① 应保证转动灵活，其轴承部分，应每月挤加一次润滑油。

② 当发现绳槽的磨损严重，且各槽的磨损深度相差 1/10 绳径时，应拆下修理或更换。

九、井道电气开关的保养及其检查维修

① 每月应对各安全保护开关进行一次检查，拭去表面尘垢。核实触头接触的可靠性、触头的压力及压缩裕度，清除触头表面的积尘，烧蚀处应锉平，严重时应更换。

② 极限开关应灵敏可靠，每年进行一次越程检查，视其能否可靠地断开主电源，迫使电梯停止运行，其转动部分可用钙基润滑脂。

③ 各开关应灵活可靠，每月检查一次，去除表面灰垢，核实触头接触的可靠，调整触头压缩裕度，清除触头表面的积垢，烧蚀处应用细目锉刀锉平滑，严重时需更换。

④ 每月检查一次轿顶上、井道内的感应开关、行程开关等电气装置，要求各楼层的感应开关动作灵敏度一致，限位开关的通断可靠及时，当发现感应器和行程开关不能正常工作时，应检查并更换元件。

十、机房和井道的保养

① 机房应禁止无关人员进入，在维修人员离开时，应锁门。

② 应注意不让雨水浸入机房。平时保持良好通风，并注意机房的温度调节。

③ 机房内不准放置易燃、易爆物品；同时保证机房中灭火设备的可靠性。

④ 底坑应保持干燥、清洁，发现有积水时应及时排除。

十一、控制屏的保养及其检查维修

1. 控制屏的保养

① 应经常用软刷和吹风清除屏体及全部电气件上的积尘，保持清洁。

② 应经常检查接触器、继电器触头的工作情况，保证其接触良好可靠。导线和接线柱应无松动现象，动触头连接的导线接头应无断裂现象。

③ 应保证接触器、继电器的触头清洁、平滑，发现有烧蚀时，应用细齿锉刀修整平滑（忌用砂布），并将屑末擦净。

④ 更换控制屏内熔断器时，应保证熔断丝的额定电流与回路电源额定电流相一致。电动机回路、熔丝的额定电流应为电动机额定电流的 2.5～3 倍。

2. 控制屏的检查和维修

① 断开驱动电动机电源，检查控制屏的控制程序正确无误。直流 110V 控制回路，交流 220V 控制回路，三相交流 380V 主电路，检查时必须分清，防止发生短路，损坏电气元件。

② 经常检查，清除控制屏上接触器继电器积灰，可用软刷和吸尘器。将电源断开检查触头的接触是否可靠。动作应灵活可靠、吸合线圈外表绝缘是否良好以及机械联锁装置动作的可靠性，无显著噪声，动触头连接的导线端处无断裂现象。接线柱处导线连接应紧固，无松动现象。

③ 接触器和继电器触头烧蚀的地方，如不影响其性能时，则不必处理，如表面严重烧损以致凹凸不平特别显著时，允许采用细目锉刀修平，切忌采用砂布加工，因触头一般都用银和银合金，其质软，易嵌入砂粒，反而造成接触不良而产生电弧烧损。

④ 更换熔丝时，应使熔断电流与该回路的电流相匹配，对一般控制回路熔丝的额定电流应与回路电源额定电流相一致，对电动机回路熔丝的额定电源，应为该电动机额定电流的2.5～3 倍。

⑤ 电控系统发生故障时，应根据其现象按电气原理图分区分段查找并排除。

⑥ 正确选用硒或硅整流器中的熔丝，以防止整流堆过负载和短路。存放超过 3 个月时，应先进行成形试验，先通 50% 额定交流电压 15min，再加 75% 额定交流电压 15min，最后加至 100% 额定交流电压。

⑦ 变压器检查是否过热，电压是否正常，绝缘是否良好。

⑧ 保持恰当压力和适当动作间隙。电磁式时间继电器的延时，可用改变非磁性垫片厚度和调节弹簧拉力来达到。

第四节　电梯电气维修技术与故障排除

一、电梯电气维修基础

1. 电梯电气故障维修的重要性

由于电梯为特种设备，控制环节比较多，其自动化程度较一般传统机床设备高，据有关资料统计，在实践中，电梯出现故障，绝大多数是由电气控制系统引起的，其中包括电梯电气部分的设计质量、制造质量、配套件质量、安装质量、维护保养质量，以及电梯各安全部件和安全保护功能的正常保护。要掌握电梯电气系统的原理、正确维护保养并排除故障比较困难。如果维修人员对电梯原理理解不深，检查判断和排除故障的方法不当，就会经常造成电梯停梯待修、带病运行，从而降低电梯的使用价值，甚至造成严重的安全事故。因此，电梯的电气故障的维修，具有非常重要的意义。

2. 查找电梯电气故障

电梯电气故障一般由各种线路和元器件短路或接触不良而引起，多出现于门系统、安全系统、控制系统等部位。检查故障，除需用像中医诊病一样望、闻、切、问等感官方法外，还需使用一些常规仪表和工具对初步判断出的故障部位进行检测，找出故障源并排除。

① 望。观察电梯的显示部分，如显示灯、显示屏等有无故障显示，根据其显示的内容和含义结合电梯的原理判断故障可能出现的部位。另外，对电气部分被怀疑部件，看有无变色、有无高温后被烧的痕迹，有无不正常的变形、移位等。

② 闻。对电动机、电感器、接触器、继电器等，嗅其线圈有无异味。

③ 切。用手感觉被怀疑部件是否过热，拨动是否有虚焊和脱焊现象，对于接线端子，用旋具拨动有关导线，看接点是否有松动或虚焊。

④ 问。详细了解出现故障的背景和现象。一旦出现故障，在电话中和到现场后，应在

第一时间向有关人员了解故障发生时的背景和现象，提高判断故障的准确性。

外观检查时，若发现异常，可用仪表等工具对其确认。若未发现异常，实际上也是将故障点的范围缩小了，这就需要用万用表等工具对被怀疑的线路进行仔细地检查，如首先检查该电路的电源是否正常。若正常，则可采用电阻法、电压法或短接法来检查故障点。

3. 电阻法

当开关触点或线路接触不良、短路、断路时，如压线松脱、导线折断、接触点氧化导致接触不良，电动机变压器绝缘漆包线断开等现象，都可以用测量电阻的方法查出故障点。

图 10-3 是电梯厅门联锁原理图，如层门联锁回路出现故障，联锁继电器不吸合，电梯不运行。用电阻法检查故障点的具体方法是：将全部层门关闭并断开总电源后，用万用表电阻挡测厅门联锁继电器 MSJ 线圈的 a、b 端电阻，若电阻很大，说明线圈断线；若电阻值符合一般规律，则说明故障点在某一层层门的联锁开关上。测量各层门上各个开关的接点（01—1、1—3、3—5、5—a），哪个接点不通，其故障点就在哪个接点上。

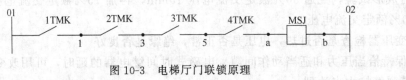

图 10-3　电梯厅门联锁原理

检查高层电梯层门联锁回路故障时，为了提高检查效率，可以采用优选法，若门锁回路的 02 是接零的，在轿顶上用电阻法测量中间楼层的门锁（比如 3 端）对地的电阻，若电阻很大，则故障点在 3 与 a 之间，若接近 MSJ 的线圈电阻，则故障点在 3 与 01 之间。以此方法再在问题段的中点测量，就能很快找出故障点来。

4. 电压法

电压法就是用电压表测量相关元器件两端的电压，根据一般电气原理来判断该元器件是否已经损坏的方法。

还是用图 10-3 来说明用电压法查找层门联锁回路故障的故障点。将全部层门关闭但不断开总电源，用万用表相应的电压挡（01—02 的电压）测量厅门联锁继电器 MSJ 线圈的 a、b 端电压，若其值接近 01—02 的电压值，说明故障出在 a、b 两端的线圈上，若其值符合一般规律，则说明故障点在某一层层门的联锁开关上，测量各层门上各个开关的接点（01—1、1—3、3—5、5—a）的电压，哪个接点电压较大，其故障点就在哪个接点上。

有时维修人员手头一时没有仪表，在实践中，可以用俗称"灯泡法"的方法来检查，它利用的还是电压法的原理，用小灯的亮度来测线路有无电压以判断线路的通断。

5. 短接法

短接法俗称"封线法"，就是用一段导线逐段短接电气线路中各个开关接点或线路，模拟该开关或线路已经闭合或接通来查找故障的方法。

图 10-4 是富士电梯控制柜的接线端子示意图，如果发现电梯不能呼梯，也不能走慢车，这时就可以怀疑电梯的安全回路不通，具体检查方法如下。

① 首先将电梯置于慢车（检修）状态，以免在断接时安全回路接通，电梯误动作。

② 用导线短接 18 与 19 两接点，如安全回路通，则可判定问题出在这两接点间，即需进一步检查轿厢上的安全开关，如轿顶急停开关、安全窗开关、安全钳开关、轿内急停开关等。

③ 如果安全回路仍然不通，再短接 18 或 19 与 20 两接点，按上述方法判断该段安全回

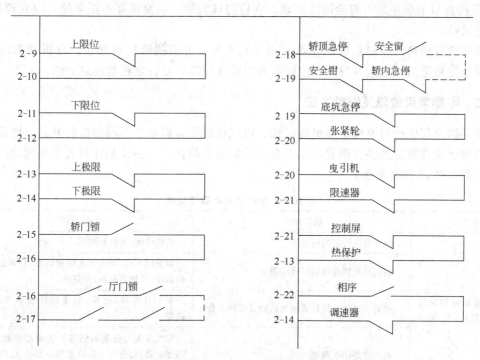

图 10-4 电梯控制柜的接线端子示意图

路有无问题。

④ 一般短接至 22 接点后安全回路就应该接通了，如果仍然不通，则可肯定问题不在众多安全开关和连接这些开关的连线上，有可能是电源或安全继电器出了问题。

⑤ 为了提高检查效率，也可先短接 18 与 22 两接点，然后用优选法逐步缩小怀疑范围。检查常闭触点的开关，就需要断开接线来模拟其动作，原理同短接法相似。

6. 程序检查法

程序检查法就是在调试、大修以及进行较大规模的系统故障排除时，将电动机与抱闸动力电源切除，按电气原理图和操作说明书要求，短接不够运行条件的接点及触头，人为地给逻辑控制线路或 PC 机的梯形图创造一个工作条件，以满足电动机启动、加速、快速运行、换速减速、制动平层、停车开门、关门运行等条件要求。然后用短导线短路法，给控制框加上位置信号、召唤信号、指令信号，观察控制系统中各部位、各环节接线是否正确，各输出信号的顺序是否符合电梯运行的顺序。

程序检查步骤如下。

① 先拆除曳引电动机三相电源线和抱闸的两根直流电源线。

② 用短导线短接不够运行条件的接点，如门联锁接点，安全继电器接点，上、下限位接点，上、下强迫换速接点等。

③ 因电梯运行状态是一个变化过程，而模拟试运行只能在静态条件下进行，势必和实际运行有差距，因此必须熟悉图样，尽量考虑周密。做到从大处着眼，客观全面地把握每个环节，从小处着手，每一个具体过程都不轻易放过。仔细检查 PC 各输入点指示灯，在确实满足图纸要求的条件后，可用短接法模拟司机选层步骤给 PC 输入内指令，检查电梯的关门（关门继电器吸合），启动、选向运行过程，PC 输出关门信号，接着快车接触器吸合，调速接触器吸合，上升（下降）接触器吸合，…。

④ 检查以上顺序是否符合图纸要求，在检查试验中，如发现有不正常处，应立即排除，再重新试验。

程序检查能确认控制系统的技术状态是否良好，分清故障所在部位，分析判断故障性质，缩小故障范围，迅速寻找疑难故障并及时排除故障，是行之有效的好方法。

二、电梯常见故障及排除方法

不同制造厂生产的电梯，在机械结构、电气线路等方面都有不同程度的差异，因此故障产生的原因及排除方法各有所异，本节介绍的常见故障排除，主要是针对大量使用的国产电梯而言的，如表 10-2 所示。

表 10-2　电梯常见故障及排除

故障现象	故障原因	排除方法
在基站将钥匙开关闭合后，电梯不开门	控制电路的熔断器烧坏	更换熔丝，并查找原因
	钥匙开关接点接触不良或折断	如接触不良，可用无水酒精清洗，并调整接点弹簧片；如触点折断，则更换
	基站钥匙开关损坏或继电器触点接触不良	如元件损坏，更换；如接点接触不良，清洗修复
	有关线路出了问题	在机房人为使基站钥匙开关电路接通，如仍不能启动，则应进一步检查哪一部分出了故障，加以排除
按下召唤或指令按钮后没有信号（灯不亮）	按钮接触不良或折断	修复和调整
	信号灯接触不良或烧坏	排除接触不良或更换灯泡
	层楼信号异常	排除或恢复
	有关线路断了或接线松开	用万用表检测并排除
	信号灯接触不良或烧坏	排除接触不良或更换灯泡
有指令或召唤信号，但方向箭头灯不亮	层楼信号异常	调整或修复
	硬件互锁接点接触不良或粘连，使方向继电器不能吸合	修复及调整
	上、下行方向硬件故障	用万用表找出损坏元件，更换
	门锁回路故障	用导线短接法检查确定，然后修复
无法正常关门	轿厢顶的关门限位开关常闭接点和开门按钮的常闭接点闭合不好，从而导致整个关门控制回路有断点，使关门继电器不能吸合	用导线短接法将门控制回路中的断点找出，然后修复或更换
	关门继电器故障或门机通信故障	排除或更换
	门机电动机损坏或有关线路松动	用万用表检查电动机是否损坏，线路是否畅通，并加修复或更换
	门机传动带打滑	张紧传动带或更换
	门未关闭到位，门锁开关未能接通	重新开关门，如不奏效，应调整门速
电梯已选向，但门关闭后不能启动	厅门门锁开关出现故障	排除或更换
	轿门闭合到位开关未接通	调整和排除
	安全回路不通	用万用表检查确定并排除
	拖动运行故障	检查和排除
	制动接触器粘连或制动器未打开	检查和排除

故障现象	故障原因	排除方法
门锁未关,电梯能启动	门锁控制回路短路	检查和排除
到站平层后,电梯门不开	轿厢顶上开门限位开关闭合不好或接点折断无法正常开门	排除或更换
	开门电气回路出故障	排除或更换
	开门继电器损坏或门机通信故障	排除或更换
	门区感应器故障	排除或更换
平层误差大	平层感应器与隔磁板位置不当或光电编码器故障	调整排除或楼层校准
	制动器弹簧过松或曳引钢丝绳打滑导致溜车	调整或更换
	变频器出现故障	排除
开关门速度变慢	开门机传动带动滑	张紧传动带
	门机速度控制参数变化	调整
电梯在行驶中突然停车	电源缺相、电源电压波动相序保护;电流过大,过流保护	找出原因,排除
	门刀碰撞门轮,使锁臂脱开,门锁开关断开	调整门锁滚轮与门刀位置
	安全回路开路	找出原因,排除
	安全钳动作	断开总电源,紧急向上移动轿厢,使安全钳楔块脱离导轨,并使轿厢停靠在层门口,放出乘客。然后合上总电源,站在轿顶上,以检修速度检查各部分有无异常,并用锉刀将导轨上的制动痕修光
	制动器出现故障,误动作	修复调整制动器
电梯平层后又自动溜车	曳引绳或制动器打滑	修复曳引轮绳槽或更换;调整制动器
	平层信号异常	查明原因后,酌情修复或更换元件
电梯冲顶撞底	快速运行继电器触头粘住,使电梯保持快速运行直至冲顶、撞底	冲顶时,由于轿厢惯性冲力很大,当对重被缓冲器承住,轿厢会产生急促抖动下降,可能会使安全钳动作。此时应首先拉开总电源,用木桩支承对重,用3t手动葫芦吊升轿厢,直至安全钳复位
	制动器未抱闸	调整修复
电梯启动和运行速度有明显下降	三相电源中有一相接触不良	检查三相电线,紧固各接点
	行车上、下行接触器触点接触不良	检修或更换
	电源电压过低	调整三相电压,电压值不超过规定值的10%
预选层站不停车	层楼信号异常	调整与修复
	换速感应器或隔磁板损坏	修复或更换
电梯在运行中抖动或晃动	曳引机固定处松动	检查地脚螺栓、挡板、压板等,发现松动拧紧
	个别导轨架或导轨压板松动	慢速行车,在轿顶上检查并拧紧
	滑动导靴的靴衬磨损过大,滚动导靴的滚轮不均匀磨损	更换滑动导靴靴衬;更换滚轮导靴滚轮或修车滚轮
	曳引绳松紧差异大	调整绳丝头套螺母,使各条曳引绳拉力一致
	变频器异常	排除

续表

故障现象	故障原因	排除方法
局部熔丝经常烧断	有的继电器绝缘垫片击穿	加绝缘势片或更换继电器
	容量小,且压接松,接触不良	按额定电流更换熔丝片,并压接紧固
主保险丝片经常烧断	有的接触器接触不良有卡阻	检查调整接触器,排除卡阻或更换接触器
	电梯启、制动时间过长	调整启、制动时间
	滑动导靴靴衬磨损严重,使两端金属盖板与导轨发生摩擦	更换靴衬
电梯运行时在轿厢内听到摩擦声	滑动导靴中卡入异物	清除异物并清洗靴衬
	由于安全钳拉杆松动等原因,使安全钳楔块与导轨发生摩擦	修复
	门滑轮磨损严重	更换门滑轮
开关门时门扇振动大	门锁滚轮与门刀未紧贴,间隙大	调整门锁
	门导轨变形或发生松动偏斜	校正导轨;调整紧固导轨
	门地坎中的滑槽积尘过多或有杂物,妨碍门的滑行	清理
	门电机轴承损坏或润滑不足	排除或更换
门安全触板或光幕失灵	微动开关接线短路	检查电路,排除短路点
	轿厢或厅门接地线断开或接触不良	检查接地线,使接地电阻不大于4Ω
	光幕故障或信号干扰	排除或调整
轿厢或厅门有麻电感觉	接零系统零线重复接地线断开	接好重复接地线

 思考与练习题 ▶▶

1. 电梯的安全管理和使用有哪些必要的内容?
2. 电梯一般保养工作如何进行?主要内容是什么?
3. 电梯零部件的保养有何特点?
4. 一般电梯电气故障的排查方法有哪几种?
5. 电梯机械故障有何特征?

附录

附录一 电梯监督检验和定期检验规则——曳引与强制驱动电梯（TSG T7001—2009）

第一条 为了加强对曳引与强制驱动电梯安装、改造、维修、日常维护保养、使用和检验工作的监督管理，规范曳引与强制驱动电梯安装、改造、重大维修监督检验和定期检验行为，提高检验工作质量，促进曳引与强制驱动电梯运行安全保障工作的有效落实，根据《特种设备安全监察条例》，制定本规则。

第二条 本规则适用于电力驱动的曳引式与强制式电梯（防爆电梯、消防员电梯、杂物电梯除外）的安装、改造、重大维修监督检验和定期检验。

前款所述曳引与强制驱动电梯（以下简称电梯）的生产（含电梯的设计、制造、安装、改造、维修、日常维护保养，下同）和使用单位，以及从事电梯监督检验和定期检验的特种设备检验检测机构，应当遵守本规则规定。

第三条 本规则所称监督检验是指由国家质量监督检验检疫总局（以下简称国家质检总局）核准的特种设备检验检测机构（以下简称检验机构），根据本规则规定，对电梯安装、改造、重大维修过程进行的监督检验（以下简称监督检验）；本规则所称定期检验是指检验机构根据本规则规定，对在用电梯定期进行的检验。

监督检验和定期检验（以下统称检验）是对电梯生产和使用单位执行相关法规标准规定、落实安全责任，开展为保证和自主确认电梯安全的相关工作质量情况的查证性检验。电梯生产单位的自检记录或者报告中的结论，是对设备安全状况的综合判定；检验机构出具检验报告中的检验结论，是对电梯生产和使用单位落实相关责任、自主确定设备安全等工作质量的判定。

第四条 如果出现了有关电梯生产和检验的新技术、新材料、新工艺等影响本规则技术指标和要求的特殊情况，国家质检总局可以根据具体情况，提出相应要求。

第五条 实施电梯安装、改造或者重大维修的施工单位（以下简称施工单位）应当在按照规定履行告知后、开始施工前（不包括设备开箱、现场勘测等准备工作），向规定的检验机构申请监督检验；电梯使用单位应当在安全检验标志所标注的下次检验日期届满前 1 个月，向规定的检验机构申请定期检验。

第六条 施工单位应当按照设计文件和标准的要求，对电梯机房（或者机器设备间）、井道、底坑等涉及电梯施工的土建工程进行检查，对电梯制造质量（包括零部件和安全保护装置等）进行确认，并且做好记录，符合要求后方可以进行电梯施工。

施工单位或者维护保养单位应当按照相关安全技术规范和标准的要求，保证施工或者日常维护保养质量，真实、准确地填写施工或者日常维护保养的相关记录或者报告，对施工或者日常维护保养质量以及提供的相关文件、资料的真实性及其与实物的一致性负责。

第七条 施工单位、维护保养单位和使用单位应当向检验机构提供符合附件 A 要求的有关文件、资料，安排相关的专业人员配合检验机构实施检验。其中，施工自检报告、日常维护保养年度自行检查记录或者报告还须另行提交复印件备存。

第八条 检验机构应当在施工单位自检合格的基础上实施监督检验，在维护保养单位自检合格的基础上实施定期检验。实施监督检验和定期检验，应当遵守以下规定：

（一）对于电梯安装过程，按照附件 A 规定的检验内容、要求和方法，对附件 B 所列项目进行检验；

（二）对于电梯改造和重大维修过程，按照附件 A 规定的检验内容、要求和方法，对改造和重大维修涉及的相关项目及其内容进行检验，其他项目按照本条第（三）项的规定进行检验；

（三）对于在用电梯，按照附件 A 规定的检验内容、要求和方法，对附件 C 所列项目每年进行 1 次定期检验；

（四）对于在 1 个检验周期内特种设备安全监察机构接到故障实名举报达到 3 次以上（含 3 次）的电梯，并且经确认上述故障的存在影响电梯运行安全时，特种设备安全监察机构可以要求提前进行维护保养单位的年度自行检查和定期检验；

（五）对于由于发生自然灾害或者设备事故而使其安全技术性能受到影响的电梯以及停止使用 1 年以上的电梯，再次使用前，应当按照本条第（三）项的规定进行检验。但如果对电梯实施改造或者重大维修，应当按照本条第（二）项的规定进行检验。

第九条 电梯检验项目分为 A、B、C 三个类别。各类别检验程序如下：

（一）A 类项目，检验机构按照附件 A 的相应规定，对提供的文件、资料进行审查，对该类项目进行检验，并与自检记录或者报告对应项目的检验结果（以下简称自检结果）进行对比，按照第二十条的规定对项目的检验结论做出判定；不经检验机构审查、检验，或者审查、检验结论为不合格，施工单位不得进行下道工序的施工。

（二）B 类项目，检验机构按照附件 A 的相应规定，对提供的文件、资料进行审查，对该类项目进行检验，并与自检结果进行对比，按照第二十条的规定对项目的检验结论做出判定。

（三）C 类项目，检验机构按照附件 A 的相应规定，对提供的文件、资料进行审查，认为自检记录或者报告等文件和资料完整、有效，对自检结果无质疑（以下简称资料审查无质疑），可以确认为合格；如果文件和资料欠缺、无效或者对自检结果有质疑（以下简称资料审查有质疑），应当按照附件 A 规定的检验方法，对该类项目进行检验，并与自检结果进行对比，按照第二十条的规定对项目的检验结论做出判定。

各检验项目的类别见附件 A、附件 B、附件 C，具体的检验方法见附件 A。

第十条 检验机构应当根据本规则规定，制定包括检验程序和检验流程图在内的电梯检验作业指导文件，并且按照相关法规、本规则和检验作业指导文件的规定，对电梯检验质量实施严格控制，对检验结果及检验结论的正确性负责，对检验工作质量负责。

第十一条 检验机构应当统一制定电梯检验原始记录格式及其要求，在本单位正式发布使用。原始记录内容应当不少于相应检验报告（见附件 B、附件 C）规定的内容。必要时，相关项目应当另列表格或者附图，以便数据的记录和整理。

第十二条 检验机构应当配备能够满足附件 A 所述检验要求和方法的检验检测仪器设备、计量器具和工具。

第十三条 检验人员必须按照国家有关特种设备检验人员资格考核的规定，取得国家质检总局颁发的相应资格证书后，方可以从事批准项目的电梯检验工作。现场检验至少由 2 名具有电梯检验员或者以上资格的人员进行，检验人员应当向申请检验的电梯施工或者使用单位（以下简称受检单位）出示检验资格标识。现场检验时，检验人员不得进行电梯的修理、调整等工作。

第十四条 现场检验时，检验人员应当配备和穿戴必需的防护用品，并且遵守施工现场或者使用单位明示的安全管理规定。

第十五条 对电梯整机进行检验时，检验现场应当具备以下检验条件：

（一）机房或者机器设备间的空气温度保持在 5～40℃ 之间；

（二）电源输入电压波动在额定电压值 ±7% 的范围内；

（三）环境空气中没有腐蚀性和易燃性气体及导电尘埃；

（四）检验现场（主要指机房或者机器设备间、井道、轿顶、底坑）清洁，没有与电梯工作无关的物品和设备，基站、相关层站等检验现场放置表明正在进行检验的警示牌；

（五）对井道进行了必要的封闭。

特殊情况下，电梯设计文件对温度、湿度、电压、环境空气条件等进行了专门规定的，检验现场的温度、湿度、电压、环境空气条件等应当符合电梯设计文件的规定。

对于不具备现场检验条件的电梯，或者继续检验可能造成危险，检验人员可以中止检验，但必须向受检单位书面说明原因。

第十六条 检验过程中，检验人员应当认真审查相关文件、资料，将检验情况如实记录在原始记录上（包括已审查文件、资料的名称及编号），不得漏检、漏记。可以使用统一规定的简单标记，表明"符合""不符合""合格""不合格""无此项"等；要求测试数据的项目（即附件 A 所述检验方法中要求测试数据的项目，下同）必须填写实测数据；未要求测试数据但有需要说明情况的项目，应当用简单的文字予以说明，例如"×楼层门锁失效"；遇特殊情况，可以填写"因……（原因）未检""待检""见附页"等。

原始记录应当注明现场检验日期，有执行本次检验的检验人员签字，并且有其中一名检验人员的校核签字。

检验机构应当长期保存监督检验原始记录和施工自检报告。对于定期检验原始记录和日常维护保养年度自行检查记录或者报告，检验机构应当至少保存 2 个检验周期。

第十七条 检验过程中，如果发现下列情况，检验机构应当在现场检验结束时，向受检单位或及维护保养单位出具《特种设备检验意见通知书》（见附件 D，以下简称《通知书》），提出整改要求：

（一）施工或者维护保养单位的施工过程记录或者日常维护保养记录不完整；

（二）电梯存在不合格项目；

（三）要求测试数据项目的检验结果与自检结果存在多处较大偏差，质疑相应单位自检能力时；

（四）使用单位存在不符合电梯相关法规、规章、安全技术规范的问题。

定期检验时，对于存在不合格项目但不属于按照本规则第二十一条规定直接判定为不合格的电梯，《通知书》中应当要求使用单位在整改完成前及时采取安全措施，对该电梯进行监护使用。

受检单位或者和维护保养单位应当按照《通知书》的要求及时整改，并且在规定的时限内向检验机构提交填写了处理结果的《通知书》以及整改报告等见证资料。

检验人员应当对整改情况进行确认，可以根据情况采取现场验证或者查看填写了处理结果的《通知书》以及整改报告等见证资料的方式，确认其是否符合要求。

　　对于定期检验的电梯，如果使用单位拟实施改造或重大维修进行整改，或者拟做停用、报废处理，则应当在《通知书》上签署相应的意见，并且在规定的时限内反馈给检验机构，同时按照相关规定，办理对应的相关手续。

　　第十八条　检验工作（包括第十七条规定的对整改情况的确认）完成后，或者达到《通知书》提出时限而受检单位未反馈整改报告等见证材料的，检验机构必须在 10 个工作日内出具检验报告。检验结论为"合格"的，还应当同时出具安全检验标志。

　　检验报告的内容、格式应当符合本规则的规定（见附件 B、附件 C），结论页必须有检验、审核、批准人员的签字和检验机构检验专用章或者公章。

　　检验机构、施工和使用单位应当长期保存监督检验报告。对于定期检验报告，检验机构和使用单位应当至少保存 2 个检验周期。

　　第十九条　检验报告中，检验项目的"检验结果"和"检验结论"应当按照如下要求进行填写：

　　（一）对于要求测试数据的项目，在"检验结果"栏中填写实测或者计算处理后的数据；

　　（二）对于未要求测试数据的项目，如果经检验符合要求，在"检验结果"栏中填写"符合"；如果经检验不符合要求，填写"不符合"；

　　（三）对于 C 类项目，如果资料审查无质疑，在"检验结果"栏中填写"资料确认符合"；如果资料审查有质疑，并且进行了现场检验，分别按照本条第（一）项或者第（二）项要求填写相应内容；

　　（四）对于需要说明情况的项目，在"检验结果"栏中做简要说明，难以表述清楚的，在检验报告中另加附页描述，"检验结果"栏中填写"见附页××"；

　　（五）对于不适用的项目，在"检验结果"栏中填写"无此项"；

　　（六）"检验结论"栏只填写"合格""不合格""—"（表示无此项）等单项结论。

　　第二十条　各类检验项目的合格判定条件如下：

　　（一）A、B 类检验项目，审查、检验结果符合附件 A 中的检验要求；

　　（二）C 类检验项目，资料审查无质疑并且符合附件 A 中的检验要求，或者审查、检验结果符合附件 A 中的检验要求。

　　第二十一条　监督检验和定期检验的合格判定条件如下：

　　（一）安装监督检验，检验项目全部合格，并且经检验人员确认相关单位已经针对第十七条第（一）、（三）、（四）项所述问题进行了有效整改；

　　（二）改造或者重大维修监督检验，检验项目全部合格，或者改造和重大维修涉及的相关检验项目全部合格，对于按照定期检验规定进行的项目，除了上次定期检验后使用单位采取安全措施进行监护使用的 C 类项目之外（使用单位继续对这些项目采取安全措施，在《通知书》上签署了监护使用的意见），其他项目全部合格，并且经检验人员确认相关单位已经针对第十七条第（一）、（三）、（四）项所述问题进行了有效整改；

　　（三）定期检验，检验项目全部合格，或者 B 类检验项目全部合格，C 类检验项目应整改项目不超过 5 项（含 5 项），相关单位已在《通知书》规定的时限内向检验机构提交填写了处理结果的《通知书》以及整改报告等见证资料，使用单位已经对上述应整改项目采取了相应的安全措施，在《通知书》上签署了监护使用的意见，并且经检验人员确认相关单位已经针对第十七条第（一）、（三）、（四）项所述问题进行了有效整改。

　　第二十二条　经检验，凡不符合本规则第二十一条规定的合格判定条件的电梯，应当判定为"不合格"，检验机构应当按照第十八条规定的时限等要求出具检验报告。对于检验结论为不合格的电梯，受检单位组织相应整改或者修理后可以申请复检。

第二十三条　检验报告只允许使用"合格""不合格""复检合格""复检不合格"四种检验结论。

第二十四条　对于判定为"不合格"或者"复检不合格"的电梯、未执行《通知书》提出的整改要求并且已经超过安全检验标志所标注的下次检验日期的电梯，检验机构应当将检验结果、检验结论及有关情况报告负责设备使用登记的特种设备安全监察机构；对于定期检验判定为不合格的电梯，检验机构还应当建议使用单位立即停止使用。特种设备安全监察机构应当根据情况，及时采取安全监察措施。

第二十五条　本规则由国家质检总局负责解释。

第二十六条　本规则自 2010 年 4 月 1 日起施行，2002 年 1 月 9 日国家质检总局发布的《电梯监督检验规程》（国质检锅［2002］1 号）同时废止。

附录二　曳引与强制驱动电梯监督检验和定期检验内容、要求与方法

项目及类别		检验内容与要求	检验方法
1 技术资料	1.1 制造资料 A	电梯制造单位提供了以下用中文描述的出厂随机文件： (1)制造许可证明文件,其范围能够覆盖所提供电梯的相应参数 (2)电梯整机型式试验合格证书或者报告书,其内容能够覆盖所提供电梯的相应参数 (3)产品质量证明文件,注有制造许可证明文件编号、该电梯的产品出厂编号、主要技术参数,以及门锁装置、限速器、安全钳、缓冲器、含有电子元件的安全电路(如果有)、轿厢上行超速保护装置、驱动主机、控制柜等安全保护装置和主要部件的型号和编号等内容,并且有电梯整机制造单位的公章或者检验合格章以及出厂日期 (4)门锁装置、限速器、安全钳、缓冲器、含有电子元件的安全电路(如果有)、轿厢上行超速保护装置、驱动主机、控制柜等安全保护装置和主要部件的型式试验合格证,以及限速器和渐进式安全钳的调试证书 (5)机房或者机器设备间及井道布置图,其顶层高度、底坑深度、楼层间距、井道内防护、安全距离、井道下方人可以进入的空间等满足安全要求 (6)电气原理图,包括动力电路和连接电气安全装置的电路 (7)安装使用维护说明书,包括安装、使用、日常维护保养和应急救援等方面操作说明的内容 注 A-1:上述文件如为复印件则必须经电梯整机制造单位加盖公章或者检验合格章;对于进口电梯,则应当加盖国内代理商的公章	电梯安装施工前审查相应资料
	1.2 安装资料 A	安装单位提供了以下安装资料： (1)安装许可证和安装告知书,许可证范围能够覆盖所施工电梯的相应参数 (2)施工方案,审批手续齐全 (3)施工现场作业人员持有的特种设备作业人员证 (4)施工过程记录和自检报告,检查和试验项目齐全、内容完整,施工和验收手续齐全 (5)变更设计证明文件(如安装中变更设计时),履行了由使用单位提出、经整机制造单位同意的程序 (6)安装质量证明文件,包括电梯安装合同编号、安装单位安装许可编号、产品出厂编号、主要技术参数等内容,并且有安装单位公章或者检验合格章以及竣工日期 注 A-2:上述文件如为复印件则必须经安装单位加盖公章或者检验合格章	审查相应资料。第(1)~(3)项在报检时审查,第(3)项在其他项目检验时还应查验;第(4)、(5)项在试验时查验;第(6)项在竣工后审查

项目及类别		检验内容与要求	检验方法
1 技术资料	1.3 改造、重大维修资料 A	改造或者重大维修单位提供了以下改造或者重大维修资料： 　(1)改造或者维修许可证和改造或者重大维修告知书,许可证范围能够覆盖所施工电梯的相应参数 　(2)改造或者重大维修的清单以及施工方案,施工方案的审批手续齐全 　(3)所更换的安全保护装置或者主要部件产品合格证、型式试验合格证书以及限速器和渐进式安全钳的调试证书(如发生更换) 　(4)施工现场作业人员持有的特种设备作业人员证 　(5)施工过程记录和自检报告,检查和试验项目齐全、内容完整,施工和验收手续齐全 　(6)改造后的整梯合格证或者重大维修质量证明文件,合格证或者证明文件中包括电梯的改造或者重大维修合同编号、改造或者重大维修单位的资格证编号、电梯使用登记编号、主要技术参数等内容,并且有改造或者重大维修单位的公章或者检验合格章以及竣工日期 　注 A-3:上述文件如为复印件则必须经改造或者重大维修单位加盖公章或者检验合格章	审查相应资料。第(1)～(4)项在报检时审查,第(4)项在其他项目检验时还应查验;第(5)项在试验时查验;第(6)项在竣工后审查
2 机房(机器设备间)及相关设备	1.4 使用资料 B	使用单位提供了以下资料: 　(1)使用登记资料,内容与实物相符 　(2)安全技术档案,至少包括1.1、1.2、1.3 所述文件资料[1.2 的(3)项和 1.3 的(4)项除外],以及监督检验报告、定期检验报告、日常检查与使用状况记录、日常维护保养记录、年度自行检查记录或者报告、应急救援演习记录、运行故障和事故记录等,保存完好(本规则实施前已经完成安装、改造或重大维修的,1.1、1.2、1.3 项所述文件资料如有缺陷,应当由使用单位联系相关单位予以完善,可不作为本项审核结论的否决内容) 　(3)以岗位责任制为核心的电梯运行管理规章制度,包括事故与故障的应急措施和救援预案,电梯钥匙使用管理制度等 　(4)与取得相应资格单位签订的日常维护保养合同 　(5)按照规定配备的电梯安全管理和作业人员的特种设备作业人员证	定期检验和改造、重大维修过程的监督检验时查验;新安装电梯的监督检验进行试验时查验(3)、(4)、(5)项,以及(2)项中所需记录表格制定情况[如试验时使用单位尚未确定,应当由安装单位提供(2)、(3)、(4)项查验内容范本,(5)项相应要求交接备忘录]
	2.1 通道与通道门 C	(1)应当在任何情况下均能够安全方便地使用通道。采用梯子作为通道时,必须符合以下条件: 　①通往机房或者机器设备区间的通道不应当高出楼梯所到平面 4m 　②梯子必须固定在通道上而不能被移动 　③梯子高度超过 1.50m 时,其与水平方向的夹角应当在 65°～75°之间,并不易滑动或者翻转 　④靠近梯子顶端应当设置把手 　(2)通道应当设置永久性电气照明 　(3)机房通道门的宽度应当不小于 0.60m,高度应当不小于 1.80m,并且门不得向房内开启。门应当装有带钥匙的锁,并且可以从机房内不用钥匙打开。门外侧应当标明"机房重地,闲人免进",或者有其他类似警示标志	审查自检结果,如对其有质疑,按照以下方法进行现场检验(以下 C 类项目只描述现场检验方法):目测或者测量相关数据
	2.2 机房(机器设备)专用 C	机房(机器设备间)应当专用,不得用于电梯以外的其他用途	目测
	2.3 安全空间 C	(1)在控制屏和控制柜前有一块净空面积,其深度不小于 0.70m,宽度为 0.50m 或屏、柜的全宽(两者中的大值),高度不小于 2m 　(2)对运动部件进行维修和检查以及人工紧急操作的地方有一块不小于 0.50m×0.60m 的水平净空面积,其净高度不小于 2m 　(3)机房地面高度不一并且相差大于 0.50m 时,应当设置楼梯或者台阶,并且设置护栏	目测或者测量相关数据

续表

项目及类别	检验内容与要求	检验方法
2.4 地面开口 C	机房地面上的开口应当尽可能小,位于井道上方的开口必须采用圈框,此圈框应当凸出地面至少 50mm	目测或者测量相关数据
2.5 照明与插座 C	(1)机房应当设置永久性电气照明;在机房内靠近入口(或多个入口)处的适当高度应当设有一个开关,控制机房照明 (2)机房应当至少设置一个 2P+PE 型电源插座 (3)应当在主开关旁设置控制井道照明、轿厢照明和插座电路电源的开关	目测,操作验证各开关的功能
2.6 断相、错相保护 C	每台电梯应当具有断相、错相保护功能;电梯运行与相序无关时,可以不装设错相保护装置	(1)断开主开关,在其输出端,分别断开三相交流电源的任意一根导线后,闭合主开关,检查电梯能否启动 (2)断开主开关,在其输出端,调换三相交流电源的两根导线的相互位置后,闭合主开关,检查电梯能启动
2 机房（机器设备间）及相关设备	2.7 主开关 B	(1)每台电梯应当单独装设主开关,主开关应当易于接近和操作;无机房电梯主开关的设置还应当符合以下要求: ①如果控制柜不是安装在井道内,主开关应当安装在控制柜内,如果控制柜安装在井道内,主开关应当设置在紧急操作屏上 ②如果从控制柜处不容易直接操作主开关,该控制柜应当设置能分断主电源的断路器 ③在电梯驱动主机附近 1m 之内,应当有可以接近的主开关或者符合要求的停止装置,且能够方便地进行操作 (2)主开关不得切断轿厢照明和通风、机房(机器设备间)照明和电源插座、轿顶与底坑的电源插座、电梯井道照明、报警装置的供电电路 (3)主开关应当具有稳定的断开和闭合位置,并且在断开位置时能用挂锁或其他等效装置锁住,能够有效地防止误操作 (4)如果不同电梯的部件共用一个机房,则每台电梯的主开关应当与驱动主机、控制柜、限速器等采用相同的标志	目测主开关的设置;断开主开关,观察、检查照明、插座、通风和报警装置的供电电路是否被切断
	2.8 驱动主机 B	(1)驱动主机工作时应当无异常噪声和振动 (2)曳引轮外侧面应当涂成黄色 (3)曳引轮轮槽不得有严重磨损(适用于改造、维修监督检验和定期检验),如果轮槽的磨损可能影响曳引能力时,应当进行曳引能力验证试验	目测;认为轮槽的磨损可能影响曳引能力时,进行 8.11 项试验,对于轿厢面积超过规定的载货电梯还需进行 8.12 项试验,综合 8.6、8.10、8.11、8.12 项试验结果验证轮槽磨损是否影响曳引能力
	2.9 制动装置 C	(1)所有参与向制动轮或盘施加制动力的制动器机械部件应当分两组装设 (2)电梯正常运行时,切断制动器电流至少应当用两个独立的电气装置来实现,当电梯停止时,如果其中一个接触器的主触点未打开,最迟到下一次运行方向改变时,应当防止电梯再运行	(1)对照型式试验报告,查验制动器 (2)根据电气原理图和实物状况,结合模拟操作检查制动器的电气控制

项目及类别		检验内容与要求				检验方法
2 机房（机器设备间）及相关设备	2.10 紧急操作 B	(1)手动紧急操作装置应当符合以下要求： ①对于可拆卸盘车手轮,设有一个电气安全装置,最迟在盘车手轮装上电梯驱动主机时动作 ②松闸扳手涂成红色,盘车手轮是无辐条的并且涂成黄色,可拆卸盘车手轮放置在机房内容易接近的明显部位 ③在电梯驱动主机上接近盘车手轮处,明显标出轿厢运行方向,如果手轮是不能拆卸的可以在手轮上标出 ④能够通过操纵手动松闸装置松开制动器,并且需要以一个持续力保持其松开状态 ⑤进行手动紧急操作时,易于观察到轿厢是否在开锁区				目测；通过模拟操作检查电气安全装置和手动松闸功能
		(2)紧急电动运行装置应当符合以下要求： ①依靠持续揿压按钮来控制轿厢运行,此按钮有防止误操作的保护,按钮上或其近旁标出相应的运行方向 ②一旦进入检修运行,紧急电动运行装置控制轿厢运行的功能由检修控制装置所取代 ③进行紧急电动运行操作时,易于观察到轿厢是否在开锁区				目测；通过模拟操作检查紧急电动运行装置功能
		(3)应急救援程序：在机房内应当设有清晰的应急救援程序				目测
	2.11 限速器 B	(1)限速器上应当设有铭牌,标明制造单位名称、型号、规格参数和型式试验机构标识,铭牌和型式试验合格证、调试证书内容应当相符 (2)限速器或者其他装置上应当设有在轿厢上行或者下行速度达到限速器动作速度之前动作的电气安全装置,以及验证限速器复位状态的电气安全装置 (3)使用周期达到2年的电梯,或者限速器动作出现异常、限速器各调节部位封记损坏的电梯,应当由经许可的电梯检验机构或者电梯生产单位对限速器进行动作速度校验,并且由该单位出具校验报告				(1)对照检查限速器型式试验合格证、调试证书、铭牌 (2)目测电气安全装置的设置 (3)审查限速器动作速度校验报告,对照限速器铭牌上的相关参数,判断动作速度是否符合要求
	2.12 接地 C	(1)供电电源自进入机房或者机器设备间起,中性线(N)与保护线(PE)应当始终分开 (2)所有电气设备及线管、线槽的外露可以导电部分应当与保护线(PE)可靠连接				目测,必要时测量验证
	2.13 电气绝缘 C	动力电路、照明电路和电气安全装置电路的绝缘电阻应当符合下述要求：				由施工或者维护保养单位测量,检验人员现场观察、确认
		标称电压/V	测试电压(直流)/V		绝缘电阻/MΩ	
		安全电压	250		≥0.25	
		≤500	500		≥0.50	
		>500	1000		≥1.00	
	2.14 轿厢上行超速保护装置 B	轿厢上行超速保护装置上应当设有铭牌,标明制造单位名称、型号、规格参数和型式试验机构标识,铭牌和型式试验合格证内容应当相符；电梯整机制造单位应当在控制屏或者紧急操作屏上标注轿厢上行超速保护装置的动作试验方法				对照检查上行超速保护装置型式试验合格证和铭牌；目测动作试验方法的标注情况
3 井道及相关设备	3.1 井道封闭 C	除必要的开口外井道应当完全封闭；当建筑物中不要求井道在火灾情况下具有防止火焰蔓延的功能时,允许采用部分封闭井道,但在人员可正常接近电梯处应当设置无孔的高度足够的围壁,以防止人员遭受电梯运动部件直接危害,或者用手持物体触及井道中的电梯设备				目测

项目及类别		检验内容与要求	检验方法
3 井道及相关设备	3.2 曳引驱动电梯顶部空间 C	(1)当对重完全压在缓冲器上时，应当同时满足以下条件： ①轿厢导轨提供不小于 $0.1+0.035v^2$(m)的进一步制导行程 ②轿顶可以站人的最高面积的水平面与位于轿厢投影部分井道顶最低部件的水平面之间的自由垂直距离不小于 $1.0+0.035v^2$(m) ③井道顶的最低部件与轿顶设备的最高部件之间的间距(不包括导靴、钢丝绳附件等)不小于 $0.3+0.035v^2$(m)，与导靴或滚轮、曳引绳附件、垂直滑动门的横梁或部件的最高部分之间的间距不小于 $0.1+0.035v^2$(m) ④轿顶上方应当有一个不小于 0.5m×0.6m×0.8m 的空间(任意平面朝下即可) 注 A-4：当采用减行程缓冲器并对电梯驱动主机正常减速进行有效监控时 $0.035v^2$ 可以用下值代替： ①电梯额定速度不大于 4m/s 时，可以减少到1/2，但是不小于 0.25m ②电梯额定速度大于 4m/s 时，可以减少到1/3，但是不小于 0.28m (2)当轿厢完全压在缓冲器上时，对重导轨有不小于 $0.1+0.035v^2$(m)的制导行程	(1)测量轿厢在上端站平层位置时的相应数据，计算确认是否满足要求 (2)用痕迹法或其他有效方法检验对重导轨的制导行程
	3.3 强制驱动电梯顶部空间 C	(1)轿厢从顶层向上直到撞击上缓冲器时的行程不小于0.50m，轿厢上行至缓冲器行程的极限位置时一直处于有导向状态 (2)当轿厢完全压在上缓冲器上时，应当同时满足以下条件： ①轿顶可以站人的最高面积的水平面与位于轿厢投影部分井道顶最低部件的水平面之间的自由垂直距离不小于 1.0 ②井道顶部最低部件与轿顶设备的最高部件之间的自由垂直距离不小于 0.30m，与导靴或滚轮、钢丝绳附件、垂直滑动门横梁等的自由垂直距离不小于 0.10m ③轿厢顶部上方有一个不小于 0.50m×0.60m×0.80m 的空间(任意平面朝下均可) (3)当轿厢完全压在缓冲器上时，平衡重(如果有)导轨的长度能提供不小于 0.30m 的进一步制导行程	(1)测量轿厢在上端站平层位置时的相应数据，计算确认是否满足要求 (2)用痕迹法或其他有效方法检验平衡重导轨的制导行程
	3.4 井道安全门 C	(1)当相邻两层门地坎的间距大于 11m 时，其间应当设置高度不小于 1.80m、宽度不小于 0.35m 的井道安全门(使用轿厢安全门时除外) (2)不得向井道内开启 (3)门上应当装设用钥匙开启的锁，当门开启后不用钥匙能够将其关闭和锁住，在门锁住后，不用钥匙能够从井道内将门打开 (4)应当设置电气安全装置以验证门的关闭状态	(1)测量相关数据 (2)打开、关闭安全门，检查门的启闭和电梯启动情况
	3.5 井道检修门 C	(1)高度不小于 1.40m，宽度不小于 0.60m (2)不得向井道内开启 (3)应当装设用钥匙开启的锁，当门开启后不用钥匙能够将其关闭和锁住，在门锁住后，不用钥匙也能够从井道内将门打开 (4)应当设置电气安全装置以验证门的关闭状态	(1)测量相关数据 (2)打开、关闭检修门，检查门的启闭和电梯启动情况
	3.6 导轨 C	(1)每根导轨应当至少有 2 个导轨支架，其间距一般不大于 2.50m(如果间距大于 2.50m 应当有计算依据)，端部短导轨的支架数量应当满足设计要求 (2)支架应当安装牢固，焊接支架的焊缝满足设计要求，锚栓(如膨胀螺栓)固定只能在井道壁的混凝土构件上使用 (3)每列导轨工作面每 5m 铅垂线测量值间的相对最大偏差，轿厢导轨和设有安全钳的 T 型对重导轨不大于 1.2mm，不设安全钳的 T 型对重导轨不大于 2.0mm (4)两列导轨顶面的距离偏差，轿厢导轨为 0～+2mm，对重导轨为 0～+3mm	目测或者测量相关数据

项目及类别		检验内容与要求	检验方法
3 井道及相关设备	3.7 轿厢与井道壁距离 B	轿厢与面对轿厢入口的井道壁的间距不大于 0.15m，对于局部高度小于 0.50m 或者采用垂直滑动门的载货电梯，该间距可以增加到 0.20m 如果轿厢装有机械锁紧的门并且门只能在开锁区内打开时，则上述间距不受限制	测量相关数据；观察轿厢门锁设置情况
	3.8 层门地坎下端的井道壁 C	每个层门地坎下的井道壁应当符合以下要求： 形成一个与层门地坎直接连接的连续垂直表面，由光滑而坚硬的材料构成（如金属薄板）；其高度不小于开锁区域的一半加上 50mm，宽度不小于门入口的净宽度两边各加 25mm	目测或者测量相关数据
	3.9 井道内防护 C	（1）对重（或者平衡重）的运行区域应当采用刚性隔障保护，该隔障从底坑地面上不大于 0.30m 处，向上延伸到离底坑地面至少 2.5m 的高度，宽度应当至少等于对重（或者平衡重）宽度两边各加 0.10m （2）在装有多台电梯的井道中，不同电梯的运动部件之间应当设置隔障，隔障应当至少从轿厢、对重（或平衡重）行程的最低点延伸到最低层站楼面以上 2.50m 高度，并且有足够的宽度以防止人员从一个底坑通往另一个底坑，如果轿厢顶部边缘和相邻电梯的运动部件之间的水平距离小于 0.5m，隔障应当贯穿整个井道，宽度至少等于运动部件或者运动部件的需要保护部分的宽度每边各加 0.10m	目测或者测量相关数据
	3.10 极限开关 B	井道上下两端应当装设极限开关，该开关在轿厢或者对重（如有）接触缓冲器前起作用，并且在缓冲器被压缩期间保持其动作状态 强制驱动电梯的极限开关动作后，应当以强制的机械方法直接切断驱动主机和制动器的供电回路	（1）将上行（下行）限位开关（如果有）短接，以检修速度使位于顶层（底层）端站的轿厢向上（向下）运行，检查井道上端（下端）极限开关动作情况 （2）短接上下两端极限开关和限位开关（如果有），以检修速度提升（下降）轿厢，使对重（轿厢）完全压在缓冲器上，检查极限开关动作状态 （3）目测判断强制驱动电梯极限开关切断供电的方式
	3.11 随行电缆 C	随行电缆应当避免与限速器绳、选层器钢带、限位与极限开关等装置干涉，当轿厢压实在缓冲器上时，电缆不得与地面和轿厢底边框接触	目测
	3.12 井道照明 C	井道应当装设永久性电气照明。对于部分封闭井道，如果井道附近有足够的电气照明，井道内可以不设照明	目测
	3.13 底坑设施与装置 C	（1）底坑底部应当平整，不得渗水、漏水 （2）如果没有其他通道，应当在底坑内设置一个从层门进入底坑的永久性装置（如梯子），该装置不得凸入电梯的运行空间 （3）底坑内应当设置在进入底坑时和底坑地面上均能方便操作的停止装置，停止装置的操作装置为双稳态、红色并标以"停止"字样，并且有防止误操作的保护 （4）底坑内应当设置 2P+PE 型电源插座，以及在进入底坑时能方便操作的井道灯开关	目测；操作验证停止装置和井道灯开关功能

续表

项目及类别	检验内容与要求	检验方法
3 井道及相关设备 3.14 底坑空间 C	轿厢完全压在缓冲器上时,底坑空间尺寸应当同时满足以下要求: (1)底坑中有一个不小于 0.50m×0.60m×1.0m 的空间(任一面朝下即可) (2)底坑底面与轿厢最低部件的自由垂直距离不小于 0.50m;当垂直滑动门的部件、护脚板和相邻井道壁之间,轿厢最低部件和导轨之间的水平距离在 0.15m 之内时,此垂直距离允许减少到 0.10m;当轿厢最低部件和导轨之间的水平距离大于 0.15m 但不大于 0.5m 时,此垂直距离可按线性关系增加至 0.5m (3)底坑中固定的最高部件和轿厢最低部件之间的距离不小于 0.30m	测量轿厢在下端站平层位置时的相应数据,计算确认是否满足要求
3.15 限速绳张紧装置 B	(1)限速器绳应当用张紧轮张紧,张紧轮(或者其配重)应当有导向装置 (2)当限速器绳断裂或者过分伸长时,应当通过一个电气安全装置的作用,使电梯停止运转	(1)目测张紧和导向装置 (2)电梯以检修速度运行,使电气安全装置动作,观察电梯运行状况
3.16 缓冲器 B	(1)轿厢和对重的行程底部极限位置应当设置缓冲器,强制驱动电梯还应当在行程上部极限位置设置缓冲器;蓄能型缓冲器只能用于额定速度不大于 1m/s 的电梯,耗能型缓冲器可以用于任何额定速度的电梯 (2)缓冲器上应当设有铭牌或者标签,标明制造单位名称、型号、规格参数和型式试验机构标识,铭牌或者标签与型式试验合格证内容应当相符 (3)缓冲器应当固定可靠 (4)耗能型缓冲器液应当正确,有验证柱塞复位的电气安全装置 (5)对重缓冲器附近应当设置永久性的明显标识,标明当轿厢位于顶层端站平层位置时,对重装置撞板与其缓冲器顶面间的最大允许垂直距离,并且该垂直距离不超过最大允许值	(1)对照检查缓冲器型式试验合格证和铭牌或者标签 (2)目测缓冲器的固定、液位和电气安全装置及对重越程距离标识 (3)定期检验时,查验当轿厢位于顶端站平层位置时,对重装置撞板与其缓冲器顶面间的垂直距离
3.17 对重(平衡重)下方空间的防护 C	如果对重(平衡重)之下有人能够到达的空间,应当将对重缓冲器安装于一直延伸到坚固地面上的实心桩墩,或者在对重(平衡重)上装设安全钳	目测
4 轿厢与对重(平衡重) 4.1 轿顶电气装置 C	(1)轿顶应当装设一个易于接近的检修运行控制装置,并且符合以下要求: ①由一个符合电气安全装置要求,能够防止误操作的双稳态开关(检修开关)进行操作 ②一经进入检修运行时,即取消正常运行(包括任何自动门操作)、紧急电动运行、对接操作运行,只有再一次操作检修开关,才能使电梯恢复正常工作 ③依靠持续揿压按钮来控制轿厢运行,此按钮有防止误操作的保护,按钮上或其近旁标出相应的运行方向 ④该装置上设有一个停止装置,停止装置的操作装置为双稳态、红色并标以"停止"字样,并且有防止误操作的保护 ⑤检修运行时,安全装置仍然起作用 (2)轿顶应当装设一个从入口处易于接近的停止装置,停止装置的操作装置为双稳态、红色并标以"停止"字样,并且有防止误操作的保护。如果检修运行控制装置设在从入口处易于接近的位置,该停止装置也可以设在检修运行控制装置上 (3)轿顶应当装设 2P+PE 型电源插座	(1)目测检修运行控制装置、停止装置和电源插座的设置 (2)操作验证检修运行控制装置、安全装置和停止装置的功能

项目及类别		检验内容与要求	检验方法
4 轿厢与对重（平衡重）	4.2 轿顶护栏 C	井道壁离轿顶外侧水平方向自由距离超过 0.3m 时，轿顶应当装设护栏，并且满足以下要求： （1）由扶手、0.10m 高的护脚板和位于护栏高度一半处的中间栏杆组成 （2）当自由距离不大于 0.85m 时，扶手高度不小于 0.70m，当自由距离大于 0.85m 时，扶手高度不小于 1.10m （3）护栏装设在距轿顶边缘最大为 0.15m 之内，并且其扶手外缘和井道中的任何部件之间的水平距离不小于 0.10m （4）护栏上有关于俯伏或斜靠护栏危险的警示符号或须知	目测或者测量相关数据
	4.3 安全窗（门）C	如果轿厢设有安全窗（门），应当符合以下要求： （1）设有手动上锁装置，能够不用钥匙从轿厢外开启，用规定的三角钥匙从轿厢内开启 （2）轿厢安全窗不能向轿厢内开启，并且开启位置不超出轿厢的边缘，轿厢安全门不能向轿厢外开启，并且出入路径没有对重（平衡重）或者固定障碍物 （3）其锁紧由电气安全装置予以验证	操作验证
	4.4 轿厢和对重（平衡重）间距 C	轿厢及关联部件与对重（平衡重）之间的距离应当不小于 50mm	测量相关数据
	4.5 对重（平衡重）的固定 C	如果对重（平衡重）由重块组成，应当可靠固定	目测
	4.6 轿厢面积 C	（1）轿厢有效面积应当符合下述规定： | $Q^①$	$S^②$	$Q^①$	$S^②$	$Q^①$	$S^②$	$Q^①$	$S^②$
---	---	---	---	---	---	---	---
100③	0.37	525	1.45	900	2.20	1275	2.95
180④	0.58	600	1.60	975	2.35	1350	3.10
225	0.70	630	1.66	1000	2.40	1425	3.25
300	0.90	675	1.75	1050	2.50	1500	3.40
375	1.10	750	1.90	1125	2.65	1600	3.56
400	1.17	800	2.00	1200	2.80	2000	4.20
450	1.30	825	2.05	1250	2.90	2500⑤	5.00	 注 A-5：①额定载重量，kg；②轿厢最大有效面积，m²；③一人电梯的最小值；④二人电梯的最小值；⑤额定载重量超过 2500kg 时，每增加 100kg，面积增加 0.16m²。对中间的载重量，其面积由线性插入法确定 （2）对于为了满足使用要求而轿厢面积超出上述规定的载货电梯，必须满足以下条件： ①在从层站装卸区域总可看见的位置上设置标志，表明该载货电梯的额定载重量； ②该电梯专用于运送特定轻质货物，其体积可保证在装满轿厢情况下，该货物的总质量不会超过额定载重量； ③该电梯由专职司机操作，并严格限制人员进入	（1）测量计算轿厢有效面积 （2）检查层站装卸区域额定载重量标志、电梯专用等措施
	4.7 轿厢铭牌 C	轿厢内应当设置铭牌，标明额定载重量及乘客人数（载货电梯只标载重量）、制造厂名称或商标；改造后的电梯，铭牌上应当标明额定载重量及乘客人数（载货电梯只标定载重量）、改造单位名称、改造竣工日期等	目测

续表

项目及类别		检验内容与要求	检验方法
4 轿厢与对重（平衡重）	4.8 紧急照明和报警装置 B	轿厢内应当装设符合下述要求的紧急报警装置和应急照明： （1）正常照明电源中断时，能够自动接通紧急照明电源 （2）紧急报警装置采用对讲系统以便与救援服务持续联系，当电梯行程大于30m时，在轿厢和机房（或者紧急操作地点）之间也设置对讲系统，紧急报警装置的供电来自前条所述的紧急照明电源或者等效电源；在启动对讲系统后，被困乘客不必再做其他操作	断开正常照明供电电源，分别验证紧急照明系统、紧急报警装置的功能
	4.9 地坎护脚板 C	轿厢地坎下应当装设护脚板，其垂直部分的高度不小于0.75m，宽度不小于层站入口宽度	目测或者测量相关数据
	4.10 超载保护装置 C	电梯应当设置轿厢超载保护装置，在轿厢内的载荷超过110%额定载重量（超载量不少于75kg）时，能够防止电梯正常启动及再平层，并且轿内有音响或者发光信号提示，动力驱动的自动门完全打开，手动门保持在未锁状态	进行加载试验，验证超载保护装置的功能
	4.11 安全钳 B	（1）安全钳上应当设有铭牌，标明制造单位名称、型号、规格参数和型式试验机构标识，铭牌、型式试验合格证、调试证书内容与实物应当相符 （2）轿厢上应当装设一个在轿厢安全钳动作以前或同时动作的电气安全装置	（1）对照检查安全钳型式试验合格证、调试证书和铭牌 （2）目测电气安全装置的设置
5 悬挂装置、补偿装置及旋转部件防护	5.1 悬挂装置、补偿装置的磨损、断丝、变形等情况 C	出现下列情况之一时，悬挂钢丝绳和补偿钢丝绳应当报废： ①出现笼状畸变、绳芯挤出、扭结、部分压扁、弯折 ②断丝分散出现在整条钢丝绳，任何一个捻距内单股的断丝数大于4根；或者断丝集中在钢丝绳某一部位或一股，一个捻距内断丝总数大于12根（对于股数为6的钢丝绳）或者大于16根（对于股数为8的钢丝绳） ③磨损后的钢丝绳直径小于钢丝绳公称直径的90%。采用其他类型悬挂装置的，悬挂装置的磨损、变形等应当不超过制造单位设定的报废指标	（1）用钢丝绳探伤仪或者放大镜全长检测或者分段抽测；测量并判断钢丝绳直径变化情况。测量时，以相距至少1m的两点进行，在每点相互垂直方向上测量两次，四次测量值的平均值，即为钢丝绳的实测直径 （2）采用其他类型悬挂装置的，按照制造单位提供的方法进行检验
	5.2 端部固定 C	悬挂钢丝绳绳端固定应当可靠，弹簧、螺母、开口销等连接部件无缺损 对于强制驱动电梯，应当采用带楔块的压紧装置，或者至少用3个压板将钢丝绳固定在卷筒上 采用其他类型悬挂装置的，其端部固定应当符合制造单位的规定	目测，或者按照制造单位的规定进行检验
	5.3 补偿装置 C	（1）补偿绳（链）端固定应当可靠 （2）应当使用电气安全装置来检查补偿绳的最小张紧位置 （3）当电梯的额定速度大于3.5m/s时，还应当设置补偿绳防跳装置，该装置动作时应当有一个电气安全装置使电梯驱动主机停止运转	（1）目测补偿绳（链）端固定情况 （2）模拟断绳或者绳跳出时的状态，观察电气安全装置动作和电梯运行情况
	5.4 钢丝绳的卷绕 C	对于强制驱动电梯，钢丝绳的卷绕应当符合以下要求： （1）轿厢完全压缩缓冲器时，卷筒的绳槽中应当至少保留两圈钢丝绳 （2）卷筒上只能卷绕一层钢丝绳 （3）应当有措施防止钢丝绳滑脱和跳出	目测
	5.5 松绳（链）保护 B	如果强制驱动电梯的轿厢悬挂在两根钢丝绳或者链条上，则应当设置检查绳（链）松弛的电气安全装置，当其中一根钢丝（链条）发生异常相对伸长时，电梯应当停止运行	轿厢以检修速度运行，使松绳（链）电气安全装置动作，观察电梯运行状况

项目及类别		检验内容与要求	检验方法
5 悬挂装置、补偿装置及旋转部件防护	5.6 旋转部件的防护 C	在机房(机器设备间)内的曳引轮、滑轮、链轮、限速器,在井道内的曳引轮、滑轮、链轮、限速器及张紧轮、补偿绳张紧轮,在轿厢上的滑轮、链轮等与钢丝绳、链条形成传动的旋转部件,均应当设置防护装置,以避免人身伤害、钢丝绳或者链条因松弛而脱离绳槽或链轮、异物进入绳与绳槽或链与链轮之间	目测
6 轿门与层门	6.1 门地坎距离 C	轿厢地坎与层门地坎的水平距离不得大于 35mm	测量相关尺寸
	6.2 门间隙 C	门关闭后,应当符合以下要求: (1)门扇之间及门扇与立柱、门楣和地坎之间的间隙,对于乘客电梯不大于 6mm;对于载货电梯不大于 8mm,使用过程中由于磨损,允许达到 10mm (2)在水平移动门和折叠门主动门扇的开启方向,以150N的人力施加在一个最不利的点,前条所述的间隙允许增大,但对于旁开门不大于 30mm,对于中分门其总和不大于 45mm	测量相关尺寸
	6.3 玻璃门 C	层门和轿门采用玻璃门时,应当符合以下要求: (1)玻璃门上有供应商名称或者商标、玻璃的型式等永久性标记 (2)玻璃门上的固定件,即使在玻璃下沉的情况下,也能够保证玻璃不会滑出 (3)有防止儿童的手被拖曳的措施	目测
	6.4 防止门夹人的保护装置 B	动力驱动的自动水平滑动门应当设置防止门夹人的保护装置,当人员通过层门入口被正在关闭的门扇撞击或者将被撞击时,该装置应当自动使门重新开启	模拟动作试验
	6.5 门的运行和导向 C	层门和轿门正常运行时不得出现脱轨、机械卡阻或者在行程终端时错位;由于磨损、锈蚀或者火灾可能造成层门导向装置失效时,应当设置应急导向装置,使层门保持在原有位置	目测
	6.6 自动关闭层门装置 B	在轿门驱动层门的情况下,当轿厢在开锁区域之外时,如果层门开启(无论何种原因),应当有一种装置能够确保该层门自动关闭。自动关闭装置采用重块时,应当有防止重块坠落的措施	抽取基站、端站以及20%其他层站的层门,将轿厢运行至开锁区域外,打开层门,观察层门关闭情况及防止重块坠落措施的有效性
	6.7 紧急开锁装置 B	每个层门均应当能够被一把符合要求的钥匙从外面开启;紧急开锁后,在层门闭合时门锁装置不应当保持开锁位置	抽取基站、端站以及20%其他层站的层门,用钥匙操作紧急开锁装置,验证其功能
	6.8 门的锁紧 B	(1)每个层门都应当设置门锁装置,其锁紧动作应当由重力、永久磁铁或者弹簧来产生和保持,即使永久磁铁或者弹簧失效,重力亦不能导致开锁 (2)轿厢应当在锁紧元件啮合不小于 7mm 时才能启动 (3)门的锁紧应当由一个电气安全装置来验证,该装置应当由锁紧元件强制操作而没有任何中间机构,并且能够防止误动作 (4)如果轿门采用了门锁装置,该装置也应当符合以上有关要求	(1)目测门锁及电气安全装置的设置 (2)目测锁紧元件的啮合情况,认为啮合长度可能不足时测量电气触点刚闭合时锁紧元件的啮合长度 (3)使电梯以检修速度运行,打开门锁,观察电梯是否停止

项目及类别		检验内容与要求	检验方法
6 轿门与层门	6.9 门的闭合 B	(1)正常运行时应当不能打开层门,除非轿厢在该层门的开锁区域内停止或停站;如果一个层门或者轿门(或者多扇门中的任何一扇门)开着,在正常操作情况下,应当不能启动电梯或者不能保持继续运行 (2)每个层门和轿门的闭合都应当由电气安全装置来验证,如果滑动门是由数个间接机械连接的门扇组成,则未被锁住的门扇上也应当设置电气安全装置以验证其闭合状态	(1)使电梯以检修速度运行,打开层门,检查电梯是否停止 (2)将电梯置于检修状态,层门关闭,打开轿门,观察电梯能否运行 (3)对于由数个间接机械连接的门扇组成的滑动门,抽取轿门和基站、端站以及 20% 其他层站的层门,短接被锁住门扇上的电气安全装置,使各门扇均打开,观察电梯能否运行
	6.10 门刀、门锁滚轮与地坎间隙 C	轿门门刀与层门地坎,层门锁滚轮与轿厢地坎的间隙应当不小于 5mm;电梯运行时不得互相碰擦	测量相关数据
7 无机房电梯附加检验项目	7.1 作业场地总要求 C	(1)作业场地的结构与尺寸应当保证工作人员能够安全、方便地进出和进行维修(检查)作业(参见 2.3) (2)作业场地应当设置永久性电气照明,在靠近工作场地入口处应当设置照明开关	目测
	7.2 轿顶上或轿厢内的作业场地 C	检查、维修驱动主机、控制柜的作业场地设在轿顶上或轿内时,应当具有以下安全措施: (1)设置防止轿厢移动的机械锁定装置 (2)设置检查机械锁定装置工作位置的电气安全装置,当该机械锁定装置处于非停放位置时,能防止轿厢的所有运行 (3)若在轿厢壁上设置检修门(窗),则该门(窗)不得向轿厢外打开,并且装有用钥匙开启的锁,不用钥匙能够关闭和锁住,同时设置检查检修门(窗)锁定位置的电气安全装置 (4)在检修门(窗)开启的情况下需要从轿内移动轿厢时,在检修门(窗)的附近设置轿内检修控制装置,轿内检修控制装置能够使检查门(窗)锁定位置的电气安全装置失效,人员站在轿内时,不能使用该装置来移动轿厢;如果检修门(窗)的尺寸中较小的一个尺寸超过 0.20m,则井道内安装的设备与该检修门(窗)外边缘之间的距离应不小于 0.30m	(1)目测机械锁定装置、检修门(窗)、轿内检修控制装置的设置 (2)通过模拟操作以及使电气安全装置动作,检查机械锁定装置、轿内检修控制装置、电气安全装置的功能
	7.3 底坑内的作业场地 C	检查、维修驱动主机、控制柜的作业场地设在底坑时,如果检查、维修工作需要移动轿厢或可能导致轿厢的失控和意外移动,应当具有以下安全措施: (1)设置停止轿厢运动的机械制停装置,使作业场地内的地面与轿厢最低部件之间的距离不小于 2m (2)设置检查机械制停装置工作位置的电气安全装置,当机械制停装置处于非停放位置且未进入工作位置时,能防止轿厢的所有运行,当机械制停装置进入工作位置后,仅能通过检修装置来控制轿厢的电动移动 (3)在井道外设置电气复位装置,只有通过操纵该装置才能使电梯恢复到正常工作状态,该装置只能由工作人员操作	(1)对于不具备相应安全措施的,核查电梯整机型式试验合格证书或者报告书,确认其有无检查、维修工作无需移动轿厢且不可能导致轿厢失控和意外移动的说明 (2)目测机械制停装置、井道外电气复位装置的设置 (3)通过模拟操作以及使电气安全装置动作,检查机械制停装置、井道外电气复位装置、电气安全装置的功能

项目及类别		检验内容与要求	检验方法
7 无机房电梯附加检验项目	7.4 平台上的作业场地 C	检查、维修机器设备的作业场地设在平台上时,如果该平台位于轿厢或者对重的运行通道中,则应当具有以下安全措施: (1)平台是永久性装置,有足够的机械强度,并且设置护栏 (2)设有可以使平台进入(退出)工作位置的装置,该装置只能由工作人员在底坑或者在井道外操作,由一个电气安全装置确认平台完全缩回后电梯才能运行 (3)如果检查、维修作业不需要移动轿厢,则设置防止轿厢移动的机械锁定装置和检查机械锁定装置工作位置的电气安全装置,当机械锁定装置处于非停放位置时,能防止轿厢的所有运行 (4)如果检查(维修)作业需要移动轿厢,则设置活动式机械止挡装置来限制轿厢的运行区间,当轿厢位于平台上方时,该装置能够使轿厢停在上方距平台至少 2m 处,当轿厢位于平台下方时,该装置能够使轿厢停在平台下方符合 3.2 井道顶部空间要求的位置 (5)设置检查机械止挡装置工作位置的电气安全装置,只有机械止挡装置处于完全缩回位置时才允许轿厢移动,只有机械止挡装置处于完全伸出位置时才允许轿厢在前条所限定的区域内移动 如果该平台不位于轿厢或者对重的运行通道中,则应当满足上述(1)的要求	(1)目测平台、平台护栏、机械锁定装置、活动式机械止挡装置的设置 (2)通过模拟操作以及使电气安全装置动作,检查机械锁定装置、活动式机械止挡装置、电气安全装置的功能
	7.5 紧急操作与动态试验装置 B	(1)用于紧急操作和动态试验(如制动试验、曳引力试验、限速器-安全钳联动试验、缓冲器试验及轿厢上行超速保护试验等)的装置应当能在井道外操作;在停电或停梯故障造成人员被困时,相关人员能够按照操作屏上的应急救援程序及时解救被困人员 (2)应当能够直接或者通过显示装置观察到轿厢的运动方向、速度以及是否位于开锁区 (3)装置上应当设置永久性照明和照明开关 (4)装置上应当设置停止装置	(1)目测或者结合相关试验,验证动态试验装置的功能 (2)在空载、半载、满载等工况(含轿厢与对重平衡的工况),模拟停电或停梯故障,按照相应的应急救援程序进行操作。定期检验时在空载工况下进行。由施工或者维护保养单位进行操作,检验人员现场观察、确认 (3)操作停止装置,验证其功能
	7.6 附加检修控制装置 C	如果需要在轿厢内、底坑或者平台上移动轿厢,则应当在相应位置上设置附加检修控制装置,并且符合以下要求: (1)每台电梯只能设置 1 个附加检修装置;附加检修控制装置的型式要求与轿顶检修控制装置相同 (2)如果一个检修控制装置被转换到"检修",则通过持续按压该控制装置上的按钮能够移动轿厢;如果两个检修控制装置均被转换到"检修"位置,则从任何一个检修控制装置都不可能移动轿厢,或者当同时按压两个检修控制装置上相同方向的按钮时,才能够移动轿厢	(1)目测附加检修装置的设置 (2)进行检修操作,检查检修控制装置的功能
8 试验	8.1 轿厢上行超速保护装置试验 C	当轿厢上行速度失控时,轿厢上行超速保护装置应当动作,使轿厢制停或者至少使其速度降低至对重缓冲器的设计范围;该装置动作时,应当使一个电气安全装置动作	由施工或者维护保养单位按照制造单位规定的方法进行试验,检验人员现场观察、确认

续表

项目及类别		检验内容与要求	检验方法
8 试验	8.2 耗能缓冲器试验 C	缓冲器动作后,回复至其正常伸长位置电梯才能正常运行;缓冲器完全复位的最大时间限度为 120s	(1)将限位开关(如果有)、极限开关短接,以检修速度下降空载轿厢,将缓冲器压缩,观察电气安全装置动作情况 (2)将限位开关(如果有)、极限开关和相关的电气安全装置短接,以检修速度下降空载轿厢,将缓冲器完全压缩,测量从轿厢开始提起到缓冲器回复原状的时间
	8.3 轿厢限速器-安全钳联动试验 B	(1)施工监督检验:轿厢装有下述载荷,以检修速度下行,进行限速器-安全钳联动试验,限速器、安全钳动作应当可靠: ①瞬时式安全钳,轿厢装载额定载重量,对于轿厢面积超出规定的载货电梯,以轿厢实际面积按规定所对应的额定载重量作为试验载荷 ②渐进式安全钳,轿厢装载 1.25 倍额定载荷,对于轿厢面积超出规定的载货电梯,取 1.25 倍额定载重量与轿厢实际面积按规定所对应的额定载重量两者中的较大值为试验载荷 ③对于轿厢面积超过相应规定的非商用汽车电梯,轿厢装载 150% 额定载重量 (2)定期检验:轿厢空载,以检修速度下行,进行限速器-安全钳联动试验,限速器、安全钳动作应当可靠	(1)施工监督检验:由施工单位进行试验,检验人员现场观察、确认 (2)定期检验:短接限速器和安全钳的电气安全装置,轿厢空载,以检修速度向下运行,人为动作限速器,观察轿厢制停情况
	8.4 对重(平衡重)限速器-安全钳联动试验 B	轿厢空载,以检修速度上行,进行限速器-安全钳联动试验,限速器、安全钳动作应当可靠	短接限速器和安全钳的电气安全装置(如果有),轿厢空载以检修速度向上运行,人为动作限速器,观察对重(平衡重)制停情况
	8.5 平衡系数试验 C	曳引电梯的平衡系数应当在 0.40~0.50 之间,或者符合制造(改造)单位的设计值	轿厢分别空载、装载额定载重量的 25%、40%、50%、75%、100%、110% 作上、下全程运行,当轿厢和对重运行到同一水平位置时,记录电动机的电流值,绘制电流-负荷曲线以上、下行运行曲线的交点确定平衡系数。以电动机电源输入端为电流检测点
	8.6 空载曳引力试验 B	当对重压在缓冲器上而曳引机按电梯上行方向旋转时,应当不能提升空载轿厢	将上限位开关(如果有)、极限开关和缓冲器柱塞复位开关(如果有)短接,以检修速度将空载轿厢提升,当对重压在缓冲器上后,继续使曳引机按上行方向旋转,观察是否出现曳引轮与曳引绳产生相对滑动现象,或者曳引机停止旋转

续表

项目及类别		检验内容与要求	检验方法
8试验	8.7 运行试 验 C	轿厢分别空载、满载,以正常运行速度上、下运行,呼梯、楼层显示等信号系统功能有效、指示正确、动作无误,轿厢平层良好,无异常现象发生	轿厢分别空载、满载,以正常运行速度上、下运行,观察运行情况
	8.8 消防返 回功能 试验 B	如果电梯设有消防返回功能,应当符合以下要求: (1)消防开关应当设在基站或者撤离层,防护玻璃应当完好,并且标有"消防"字样 (2)消防功能启动后,电梯不响应外呼和内选信号,轿厢直接返回指定撤离层,开门待命	电梯在停止或者运行过程中,选择一些楼层呼梯,动作消防开关,检查电梯运行和开门状况
	8.9 电梯速 度 C	当电源为额定频率,电动机施以额定电压时,轿厢承载 0.5 倍额定载重量,向下运行至行程中段(除去加速和减速段)时的速度,不得大于额定速度的 105%,不宜小于额定速度的 92%	用速度检测仪器进行检测
	8.10 上行制 动试验 B	轿厢空载以正常运行速度上行时,切断电动机与制动器供电,轿厢应当完全停止,并且无明显变形和损坏	轿厢空载以正常运行速度上行至行程上部时,断开主开关,检查轿厢制停情况
	8.11 下行制 动试验 A(B)	轿厢装载 1.25 倍额定载重量,以正常运行速度下行至行程下部,切断电动机与制动器供电,曳引机应当停止运转,轿厢应当完全停止,并且无明显变形和损坏	由施工单位(定期检验时由维护保养单位)进行试验,检验人员现场观察、确认 注 A-6:定期检验如需进行此项目,按 B 类项目进行
	8.12 静态曳 引试验 A(B)	对于轿厢面积超过相应规定的载货电梯,以轿厢实际面积所对应的 1.25 倍额定载重量进行静态曳引试验,对于轿厢面积超过相应规定的非商用汽车电梯,以 1.5 倍额定载重量做静态曳引试验,历时 10min,曳引绳应当没有打滑现象	由施工单位(定期检验时由维护保养单位)进行试验,检验人员现场观察、确认 注 A-7:定期检验如需进行此项目,按 B 类项目进行

附录三　电梯使用管理与日常维护保养规则

(TSG T5001—2009)

第一章　总　则

第一条　为了规范电梯的使用管理与日常维护保养行为,根据《特种设备安全监察条例》,制定本规则。

第二条　电梯的使用管理与日常维护保养工作,应当遵守本规则。

个人或者单个家庭自用的电梯,不适用于本规则。

第二章　电梯的使用管理

第三条　电梯使用单位应当加强电梯的安全管理,购置符合特种设备安全技术规范的电梯，对电梯的使用安全负责，保证电梯的安全运行。

第四条　使用单位应当根据电梯产品安装使用维护说明书的要求和实际使用状况，组织进行电梯的日常维护保养。

使用单位应当委托取得相应电梯维修项目许可的单位（以下简称电梯维保单位）进行电梯的日常维护保养。

第五条　电梯在投入使用前或者投入使用后 30 日内，使用单位应当向直辖市或者设区的市的特种设备安全监督管理部门登记。办理使用登记时，应当提供以下资料：

（一）组织机构代码证书（复印件一份）；

（二）《特种设备使用登记表》（一份）；

（三）安装监督检验证明文件；

（四）使用单位与电梯维保单位签订的日常维护保养合同（原件）。

第六条　使用单位应当设置电梯的安全管理机构或者配备电梯专职安全管理人员，建立符合本单位实际情况，以岗位责任制为核心的电梯使用和运营安全管理制度并且严格执行。安全管理制度至少包括以下要求：

（一）相关人员的职责；

（二）安全操作规程；

（三）日常检查制度；

（四）维修保养制度；

（五）定期报检制度；

（六）作业人员及相关运营服务人员的培训考核制度；

（七）意外事件或事故的应急救援预案及应急救援演习制度；

（八）安全技术档案管理制度。

第七条　使用单位应当建立特种设备安全技术档案，并长期保存。使用单位变更时，应随机移送安全技术档案。安全技术档案至少包括以下内容：

（一）《特种设备使用登记表》；

（二）设备及其零部件、安全附件的出厂的设计文件、产品质量证明文件、使用维护说明等随机文件；

（三）安装、改造、重大维修的有关资料、报告等；

（四）日常使用状况、维修保养和日常检查记录；

（五）安装、改造、重大维修监督检验报告与定期检验报告；

（六）设备运行故障与事故的记录。

第八条　使用单位应当履行以下职责：

（一）保持电梯紧急报警装置能够随时与使用单位安全管理机构或人员实现有效联系；

（二）在电梯轿厢内或者出入口的明显位置张贴有效的《安全检验合格》标志；

（三）将电梯使用的安全注意事项和警示标志置于易于为乘客注意的显著位置；

（四）在电梯显著位置标明使用管理单位名称、应急救援电话和日常维护保养单位名称及其急修、投诉电话；

（五）医院提供患者使用的电梯以及观光娱乐高速乘客电梯必须设专人操作；

（六）制定出现突发事件或事故的应急措施与救援预案，学校、幼儿园、机场、车站、医院、商场、体育场馆、文艺演出场馆、展览馆、旅游景点等人员密集场所的电梯使用单位，每年至少进行一次救援演练，其他使用单位可根据本单位条件和所使用电梯的特点，适时进行救援演练；

（七）电梯发生困人时，及时采取措施，组织救援；

（八）在电梯出现故障或者发生异常情况时，组织对其进行全面检查，消除电梯事故隐患后，方可重新投入使用；

（九）电梯发生事故时，按照应急救援预案组织应急救援，排险和抢救，保护事故现场，并立即报告事故所在地特种设备安全监督管理部门和其他有关部门；

（十）监督电梯维保单位进行日常维护保养工作。

第九条 在用电梯每年应当进行一次定期检验。使用单位应当按照安全技术规范的要求，在《安全检验合格》标志中列明的检验有效期届满前 1 个月向特种设备检验检测机构提出定期检验要求。未经定期检验或者检验不合格的电梯，不得继续使用。

第十条 使用单位的安全管理人员应当履行下列职责：

（一）进行电梯运行的日常巡视，制订电梯的定期检验计划，做好电梯日常使用状况记录；

（二）对电梯安全注意事项和警示标志进行检查，确保其齐全清晰；

（三）妥善保管电梯的厅门门锁钥匙及其安全提示，妥善保管机房钥匙和电梯电源钥匙；

（四）发现电梯运行事故隐患需要停止使用的，有权作出停止使用的决定，并且立即报告本单位负责人；

（五）接到故障报警后，立即赶赴现场，组织救援。

第十一条 电梯乘客应当遵守以下要求，正确使用电梯：

（一）按照电梯安全注意事项和警示标志的要求，乘坐电梯；

（二）不乘坐明示处于非正常状态下的电梯；

（三）不采用非安全手段开启电梯层门；

（四）不拆除、破坏电梯及其附属设施；

（五）不乘坐超过额定载荷的电梯，运送货物时不得超载；

（六）不做其他危及电梯安全运行或者他人安全乘坐的行为。

第十二条 电梯停用，使用单位应当在 30 日内办理停用手续，重新启用前，应当办理启用手续。

电梯报废，使用单位应当在 30 日内办理注销手续。

第三章 电梯的日常维护保养

第十三条 电梯使用单位应当与电梯维保单位签订日常维护保养合同，约定日常维护保养的期限、标准和双方的权利义务等。日常维护保养合同至少包括以下内容：

（一）日常维护保养的内容和标准；

（二）日常维护保养的时间频次；

（三）双方的权利义务和责任；

（四）日常维护保养记录和相关技术资料的保存方式。

第十四条 电梯维保单位应当对其维护保养电梯的安全技术性能负责，对新保养电梯是否符合安全技术规范要求应当进行确认。

保养后的电梯应当处于良好、安全的运行状态，各部位功能应当满足要求。

第十五条 电梯的日常维护保养应当至少每 15 日进行一次，按照维护保养的项目分为半月、季度、半年、年度维护保养。维护保养的项目、内容和达到的要求见附件 A、B、C、

D，根据电梯的具体情况，可以适当进行调整。

第十六条　电梯维保单位应当履行下列职责：

（一）在日常维护保养中，按照本规则和电梯产品安装使用维护说明书的要求，制订电梯的日常维护保养方案，制订合理的保养计划，对电梯各易损、运动、安全保护装置及基本功能进行清洁、润滑、检查、调整，更换不符合要求的易损件，使电梯达到要求，从而保证电梯能够正常、安全运行；

（二）制订应急措施和救援预案，每半年至少应当针对本单位维护保养的不同电梯进行一次应急演练；

（三）设立 24h 日常维护保养值班电话，电梯发生的故障，应当做详细及时的记录，接到电梯困人故障报告后，专业维修人员能够及时抵达所维护保养电梯所在地实施现场救援，直辖市或者设区的市抵达时间不应超过 30min，其他地区一般不应超过 1h；

（四）每部电梯建立日常维护保养记录，并且归入电梯日常维护保养档案，档案至少保存 4 年；

（五）协助使用单位制订电梯的安全管理制度和应急救援预案；

（六）对电梯日常维护保养作业人员进行安全教育与培训，确保其满足相应的技术要求，并且取得相应的《特种设备作业人员证》，培训记录存档备查；

（七）在日常维护保养过程中，发现事故隐患应当告知电梯使用单位。

第十七条　维护保养单位在进行维护保养时应当进行详细记录，日常维护保养记录（见附件 E）、日常维护保养记录应当由使用单位安全管理人员签字确认，并且保存存档，定期检验时应当提供给检验检测机构核查。

第十八条　日常维护保养单位质量检验（查）人员或管理人员要对电梯的保养质量进行不定期检查。

第十九条　日常维护保养单位可以根据科学技术的发展和实际情况，制订高于本规则的电梯日常维护保养工作要求。

第四章　附　　则

第二十条　消防员电梯、防爆电梯的日常维护保养单位，应当按照制造单位的规定制订日常维护保养项目和内容进行维护保养。

第二十一条　本规则下列用语的含义是：

使用单位，是指具有电梯管理权利和管理义务的单位或个人。其既可以是电梯产权所有者，也可以是受电梯产权所有者授权或委托，具有电梯管理权利和管理义务者。

日常维护保养，是指对电梯进行的清洁、润滑、调整和检查等日常维护或者保养性工作，其中清洁、润滑不包括部件的解体，调整只限于不会改变任何安全性能参数的调整。

第二十二条　本规则由国家质量监督检验检疫总局负责解释。

第二十三条　本规则自 2009 年 8 月 1 日起实施。

附件 A　乘客电梯、载货电梯日常维护保养项目、内容和要求

A1　半月维护保养项目、内容和要求

半月维护保养项目、内容和要求见表 A-1。

表 A-1　半月维护保养项目、内容和要求

序号	维护保养项目、内容	维护保养基本要求
1	机房、滑轮间环境	清洁，门窗完好、照明正常
2	手动紧急操作装置	齐全，在指定位置
3	曳引机和电动机	运行时无异常振动和异常声
4	制动器各销轴部位	润滑，动作灵活
5	制动器间隙	打开时制动衬与制动轮不应发生摩擦
6	编码器	清洁，安装牢固
7	限速器各销轴部位	润滑、转动灵活；电气开关正常
8	轿顶	清洁，防护栏安全可靠
9	轿顶检修开关、急停开关	工作正常
10	导靴上油杯	吸油毛毡齐全，油量适宜，油杯无泄漏
11	对重块及压板	对重块无松动，压板紧固
12	井道照明	齐全、正常
13	轿厢照明、风扇、应急照明	工作正常
14	轿厢检修开关、急停开关	工作正常
15	轿内报警装置、对讲系统	工作正常
16	轿内显示、指令按钮	齐全、有效
17	轿门安全装置（安全触板，光幕，光电等）	功能有效
18	轿门门锁触点	清洁，触点接触良好，接线可靠
19	轿门在开启和关闭时	工作正常
20	轿厢平层精度	达到国家标准
21	层站召唤、层楼显示	齐全、有效
22	层门地坎	清洁
23	层门自动关门装置	正常
24	层门门锁自动复位	用层门钥匙打开手动开锁装置释放后，层门门锁能自动复位
25	层门门锁电气触点	清洁，触点接触良好，接线可靠
26	层门锁紧元件啮合长度	不小于 7mm
27	底坑环境	清洁，无渗水、积水，照明正常
28	底坑急停开关	工作正常

A2　季度维护保养项目、内容和要求

除半月维护保养项目外，还应当增加表 A-2 的项目、内容。

表 A-2　半月维护保养增加的项目、内容和要求

序号	维护保养项目、内容	维护保养基本要求
1	减速箱	油量适宜，除蜗杆伸出端外均无渗漏
2	制动衬	清洁，磨损量不超过制造单位要求
3	位置脉冲发生器	工作正常
4	选层器动静触点	清洁，无烧蚀

续表

序号	维护保养项目、内容	维护保养基本要求
5	曳引轮槽、曳引钢丝绳	清洁、无严重油腻,张力均匀
6	限速器轮槽、限速器钢丝绳	清洁、无严重油腻
7	靴衬、滚轮	清洁,磨损量不超过制造厂家要求
8	验证轿门关闭的电气安全装置	工作正常
9	层门、轿门系统中传动钢丝绳、链条、胶带	按制造单位要求进行清洁、调整
10	层门导靴	磨损量不超过制造厂家要求
11	消防开关	工作正常,功能有效
12	耗能缓冲器	电气安全装置功能有效,油量适宜,柱塞无锈蚀
13	限速器涨紧轮装置和电气安全装置	工作正常

A3 半年维护保养项目、内容和要求

除季度维护保养项目外,还应当增加表 A-3 的项目、内容。

表 A-3 半年维护保养增加的项目、内容和要求

序号	维护保养项目、内容	维护保养基本要求
1	电动机与曳引机联轴器螺栓	无松动
2	曳引轮、导向轮轴承部	无异常声,无振动,润滑良好
3	制动器上检测开关	工作正常,制动器动作可靠
4	控制柜内各接线端子	各接线紧固、整齐,线号齐全清晰
5	控制柜各仪表	显示正确
6	井道、对重、轿顶各反绳轮轴承部	无异常声,无振动,润滑良好
7	曳引绳、补偿绳	磨损量、断丝数不超过检规要求
8	曳引绳绳头组合	螺母无松动
9	限速器钢丝绳	磨损量、断丝数不超过制造厂家要求
10	层门、轿门门扇	门扇各相关间隙符合国家标准
11	对重缓冲距	符合国家标准
12	补偿链(绳)与轿厢、对重连接处	固定、无松动
13	上下极限开关	工作正常

A4 年度维护保养项目、内容和要求

除半年维护保养项目外,还应当增加表 A-4 的项目、内容。

表 A-4 年度维护保养增加的项目、内容和要求

序号	保养项目、内容	保养基本要求
1	减速箱内齿轮油	按制造单位要求适时更换,保证油质符合要求
2	控制柜接触器,继电器触点	接触良好
3	制动器铁芯(柱塞)分解检查	清洁、润滑
4	制动器制动弹簧压缩量	符合制造单位要求,保持有足够的制动力
5	导电回路绝缘性能测试	符合标准

续表

序号	维护保养项目、内容	维护保养基本要求
6	上、下行限速器安全钳联动试验	工作正常
7	轿顶、轿厢架、轿门及附件安装螺栓	紧固
8	轿厢和对重导轨支架	固定、无松动
9	轿厢及对重导轨	清洁,压板牢固
10	随行电缆	无损伤
11	层门装置和地坎	无影响正常使用的变形,各安装螺栓紧固
12	轿厢称重装置试验	准确有效
13	安全钳钳座	固定、无松动
14	轿底各安装螺栓	紧固
15	缓冲器	固定、无松动

附件 B 液压电梯日常维护保养项目、内容和要求

B1 半月维护保养项目、内容和要求

半月维护保养项目、内容和要求见表 B-1。

表 B-1 半月维护保养项目、内容和要求

序号	维护保养项目、内容	维护保养基本要求
1	机房环境	清洁,室温符合要求,照明正常
2	机房内手动泵操作装置	齐全,在指定位置
3	检查油箱	油量、油温正常,无杂质、无漏油现象
4	电动机	运行时无异常振动和异常声
5	阀、泵、消音器、油管、表、接口等部件	无漏油现象
6	编码器	清洁,安装牢固
7	轿顶	清洁,防护栏安全可靠
8	轿顶检修开关、急停开关	工作正常
9	导靴上油杯	吸油毛毡齐全,油量适宜,油杯无泄漏
10	井道照明	齐全、正常
11	限速器各销轴部位	润滑、转动灵活,电气开关正常
12	轿厢照明、风扇、应急照明	工作正常
13	轿厢检修开关、急停开关	工作正常
14	轿内报警装置,对讲系统	正常
15	轿内显示、指令按钮	齐全、有效
16	轿门安全装置(安全触板,光幕、光电等)	功能有效
17	轿门门锁触点	清洁,触点接触良好,接线可靠
18	轿门在开启和关闭时	工作正常
19	轿厢平层精度	达到国家标准
20	层站召唤、层楼显示	齐全、有效

续表

序号	维护保养项目、内容	维护保养基本要求
21	层门地坎	清洁
22	层门自动关门装置	正常
23	层门门锁自动复位	用层门钥匙打开手动开锁装置释放后,层门门锁能自动复位
24	层门门锁电气触点	清洁,触点接触良好,接线可靠
25	层门锁紧元件啮合长度	不小于 7mm
26	底坑	清洁,无渗水、积水;照明正常
27	底坑急停开关	工作正常
28	液压柱塞	无漏油、运行顺畅;柱塞表面光滑
29	井道内液压油管、接口	无漏油

B2　季度维护保养项目、内容和要求

除半月维护保养项目外,还应当增加表 B-2 的项目、内容。

表 B-2　季度维护保养增加的项目、内容和要求

序号	维护保养项目、内容	维护保养基本要求
1	安全溢流阀(在油泵与单向阀之间)	其工作压力不高于满负荷压力的 170%
2	手动下降阀	通过下降阀动作,轿厢能下降;系统压力小于该阀最小操作压力时,手动操作应无效
3	手动泵	通过手动泵动作,轿厢被提升。相连接的溢流阀工作压力不得高于满负荷压力的 2.3 倍
4	油温监控装置	功能可靠
5	限速器轮槽、限速器钢丝绳	清洁、无严重油腻
6	验证轿门关闭的电气安全装置	工作正常
7	轿厢侧靴衬、滚轮	磨损量不超过制造厂家要求
8	柱塞侧靴衬	清洁,磨损量不超过制造厂家要求
9	层门、轿门系统中传动钢丝绳、链条、胶带	按制造厂家要求进行清洁、调整
10	层门导靴	磨损量不超过制造厂家要求
11	消防开关	工作正常,功能有效
12	耗能缓冲器	电气安全装置功能有效,油量适宜,柱塞无锈蚀
13	限速器涨紧轮装置和电气安全装置	工作正常

B3　半年维护保养项目、内容和要求

除季度维护保养项目外,还应当增加表 B-3 的项目、内容。

表 B-3　半年维护保养增加的项目、内容和要求

序号	维护保养项目、内容	维护保养基本要求
1	控制柜内各接线端子	各接线紧固、整齐,线号齐全清晰
2	控制柜	各仪表显示正确
3	导向轮	轴承部无异常声

序号	维护保养项目、内容	维护保养基本要求
4	驱动钢丝绳	磨损量、断丝数不超过检规要求
5	驱动钢丝绳头组合	螺母无松动
6	限速器钢丝绳	磨损量、断丝数不超过制造厂家要求
7	柱塞限位装置	符合检规要求
8	上下极限开关	工作正常
9	放气操作	对柱塞、消音器做放气操作

B4 年度维护保养项目、内容和要求

除半年维护保养项目外，还应当增加表 B-4 的项目、内容。

表 B-4 年度维护保养增加的项目、内容和要求

序号	维护保养项目、内容	维护保养基本要求
1	控制柜接触器，继电器触点	接触良好
2	检查动力装置各安装螺栓	紧固
3	导电回路绝缘性能测试	符合国家标准
4	上、下行限速器安全钳联动试验	工作正常
5	随行电缆	无损伤
6	层门装置和地坎	无影响正常使用的变形，各安装螺栓紧固
7	轿顶、轿厢架、轿门及附件安装螺栓	紧固
8	轿厢称重装置试验	准确有效
9	安全钳钳座	固定、无松动
10	轿厢及油缸导轨支架	牢固
11	轿厢及油缸导轨	清洁，压板牢固
12	轿底各安装螺栓	紧固
13	缓冲器	固定、无松动
14	轿厢沉降试验	符合要求

附件 C 杂物电梯周期日常维护保养项目、内容和要求

C1 半月维护保养项目、内容和要求

半月维护保养项目、内容和要求见表 C-1。

C-1 半月维护保养项目、内容和要求

序号	维护保养项目（内容）	维护保养基本要求
1	机房、通道环境	清洁，门窗完好、照明正常
2	手动紧急操作装置	齐全，在指定位置
3	曳引机和电动机	运行时无异常振动和异常声
4	制动器各销轴部位	润滑，动作灵活
5	制动器间隙	打开时制动衬与制动轮不应发生摩擦

序号	维护保养项目、内容	维护保养基本要求
6	限速器各销轴部位	润滑、转动灵活;电气开关正常
7	轿顶	清洁
8	轿顶检修开关、急停开关	工作正常
9	导靴上油杯	吸油毛毡齐全,油量适宜,油杯无泄漏
10	对重块及压板	对重块无松动,压板紧固
11	井道照明	齐全、正常
12	轿门门锁触点	清洁,触点接触良好,接线可靠
13	层站召唤、层楼显示	齐全、有效
14	层门地坎	清洁
15	层门门锁自动复位	用层门钥匙打开手动开锁装置释放后,层门门锁能自动复位
16	层门门锁电气触点	清洁,触点接触良好,接线可靠
17	层门锁紧元件啮合长度	不小于 5mm
18	层门门导靴	无卡阻,滑动顺畅
19	底坑环境	清洁,无渗水、积水;照明正常
20	底坑急停开关	工作正常

C2　季度维护保养项目、内容和要求

除半月维护保养项目外,还应当增加表 C-2 的项目、内容。

C-2　季度维护保养增加的项目、内容和要求

序号	维护保养项目、内容	维护保养基本要求
1	减速箱	油量适宜,除蜗杆伸出端外均无渗漏
2	制动衬	清洁,磨损量不超制造厂商要求
3	曳引轮槽、曳引钢丝绳	清洁、无严重油腻,张力均匀
4	限速器轮槽、限速器钢丝绳	清洁、无严重油腻
5	靴衬	清洁,磨损量未超制造厂商要求
6	层门、轿门系统中传动钢丝绳、链条、胶带	按制造厂家要求进行清洁、调整
7	层门门导靴	磨损量不超过制造厂家要求
8	限速器涨紧轮装置和电气安全装置	工作正常

C3　半年维护保养项目、内容和要求

除季度维护保养项目外,还应当增加表 C-3 的维护保养项目、内容。

C-3　半年维护保养增加的项目、内容和要求

序号	维护保养项目、内容	维护保养基本要求
1	电动机与曳引机联轴器螺栓	无松动
2	曳引轮、导向轮轴承部	无异常声,无振动,润滑良好
3	制动器上检测开关	工作正常,制动器动作可靠
4	控制柜内各接线端子	各接线紧固、整齐,线号齐全清晰

序号	维护保养项目、内容	维护保养基本要求
5	控制柜各仪表	显示正确
6	曳引绳	磨损量、断丝数不超过检规要求
7	曳引绳绳头组合	螺母无松动
8	限速器钢丝绳	磨损量、断丝数不超过制造厂家要求
9	对重缓冲距	符合国家标准
10	上下极限开关	工作正常

C4 年度维护保养项目、内容和要求

除半年维护保养项目外，还应当增加表 C-4 的项目、内容。

C-4 年度维护保养增加的项目、内容和要求

序号	维护保养项目、内容	维护保养基本要求
1	减速箱内齿轮油	按制造厂要求适时更换，保证油质要求
2	控制柜接触器，继电器触点	接触良好
3	制动器铁芯(柱塞)分解检查	清洁、润滑
4	制动器制动弹簧压缩量	符合制造厂要求，保持有足够的制动力
5	导电回路绝缘性能测试	符合国家标准
6	限速器安全钳联动试验	工作正常
7	轿顶、轿厢架、轿门及附件安装螺栓	紧固
8	轿厢及对重导轨支架	固定、无松动
9	轿厢及对重导轨	清洁，压板牢固
10	随行电缆	无损伤
11	层门装置和地坎	无影响正常使用的变形，各安装螺栓紧固
12	安全钳钳座	固定、无松动
13	轿底各安装螺栓	紧固
14	缓冲器	固定、无松动

附件 D 自动扶梯和自动人行道日常维护保养项目

D1 半月维护保养项目、内容和要求

半月维护保养项目、内容和要求见表 D-1。

D-1 半月维护保养项目、内容和要求

序号	维护保养项目、内容	维护保养基本要求
1	所有电气部件	接线有效，清洁
2	电子板	信号功能正常
3	杂物和垃圾	清扫，清洁
4	设备正常运行	没有异响和抖动
5	主驱动链	运转正常
6	制动机械装置	清洁，动作正常

续表

序号	维护保养项目、内容	维护保养基本要求
7	制动检测开关	工作正常
8	制动触点	工作正常
9	减速箱油位,油量	应在油标尺上下极限位置之间,无渗油
10	电机通风口	应清洁
11	检修控制装置	工作正常
12	自动润滑油罐油位	油位正常,润滑系统工作正常
13	梳齿板开关	工作正常
14	梳齿板照明	照明正常
15	梳齿板梳齿与踏板面齿槽、导向胶带	梳齿板完好无损,梳齿板梳齿与踏板面齿槽、导向胶带啮合正常
16	梯级或踏板下陷开关	工作正常
17	梯级链张紧开关	位置正确,动作正常
18	梯身上部三角挡板	有效,无破损
19	梯级滚轮和梯级导轨	工作正常
20	梯级、踏板与围裙板	梯级、踏板与围裙板任一侧水平间隙符合国家标准要求
21	运行方向显示	工作正常
22	扶手带入口处保护开关	动作灵活可靠,清除入口处垃圾
23	扶手带	表面无毛刺,无机械损伤,出口入处居中,运行无摩擦
24	扶手带运行	速度正常
25	扶手护壁板	牢固可靠
26	上下出入口处的照明	工作正常
27	上下出入口和扶梯之间保护栏杆	牢固可靠
28	出入口安全警示标志	安全警示标志齐全
29	分离机房、各驱动和转向站	应清洁无杂物
30	自动运行功能	工作正常
31	急停开关	工作正常

D2　季度维护保养项目、内容和要求

除半年维护保养项目外,还应当增加表 D-2 的维护保养项目、内容。

D-2　季度维护保养项目、内容和要求

序号	维护保养项目、内容	维护保养基本要求
1	扶手带的运行速度	相对于梯级、踏板或胶带的速度允差为 0～＋2%
2	梯级链张紧装置	工作正常
3	梯级轴衬	润滑有效
4	梯级链润滑	运行工况正常
5	防灌水保护装置	动作可靠(雨季到来之前必须完成)

D3 半年维护保养项目、内容和要求

除季度维护保养项目外，还应当增加表 D-3 的项目、内容。

D-3 半年维护保养项目、内容和要求

序号	保养项目（内容）	保养基本要求
1	制动衬厚度	不应小于电梯制造企业规定的厚度值
2	主驱动链	表面油污清理和润滑
3	主驱动链链条滑块	应清洁，厚度≥制造厂企业标准
4	空载向下运行制动距离	符合国家标准
5	制动机械装置	润滑，工作有效
6	附加制动器	清洁和润滑，功能可靠
7	减速箱润滑油	更换，应符合制造商的要求
8	调整梳齿板梳齿与踏板面齿槽啮合深度和间隙	应符合国家标准
9	扶手带张紧度张紧弹簧负荷长度	应符合国家标准
10	扶手带速度监控器系统	工作正常
11	梯级踏板加热装置	功能正常，温度感应器接线牢固（冬季到来之前必须完成）

D4 年度维护保养项目、内容和要求

除半年维护保养项目外，还应当增加表 D-4 的项目、内容。

D-4 年度维护保养项目、内容和要求

序号	保养项目、内容	保养基本要求
1	检查调整主接触器	工作可靠
2	主机速度检测功能	功能可靠，清洁感应面，感应间隙应符合制造厂商要求
3	电缆	无破损，固定牢固
4	扶手带托轮、滑轮群、防静电轮	轮清洁，应无损伤，托轮转动平滑
5	扶手带内侧凸缘处	无损伤，扶手导轨滑动面清洁
6	扶手带断带保护开关	功能正常
7	扶手带导向块和导向轮	应清洁，工作正常
8	在进入梳齿板处的梯级与导轮的轴向窜动量	应符合制造厂企业标准
9	内外盖板连接	紧密牢固，连接处的凸台、缝隙符合标准要求
10	围裙板安全开关	测试有效
11	围裙板对接处	紧密平滑
12	所有电气安全装置	动作可靠
13	设备运行	运行正常，无异常抖动，梯级运行平稳，无异响

附件 E 电梯维护保养记录

编号：

使用单位	
使用地点	

续表

设备代码		使用单位电梯编号	
制造单位			
电梯类别		电梯品种	
型号		产品编号	
额定载重量	kg	额定速度	m/s
层/站	/	提升高度	m
角度	°	梯级宽度	mm
电梯维护保养单位			
单位负责人		联系电话	
维护保养类别	（半月、半年、季度、年度）	维护保养日期	年 月 日

维护保养项目、内容

序号	项目、内容	具体工作	备 注

续表

维护保养项目、内容			
序号	项目、内容	具体工作	备 注

维护保养人员：　　　　　　　　　　　　　　　　　　　　　　日期：

使用单位意见：

使用单位安全管理人员：　　　　　　　　　　日期：

（注：具体工作栏目记载维护保养中的具体工作，包括更换零部件）

第　页　共　页

参 考 文 献

［1］ 河南省现代电梯有限公司．电梯电路图集与分析．北京：中国纺织出版社，2007．

［2］ 陈家盛．电梯结构原理及安装维修．第 2 版．北京：机械工业出版社，2001．

［3］ TSG T5001—2009．电梯使用管理与维护保养规则．

［4］ 常路德，张晓明．常用电梯电路注解图集．北京：人民邮电出版社，2004．

［5］ 李俊秀，赵黎明．可编程控制器应用技术实训指导．北京：化学工业出版社，2002．

［6］ 朱昌明，洪致育，张惠侨．电梯与自动扶梯——原理、结构、安装、测试．上海：上海交通大学出版社，1995．

［7］ 赵黎明．基于 MCGS 的电梯监控及远程服务系统．中国电梯，2003，14（4）：31，32．

［8］ 赵黎明．PLC 和变频器在电梯改造中的应用．中国电梯，2003，（8）．

［9］ 朱蓉，赵黎明．电梯故障诊断方法及应用．中国电梯，2003，14（18）：35，36．

［10］ 关浩峰．永大电梯远程监控系统．中国电梯，1998，（10）：19-21．

［11］ 陈洪漫．凯博电梯远程监控系统．中国电梯，1999，10（1）：9-14．

［12］ 岳培劼．凯博专为物业管理开发的电梯远程监控与故障诊断系统简介．中国电梯，2004．

［13］ 宗群等．电梯远程维修服务管理系统的设计与应用．制造业自动化，2004，26（5）：12-15．

［14］ 丁伟，魏孔平．PLC 在工业控制中的应用．北京：化学工业出版社，2004．